高职高专土建类工学结合"十三五"规划教材

建筑施工技术(上册)

主　编　刘豫黔　黄喜华
副主编　刁庆东　黄　柯

华中科技大学出版社
中国·武汉

内 容 提 要

本书根据高等职业教育教学及改革的实际需求,以生产实际工作岗位所需的基础知识和实践技能为基础,更新了教学内容,增加了新技术、新知识、新材料,扩展了知识面,突出实际性、实用性、实践性,按照基于工作过程的教育理论,阐述建筑工程各个分部分项工程以及各主要工种的施工原理,以建筑工程各个分部分项以及主要工种的施工实施过程为主线组织教学内容,以提高学生的基本能力和素质为目标,注重分析和解决问题的方法及思路的引导,注重理论与实践的紧密结合。

全书共四个章节,按照房屋建筑工程施工的先后顺序,分别为土方工程、地基与基础工程、脚手架及垂直运输机械、钢筋混凝土工程。

本书可作为高等职业技术院校建筑类、机械类、机电类、材料类等相关专业的教材,也可作为相关技术人员的参考教材。

图书在版编目(CIP)数据

建筑施工技术.上册/刘豫黔,黄喜华主编.—武汉:华中科技大学出版社,2017.8(2022.1重印)
高职高专土建类工学结合"十三五"规划教材
ISBN 978-7-5680-3192-9

Ⅰ.①建… Ⅱ.①刘… ②黄… Ⅲ.①建筑施工-工程施工-高等职业教育-教材 Ⅳ.①TU74

中国版本图书馆 CIP 数据核字(2017)第 174373 号

建筑施工技术(上册) 刘豫黔 黄喜华 主编
Jianzhu Shigong Jishu

策划编辑:金 紫
责任编辑:陈 忠
封面设计:原色设计
责任校对:刘 竣
责任监印:朱 玢

出版发行:华中科技大学出版社(中国·武汉)   电话:(027)81321913
　　　　　武汉市东湖新技术开发区华工科技园   邮编:430223
录　　排:武汉正风天下文化发展有限公司
印　　刷:武汉邮科印务有限公司
开　　本:787mm×1092mm　1/16
印　　张:18
字　　数:455 千字
版　　次:2022 年 1 月第 1 版第 6 次印刷
定　　价:58.00 元

本书若有印装质量问题,请向出版社营销中心调换
全国免费服务热线:400-6679-118　竭诚为您服务
版权所有　侵权必究

前　言

高等职业教育作为高等教育的一个重要组成部分，是以培养具有一定理论知识和较强实践能力，面向生产、服务和管理第一线的职业岗位，以实用型、技能型专门人才为目的的职业教育。它的课程特色是在必需、够用的理论知识基础上进行系统的学习和专业技能的训练。

本教材根据高职教育特点，按照基于工作过程的教育理论，根据高等职业教育教学及改革的实际需求，以生产实际工作岗位所需的基础知识和实践技能为基础，更新了教学内容，增加了一些新技术、新知识、新材料，适当扩展了知识面，突出实际性、实用性、实践性，按照基于工作过程的教育理论，阐述建筑工程各个分部分项以及主要工种的施工原理，以建筑工程各个分部分项以及主要工种的施工实施过程为主线组织教学内容，以提高学生的基本能力和素质为目标，注重分析和解决问题的方法及思路的引导，注重理论与实践的紧密结合。

该套建筑施工技术教材分为上下两册，建筑施工技术（上册）共四章内容，按照房屋建筑工程施工的先后顺序，分别为土方工程、地基与基础工程、混凝土工程。同时，鉴于当前施工的机械化程度越来越高，将施工机械单列一章。本书既可作为高等职业技术院校、大中专及职工大学建筑技术、建筑管理、监理等相关专业的教材，也可作为相关技术人员的参考教材。

全书由广西建设职业技术学院刘豫黔和黄喜华共同担任主编，由广西建设职业技术学院刁庆东和黄柯担任副主编。具体编写分工为：刁庆东编写第一章，黄喜华编写第二章，黄柯编写第三章，刘豫黔编写第四章的第一、二节，陈刚编写第四章的第三节。最后由刘豫黔负责设计教材的总体框架、制定编写大纲、组织老师撰写及承担全书的定稿和统稿工作。

由于编者水平有限，经验不足，书中的缺点和错误在所难免，恳请读者给予批评指正。

编　者
于南宁

目 录

第1章 土方工程 .... (1)
  1.1 土方工程的概述 .... (1)
    1.1.1 土的工程分类 .... (1)
    1.1.2 土的工程性质 .... (2)
    1.1.3 土方工程常用施工机械 .... (3)
    1.1.4 与土方开挖有关的基坑侧壁安全等级的规定 .... (15)
    1.1.5 土方工程冬期的基本知识 .... (16)
  1.2 场地平整 .... (17)
    1.2.1 场地平整土方量计算 .... (17)
    1.2.2 土方调配 .... (25)
    1.2.3 土方机械的选择及配套计算 .... (30)
  1.3 施工排水和降水 .... (31)
    1.3.1 集水明排法 .... (32)
    1.3.2 井点降水法 .... (34)
    1.3.3 防止或减少降水影响周围环境的技术措施 .... (45)
    1.3.4 截水 .... (46)
    1.3.5 降水与排水施工质量检验标准 .... (46)
  1.4 基坑(槽)土方开挖 .... (47)
    1.4.1 建筑定位、放线 .... (48)
    1.4.2 开挖方式 .... (49)
    1.4.3 槽和管沟、基坑的支撑方法 .... (51)
    1.4.4 土方工程量计算 .... (56)
    1.4.5 基坑(槽)开挖 .... (57)
    1.4.6 检验、质量检查及安全技术 .... (60)
  1.5 土方回填 .... (61)
    1.5.1 土料的选用和处理 .... (61)
    1.5.2 回填方法 .... (62)
    1.5.3 压实方法 .... (62)
    1.5.4 填土压实的影响因素 .... (64)
    1.5.5 回填土质量检验 .... (65)
    1.5.6 雨季施工 .... (66)

第2章 地基与基础工程 (67)

2.1 基坑支护工程 (67)
2.1.1 基坑支护介绍 (68)
2.1.2 内支撑体系 (76)
2.1.3 土层锚杆支护 (86)
2.1.4 土钉墙支护 (91)

2.2 基础工程 (94)
2.2.1 地基处理及加固 (94)
2.2.2 浅基础施工 (104)
2.2.3 深基础工程 (111)

第3章 脚手架及垂直运输机械 (138)

3.1 脚手架 (138)
3.1.1 外脚手架 (138)
3.1.2 里脚手架 (144)
3.1.3 其他几种形式的脚手架 (145)
3.1.4 脚手架工程的安全防护 (147)

3.2 垂直运输机械 (148)
3.2.1 常见的垂直运输机械 (149)
3.2.2 垂直运输机械布置的注意事项 (152)

第4章 钢筋混凝土工程 (153)

4.1 钢筋工程 (153)
4.1.1 钢筋工程原材料 (153)
4.1.2 原材料进场检验 (155)
4.1.3 钢筋存放 (157)
4.1.4 钢筋加工设备 (157)
4.1.5 钢筋骨架绑扎用工具 (159)
4.1.6 钢筋配料 (159)
4.1.7 钢筋代换 (167)
4.1.8 钢筋工程施工 (168)
4.1.9 钢筋工程的验收 (189)
4.1.10 成品保护 (190)
4.1.11 钢筋施工安全技术 (190)

4.2 模板工程 (192)
4.2.1 模板工程概述 (192)
4.2.2 模板安装 (193)

4.2.3 常用模板材料及其质量要求 …………………………………… (194)
  4.2.4 木模板和胶合板模板 …………………………………………… (196)
  4.2.5 定型组合钢模板 ………………………………………………… (199)
  4.2.6 现浇混凝土结构模板的构造和安装 …………………………… (208)
  4.2.7 其他形式的模板 ………………………………………………… (223)
  4.2.8 模板工程施工质量的检查验收 ………………………………… (230)
  4.2.9 模板拆除及安全文明施工 ……………………………………… (232)
 4.3 混凝土工程施工 ……………………………………………………… (234)
  4.3.1 混凝土配料 ……………………………………………………… (234)
  4.3.2 混凝土的搅拌与运输 …………………………………………… (243)
  4.3.3 混凝土浇筑与振捣 ……………………………………………… (255)
  4.3.4 混凝土养护 ……………………………………………………… (266)
  4.3.5 混凝土施工质量验收 …………………………………………… (268)
  4.3.6 混凝土施工质量通病的防治与处理 …………………………… (276)
参考文献 ……………………………………………………………………… (279)

第1章 土方工程

1.1 土方工程的概述

1.1.1 土的工程分类

在土方工程施工中,根据土的坚硬程度和开挖方法将土方分为八大类(表1.1.1-1)。

表1.1.1-1 土的工程分类

土的分类	土的级别	土的名称	坚实系数 f	密度/(t/m³)	开挖方法及工具
一类土(松软土)	Ⅰ	砂土、粉土、冲积砂土层、疏松的种植土、淤泥(泥炭)	0.5~0.6	0.6~1.5	用锹、锄头挖掘,少许用脚蹬
二类土(普通土)	Ⅱ	粉质黏土;潮湿的黄土;夹有碎石、卵石的砂;粉土混卵(碎)石;种植土、填土	0.6~0.8	1.1~1.6	用锹、锄头挖掘,少许用镐翻松
三类土(坚土)	Ⅲ	软及中等密实黏土;重粉质黏土、砾石土;干黄土、含有碎石卵石的黄土、粉质黏土;压实的填土	0.8~1.0	1.75~1.9	主要用镐,少许用锹、锄头挖掘,部分用撬棍
四类土(砂砾坚土)	Ⅳ	坚硬密实的黏性土或黄土;含碎石卵石的中等密实的黏性土或黄土;粗卵石;天然级配砂石;软泥灰岩	1.0~1.5	1.9	整个先用镐、撬棍,后用锹挖掘,部分用楔子及大锤
五类土(软石)	Ⅴ~Ⅵ	硬质黏土;中密的页岩、泥灰岩、白垩土;胶结不紧的砾岩;软石灰及贝壳石灰石	1.5~4.0	1.1~2.7	用镐或撬棍、大锤挖掘,部分使用爆破方法
六类土(次坚石)	Ⅶ~Ⅸ	泥岩、砂岩、砾岩;坚实的页岩、泥灰岩,密实的石灰岩;风化花岗岩、片麻岩及正长岩	4.0~10.0	2.2~2.9	用爆破方法开挖,部分用风镐

续表

土的分类	土的级别	土的名称	坚实系数 f	密度/(t/m³)	开挖方法及工具
七类土（坚石）	Ⅹ～ⅩⅢ	大理石；辉绿岩；粉岩；粗、中粒花岗岩；坚实的白云岩、砂岩、砾岩、片麻岩、石灰岩；微风化安山岩；玄武岩	10.0～18.0	2.5～3.1	用爆破方法开挖
八类土（特坚石）	ⅩⅣ～ⅩⅥ	安山岩；玄武岩；花岗片麻岩；坚实的细粒花岗岩、闪长岩、石英岩、辉长岩、辉绿岩、粉岩、角闪岩	18.0～25.0以上	2.7～3.3	用爆破方法开挖

注：1. 土的级别为相当于一般16级土石分类级别；

2. 坚实系数 f 为相当于普氏岩石强度系数。

1.1.2 土的工程性质

1. 土的可松性

土的可松性是土经挖掘以后，组织破坏，体积增加的性质。土经回填压实，仍不能恢复成原来的体积。土的可松性程度一般用可松性系数表示（表1.1.2-1），它是挖填土方时，计算土方机械生产率、回填土方量、运输机具数量、进行场地平整规划竖向设计和土方平衡调配的重要参数。

表 1.1.2-1 各种土的可松性参考数值

土的类别	体积增加百分比/(%)		可松性系数	
	最初	最终	K_s	K_s'
一类（种植土除外）	8～17	1～2.5	1.08～1.17	1.01～1.03
一类（植物性土、泥炭）	20～30	3～4	1.20～1.30	1.03～1.04
二类	14～28	1.5～5	1.14～1.28	1.02～1.05
三类	24～30	4～7	1.24～1.30	1.04～1.07
四类（泥灰岩、蛋白石除外）	26～32	6～9	1.26～1.32	1.06～1.09
四类（泥灰岩、蛋白石）	33～37	11～15	1.33～1.37	1.11～1.15
五～七类	30～45	10～20	1.30～1.45	1.10～1.20
八类	45～50	20～30	1.45～1.50	1.20～1.30

注：最初体积增加为 $\frac{V_2-V_1}{V_1}\times 100\%$，最后体积增加百分比为 $\frac{V_3-V_1}{V_1}\times 100\%$；

K_s——最初可松性系数，$K_s=V_2/V_1$；K_s'——最终可松性系数，$K_s'=V_3/V_1$；

V_1——开挖前土的自然体积；V_2——开挖后土的松散体积；V_3——运至填方处压实后的体积。

2. 土的部分基本物理性质

土的部分基本物理性质指标见表1.1.2-2。

表 1.1.2-2　土的基本物理性质指标

指标名称	符号	单位	物理意义	表达式	附注
密度	ρ	t/m³	单位体积土的质量，又称质量密度	$\rho=\dfrac{m}{V}$	由试验方法（一般用环刀法）直接测定
干密度	ρ_d	t/m³	土的单位体积内颗粒的质量	$\rho_d=\dfrac{m_s}{V}$	由试验方法测定后计算求得
含水量	ω	%	土中水的质量与颗粒质量之比	$\omega=\dfrac{m_w}{m_s}\times 100$	由试验方法（烘干法）测定
孔隙比	e		土中孔隙体积与土粒体积之比	$e=\dfrac{V_v}{V_s}$	由计算求得
孔隙率	n	%	土中孔隙体积与土的体积之比	$n=\dfrac{V_v}{V}\times 100$	由计算求得

3. 土的渗透系数

土的渗透性指的是水在土体里渗流的特性。渗透性系数用 K 表示。K 值的大小影响涌水量计算和基坑排降水方案的选择。渗透系数通过试验确定。常用的渗透系数见表1.1.2-3。

表 1.1.2-3　土的渗透系数

土的名称	渗透系数 K/(m/d)	土的名称	渗透系数 K/(m/d)
黏土	<0.005	中砂	5.00～20.00
亚黏土	0.005～0.10	均质中砂	35～50
轻亚黏土	0.10～0.50	粗砂	20～50
黄土	0.25～0.50	圆砾石	50～100
粉砂	0.50～1.00	卵石	100～500
细砂	1.00～5.00		

1.1.3　土方工程常用施工机械

土方机械化开挖应根据基础形式、工程规模、开挖深度、地质、地下水情况、土方量、运距、现场和机具设备条件、工期要求以及土方机械的特点等合理选择挖土机械，以充分发挥机械效率，节省机械费用，加速工程进度。

土方机械化施工常用机械有推土机、铲运机、挖掘机（包括正铲、反铲、拉铲、抓铲等）、装载机等。

1. 土方机械基本作业方法

1）推土机

(1) 作业方法。推土机开挖的基本作业是铲土、运土和卸土三个工作行程和空载回驶行程。铲土时应根据土质情况，尽量采用最大切土深度在最短距离(6～10 m)内完成，以便缩短低速运行时间，然后直接推运到预定地点。回填土和填沟渠时，铲刀不得超出土坡边沿。上下坡坡度不得超过35°，横坡不得超过10°。几台推土机同时作业时，前后距离应大于8 m。

(2) 提高生产率的方法。

① 下坡推土法。在斜坡上，推土机顺下坡方向切土与堆运(图1.1.3-1)，借机械向下的重力作用切土，增大切土深度和运土数量，可提高生产率30%～40%，但坡度不宜超过15°，避免后退时爬坡困难。

② 槽形挖土法。推土机重复多次在一条作业线上切土和推土，使地面逐渐形成一条浅槽(图1.1.3-2)，再反复在沟槽中进行推土，以减少土从铲刀两侧漏散，可增加10%～30%的推土量。槽的深度以1 m左右为宜，槽与槽之间的土坑宽约50 m。适于运距较远、土层较厚时使用。

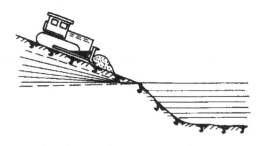

图1.1.3-1 下坡推土法

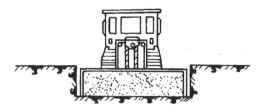

图1.1.3-2 槽形推土法

③ 并列推土法。用2～3台推土机并列作业(图1.1.3-3)，以减少土体漏失量。铲刀相距15～30 cm，一般采用两机并列推土，可增大推土量15%～30%。适于大面积场地平整及运送土用。

④ 分堆集中、一次推送法。在硬质土中，切土深度不大，将土先积聚在一个或数个中间点，然后再整批推送到卸土区，使铲刀前保持满载(图1.1.3-4)。堆积距离不宜大于30 m，推土高度以2 m内为宜。本法能提高生产效率15%左右。适于运送距离较远、而土质又比较坚硬、或长距离分段送土时采用。

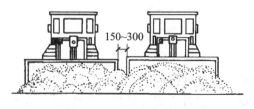

图1.1.3-3 并列推土法

图1.1.3-4 分堆集中、一次推送法

⑤ 斜角推土法。将铲刀斜装在支架上或水平放置，并与前进方向成一倾斜角度(松土为60°，坚实土为45°)进行推土(图1.1.3-5)。本法可减少机械来回行驶，提高效率，但推土

阻力较大,需较大功率的推土机。适于管沟推土回填、垂直方向无倒车余地或在坡脚及山坡下推土用。

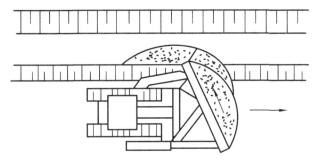

图 1.1.3-5 斜角推土法

⑥ "之"字、斜角推土法。推土机与回填的管沟或洼地边缘成"之"字形或一定角度推土(图 1.1.3-6)。本法可减少平均负荷距离和改善推集中土的条件,并可使推土机转角减少一半,可提高台班生产率,但需较宽的运行场地。适于回填基坑、槽、管沟时采用。

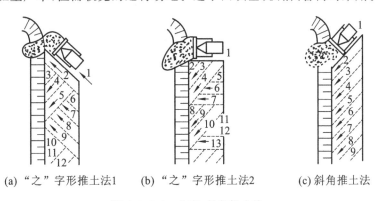

(a) "之"字形推土法1　　(b) "之"字形推土法2　　(c) 斜角推土法

图 1.1.3-6 之字、斜角推土法

⑦ 铲刀附加侧板法。对于运送疏松土壤,且运距较大时,可在铲刀两边加装侧板,增加铲刀前的土方体积和减少推土漏头量。

(3) 推土机生产率计算。

① 推土机小时生产率 P_h(m³/h),按下式计算

$$P_h = 3600 \cdot q/(t_v \cdot K_s) \tag{1.1.3-1}$$

式中　t_v——从推土到填土送达地点的循环时间(s);

q——推土机每次推土量,可查表获得(m³);

K_s——土的可松性系数。

② 推土机台班生产率 P_d(m³/h),按下式计算

$$P_d = 8 \cdot P_h \cdot K_B \tag{1.1.3-2}$$

式中　K_B——时间利用系数,一般在 0.72~0.75 之间。

2) 铲运机

(1) 作业方法。铲运机的基本作业是铲土、运土、卸土三个工作行程和一个空载回驶行程。在施工中,由于挖填区的分布情况不同,为了提高生产效率,应根据不同施工条件(工程大小、运距长短、土的性质和地形条件等),选择合理的开行路线和施工方法。开行路线有如

下几种。

① 椭圆形开行路线。从挖方到填方按椭圆形路线回转(图 1.1.3-7(a))。作业时应常调换方向行驶,以避免机械行驶部分的单侧磨损。适于长 100 m 内,填土高 1.5 m 内的路堤、路堑及基坑开挖、场地平整等工程采用。

② "8"字形开行路线。装土、运土和卸土时按"8"字形运行,一个循环完成两次挖土和卸土作业(图 1.1.3-7(b))。装土和卸土沿直线开行时进行,转弯时刚好把土装完或倾卸完毕,但两条路线间的夹角 α 应小于 60°。本法可减少转弯次数和空车行驶距离,提高生产率,同时一个循环中两次转变方向不同,可避免机械行驶部分单侧磨损。适于开挖管沟、沟边卸土或取土坑较长(300～500 m)的侧向取土、填筑路基以及场地平整等工程采用。

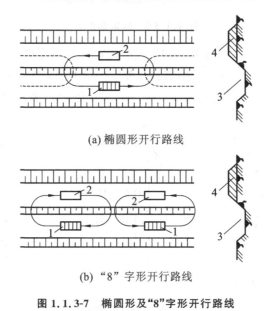

(a) 椭圆形开行路线

(b) "8"字形开行路线

图 1.1.3-7 椭圆形及"8"字形开行路线
1—铲土;2—卸土;3—取土坑;4—路堤

③ 大环形开行路线。从挖方到填方均按封闭的环形路线回转。当挖土和填土交替,而刚好填土区在挖土区的两端时,则可采用大环形路线(图 1.1.3-8(a)),其优点是一个循环能完成多次铲土和卸土,减少铲运机的转弯次数,提高生产效率。本法亦应常调换方向行驶,以避免机械行驶部分的单侧磨损。适于工作面很短(50～100 m)和填方不高(0.1～1.5 m)的路堤、路堑、基坑以及场地平整等工程采用。

④ 连续式开行路线。铲运机在同一直线段连续地进行铲土和卸土作业(图 1.1.3-7(b))。本法可消除跑空车现象,减少转弯次数,提高生产效率,同时还可使整个填方面积得到均匀压实。适于大面积场地整平填方和挖方轮次交替出现的地段采用。

⑤ 锯齿形开行路线。铲运机从挖土地段到卸土地段,以及从卸土地段到挖土地段都是顺转弯,铲土和卸土交替地进行,直到工作段的末端才转弯 180°,然后再按相反方向作锯齿形开行(图 1.1.3-9)。本法调头转弯次数相对减少,同时运行方向经常改变,使机械磨损减轻。适于工作地段很长(500 m 以上)的路堤、堤坝修筑时采用。

⑥ 螺旋形开行路线。铲运机成螺旋形开行,每一循环装卸土两次(图 1.1.3-10)。本法可提高工效和压实质量。适于填筑很宽的堤坝或开挖很宽的基坑、路堑。

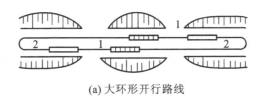

(a) 大环形开行路线

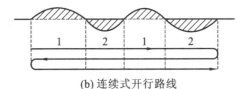

(b) 连续式开行路线

图 1.1.3-8 大环形及连续式开行路线

1—铲土;2—卸土

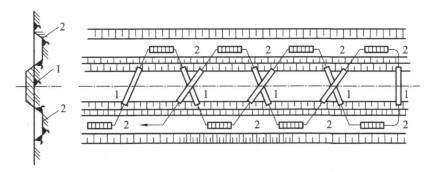

图 1.1.3-9 锯齿形开行路线

1—铲土;2—卸土

（2）提高生产率的方法。铲运机提高生产率的方法有如下几种。

① 下坡铲土法。铲运机顺地势（坡度一般为 3°~9°）下坡铲土（图 1.1.3-11），借机械往下运行质量产生的附加牵引力来增加切土深度和充盈数量，可提高生产率 25% 左右，最大坡度不应超过 20°，铲土厚度以 20cm 为宜，平坦地形可将取土地段的一端先铲低，保持一定坡度向后延伸，创造下坡铲土条件，一般保持铲满铲斗的工作距离为 15~20cm。在大坡度上应放低铲斗，低速前进。本法适于斜坡地形大面积场地平整或推土回填沟渠用。

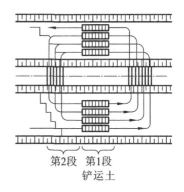

图 1.1.3-10 螺旋形开行路线

图 1.1.3-11 下坡铲土

② 跨铲法。在较坚硬的地段挖土时,采取预留土埂间隔铲土(图1.1.3-12)。土埂两边沟槽深度以不大于0.3 m、宽度在1.6 m以内为宜。本法铲土埂时增加了两个自由面,阻力减少,可缩短铲土时间,减少向外撒土量,提高生产效率。适于较坚硬的土进行铲土回填或场地平整。

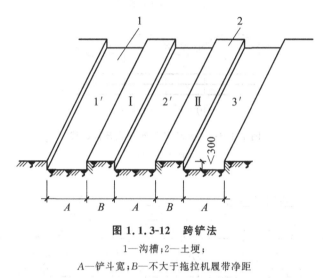

图1.1.3-12 跨铲法
1—沟槽;2—土埂;
A—铲斗宽;B—不大于拖拉机履带净距

③ 交错铲土法。铲运机开始铲土的宽度取大一些,随着铲土阻力增加,适当减少铲土宽度,使铲运机能很快装满土(图1.1.3-13)。当铲第一排时,互相之间相隔铲斗一半宽度,铲第二排土则退离第一排挖土长度的一半位置,与第一排所挖各条交错开,以下所挖各排均与第二排相同。本法适于一般比较坚硬的土的场地平整。

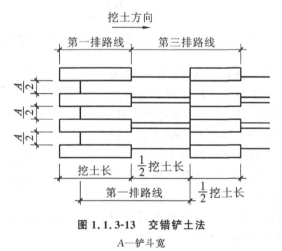

图1.1.3-13 交错铲土法
A—铲斗宽

④ 助铲法。在坚硬的土体中,使用自行铲运机,另配一台推土机在铲运机的后拖杆上进行顶推,协助铲土(图1.1.3-14),可缩短每次铲土时间,装满铲斗,可提高生产率30%左右,推土机在助铲的空余时间,可作松土和零星的平整工作。助铲法取土场宽不宜小于20 m,长度不宜小于40 m,采用一台推土机配合3~4台铲运机助铲时,铲运机的半周程距离不应小于250 m,几台铲运机要适当安排铲土次序和开行路线,互相交叉进行流水作业,以发挥推土机效率。本法适于地势平坦、土质坚硬、宽度大、长度长的大型场地平整工程采用。

图 1.1.3-14 助铲法
1—铲运机铲土;2—推土机助铲

⑤ 双联铲运法。铲运机运土时所需牵引力较小,当下坡铲土时,可将两个铲斗前后串在一起,形成一起一落依次铲土、装土(又称双联单铲)(图 1.1.3-15)。当地面较平坦时,采取将两个铲斗串成同时起落,同时进行铲土,又同时起斗开行(称为双联双铲),前者可提高工效 20%~30%,后者可提高工效约 60%。本法适于较松软的土,进行大面积场地平整及筑堤时采用。

图 1.1.3-15 双联铲运法

(3) 铲运机生产率计算。

① 铲运机小时生产率 $P_h(\text{m}^3/\text{h})$,按下式计算

$$P_h = 3600 \cdot q \cdot K_c / (t_c \cdot K_s) \qquad (1.1.3-3)$$

式中 q——铲运机铲斗容量(m^3);

K_c——铲斗装土的充盈系数,一般沙土 0.75,其他土 0.85~1.3;

K_s——土的可松性系数;

t_c——从挖土到填土卸土完毕的每次循环时间(s),可按下式计算。

$$t_c = t_1 + 2l/V_c + t_2 + t_3 \qquad (1.1.3-4)$$

式中 t_1——装土时间,一般取 60~90 s;

l——平均运距,由开行路线定(m);

V_c——运土与回程的平均速度,一般取 1~2 m/s;

t_2——卸土时间,一般取 15~30 s;

t_3——换挡和掉头时间,一般取 30 s。

② 铲运台班生产率 $P_d(\text{m}^3/\text{h})$,按下式计算

$$P_d = 8 \cdot P_h \cdot K_B \qquad (1.1.3-5)$$

式中 K_B——时间利用系数,一般 0.7~0.9 之间。

3) 挖掘机

(1) 正铲挖掘机。

① 作业方法。正铲挖掘机的挖土特点是:"前进向上,强制切土"。根据开挖路线与运输汽车相对位置的不同,一般有以下两种。

a. 正向开挖,侧向装土法。正铲向前进方向挖土,汽车位于正铲的侧向装车(图 1.1.3-16

(a)、(b))。本法铲臂卸土回转角度最小(<90°)。装车方便,循环时间短,生产效率高。用于开挖工作面较大、深度不大的边坡、基坑(槽)、沟渠和路堑等,为最常用的开挖方法。

b. 正向开挖,后方装土法。正铲向前进方向挖土,汽车停在正铲的后面(图1.1.3-16(c))。本法开挖工作面较大,但铲臂卸土回转角度较大(在180°左右),且汽车要侧向行车,增加工作循环时间,生产效率降低(回转角度180°,效率约降低23%;回转角度130°,效率约降低13%)。本法用于开挖工作面较小、且较深的基坑(槽)、管沟和路堑等。

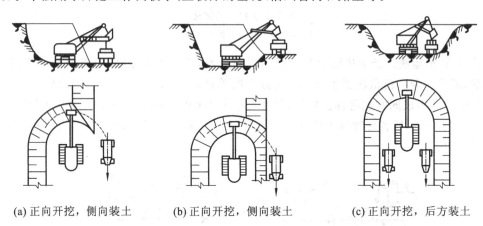

(a) 正向开挖,侧向装土　　(b) 正向开挖,侧向装土　　(c) 正向开挖,后方装土

图 1.1.3-16　正铲挖掘机开挖方式

正铲经济合理的挖土高度见表1.1.3-1。

表 1.1.3-1　正铲开挖高度参考数值(m)

土的类别	铲斗容量/m³			
	0.5	1.0	1.5	2.0
一~二	1.5	2.0	2.5	3.0
三	2.0	2.5	3.0	3.5
四	2.5	3.0	3.5	4.0

挖土机挖土装车时,回转角度对生产率的影响数值,参见表1.1.3-2。

表 1.1.3-2　影响生产效率参考表

土的类别	回转角度		
	90°	130°	180°
一~四	100%	87%	77%

② 提高生产率的方法。正铲挖掘机提高生产率的方法如下。

a. 分层开挖法。将开挖面按机械的合理高度分为多层开挖(图1.1.3-17(a));当开挖面高度不能成为一次挖掘深度的整数倍时,则可在挖方的边缘或中部先开挖一条浅槽作为第一次挖土运输的线路(图1.1.3-17(b)),然后再逐次开挖直至基坑底部。本法用于开挖大型基坑或沟渠,工作面高度大于机械挖掘的合理高度时采用。

b. 多层挖土法。将开挖面按机械的合理开挖高度,分为多层同时开挖,以加快开挖速

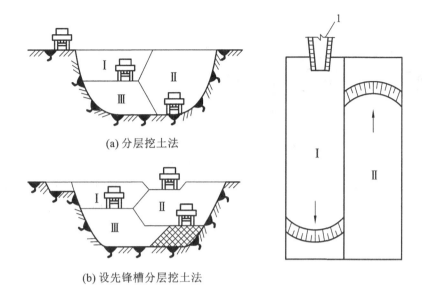

(a) 分层挖土法

(b) 设先锋槽分层挖土法

图 1.1.3-17 分层挖土法

1—下坑通道；Ⅰ、Ⅱ、Ⅲ——一、二、三层

度，土方可以分层运出，亦可分层递送，至最上层（或下层）用汽车运出（图 1.1.3-18）。但两台挖土机沿前进方向，上层应先开挖，与下层保持 30～50 m 距离。本法适于开挖高边坡或大型基坑。

c. 中心开挖法。正铲先在挖土区的中心开挖，当向前挖至回转角度超过 90°时，则转向两侧开挖，运土汽车按八字形停放装土（图 1.1.3-19）。本法开挖移位方便，回转角度小（＜90°）。挖土区宽度宜在 40 m 以上，以便于汽车靠近正铲装车。本法适用于开挖较宽的山坡地段或基坑、沟渠等。

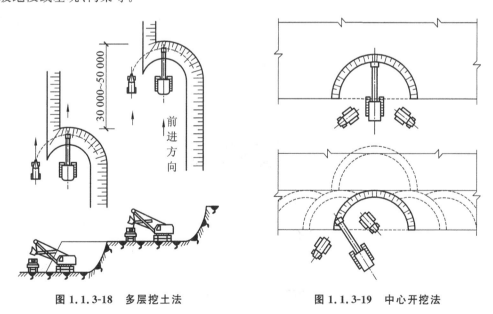

图 1.1.3-18 多层挖土法　　图 1.1.3-19 中心开挖法

d. 上下轮换开挖法。先将土层上部 1 m 以下土挖深 30～40 cm，然后再挖土层上部 1 m 厚的土，如此上下轮换开挖（图 1.1.3-20）。本法挖土阻力小，易装满铲斗，卸土容易。适于

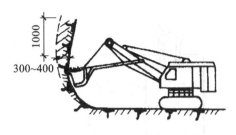

图 1.1.3-20 上下轮换开挖法

土层较高,土质不太硬,铲斗挖掘距离很短时使用。

e. 顺铲开挖法。正铲挖掘机铲斗从一侧向另一侧,一斗挨一斗地顺序进行开挖(图1.1.3-21(a)),每次挖土增加一个自由面,使阻力减小,易于挖掘。也可依据土质的坚硬程度使每次只挖2~3个斗牙位置的土。适于土质坚硬,挖土时不易装满铲斗,而且装土时间长时采用。

f. 间隔开挖法。即在扇形工作面上第一铲与第二铲之间保留一定距离(图1.1.3-21(b)),使铲斗接触土体的摩擦面减少,两侧受力均匀,铲土速度加快,容易装满铲斗,生产效率高。适于开挖土质不太硬、较宽的边坡或基坑、沟渠等。

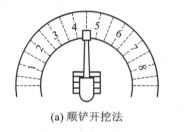
(a) 顺铲开挖法

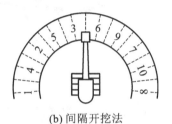
(b) 间隔开挖法

图 1.1.3-21 顺铲和间隔开挖法

(2) 反铲挖掘机。反铲挖掘机的挖土特点是:"后退向下,强制切土"。根据挖掘机的开挖路线与运输汽车的相对位置不同,一般有以下几种。

① 沟端开挖法。反铲停于沟端,后退挖土,同时往沟一侧弃土或装汽车运走(图1.1.3-22(a))。挖掘宽度可不受机械最大挖掘半径的限制,臂杆回转半径仅 45°~90°,同时可挖到最大深度。对较宽的基坑可采用(图 1.1.3-22(b))的方法,其最大一次挖掘宽度为反铲有效挖掘半径的两倍,但汽车须停在机身后面装土,生产效率降低。或采用几次沟端开挖法完成作业。本法适于一次成沟后退挖土,挖出土方随即运走时采用,或就地取土填筑路基或修筑堤坝等。

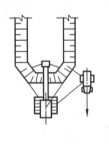
(a) 沟端开挖法

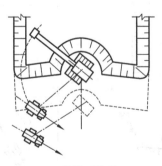
(b) 沟端开挖法

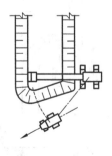
(c) 沟侧开挖法

图 1.1.3-22 反铲沟端及沟侧开挖法

② 沟侧开挖法。反铲停于沟侧沿沟边开挖,汽车停在机旁装土或往沟一侧卸土(图1.1.3-22(c))。本法铲臂回转角度小,能将土弃于距沟边较远的地方,但挖土宽度比挖掘半

径小,边坡不好控制,同时机身靠沟边停放,稳定性较差。本法用于横挖土体和需将土方甩到离沟边较远的距离时使用。

③ 沟角开挖法。反铲位于沟前端的边角上,随着沟槽的掘进,机身沿着沟边往后作"之"字形移动(图 1.1.3-23)。臂杆回转角度平均在 45°左右,机身稳定性好,可挖较硬的土体,并能挖出一定的坡度。本法适于开挖土质较硬、宽度较小的沟槽(坑)。

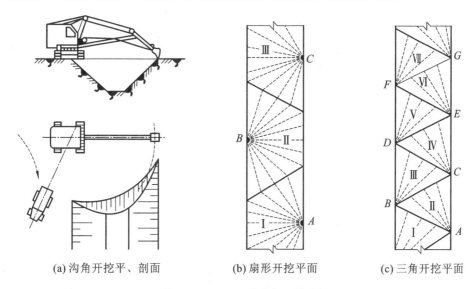

(a) 沟角开挖平、剖面　　(b) 扇形开挖平面　　(c) 三角开挖平面

图 1.1.3-23　反铲沟角开挖法

④ 多层接力开挖法。用两台或多台挖土机设在不同作业高度上同时挖土,边挖土,边将土传递到上层,由地表挖土机连挖土带装土(图 1.1.3-24);上部可用大型反铲,中、下层用大型或小型反铲,进行挖土和装土,均衡连续作业。一般两层挖土可挖深 10 m,三层可挖深 15 m 左右。本法开挖较深基坑,一次开挖到设计标高,一次完成,可避免汽车在坑下装运作业,提高生产效率,且不必设专用垫道。适于开挖土质较好、深 10 m 以上的大型基坑、沟槽和渠道。

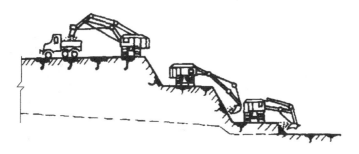

图 1.1.3-24　反铲多层接力开挖法

(3) 抓铲挖掘机。抓铲挖掘机的挖土特点是:"直上直下,自重切土"。抓铲能在回转半径范围内开挖基坑上任何位置的土方,并可在任何高度上卸土(装车或弃土)。

对小型基坑,抓铲立于一侧抓土;对较宽的基坑,则在两侧或四侧抓土。抓铲应离基坑边一定距离,土方可直接装入自卸汽车运走(图 1.1.3-25),或堆弃在基坑旁或用推土机推到

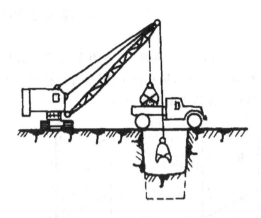

图 1.1.3-25 抓铲挖土机挖土

远处堆放。挖淤泥时,抓斗易被淤泥吸住,应避免用力过猛,以防翻车。抓铲施工,一般均需加配重。

2. 土方机械施工要点

(1) 土方开挖应绘制土方开挖图(图1.1.3-26),确定开挖路线、顺序、范围、基底标高、边坡坡度、排水沟、集水井位置以及挖出的土方堆放地点等。绘制土方开挖图应尽可能使机械多挖,减少机械超挖和人工挖方。

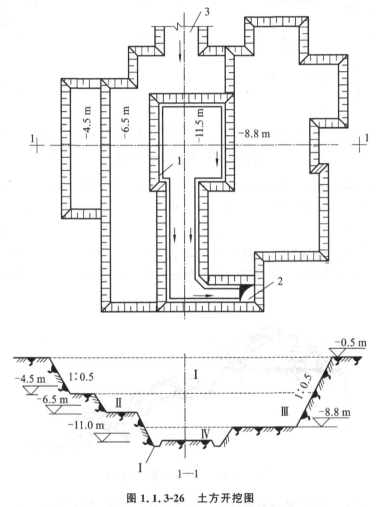

图 1.1.3-26 土方开挖图
1—排水沟;2—集水井;3—土方机械进出口;
Ⅰ、Ⅱ、Ⅲ、Ⅳ—开挖次序

(2) 大面积基础群基坑底标高不一,机械开挖次序一般采取先整片挖至平均标高,然后再挖个别较深部位。当一次开挖深度超过挖土机最大挖掘高度(5 m以上)时,宜分二到三层开挖,并修筑 10%～15%坡道,以便挖土及运输车辆进出。

(3) 基坑边角部位,机械开挖不到之处,应用少量人工配合清坡,将松土清至机械作业半径范围内,再用机械掏取运走。人工清土所占比例一般为 1.5%～4%,修坡以厘米作限制误差。大基坑宜另配一台推土机清土、送土和运土。

(4) 挖掘机、运土汽车进出基坑的运输道路,应尽量利用基础一侧或两侧相邻的基础(以后需开挖的)部位,使它互相贯通作为车道,或利用提前挖除土方后的地下设施部位作为相邻的几个基坑开挖地下运输通道,以减少挖土量。

(5) 机械开挖应由深而浅,基底及边坡应预留一层 150～300 mm 厚土层用人工清底、修坡、找平,以保证基底标高和边坡坡度正确,避免超挖和土层遭受扰动。

(6) 做好机械的表面清洁和运输道路的清理工作,以提高挖土和运输效率。

(7) 基坑土方开挖可能影响邻近建筑物、管线安全使用时,必须有可靠的保护措施。

(8) 机械开挖施工时,应保护井点、支撑等不受碰撞或损坏,同时应对平面控制桩、水准点、基坑平面位置、水平标高、边坡坡度等定期进行复测检查。

(9) 雨期开挖土方,工作面不宜过大,应逐段分期完成。如为软土地基,进入基坑行走需铺垫钢板或铺路基箱垫道。坑面、坑底排水系统应保持良好;汛期应有防洪措施,防止雨水浸入基坑。冬期开挖基坑,如挖完土隔一段时间施工基础需预留适当厚度的松土,以防基土遭受冻结。

(10) 当基坑开挖局部遇露头岩石,应先采用控制爆破方法,将基岩松动、爆破成碎块,其块度应小于铲斗宽的 2/3,再用挖土机挖出,可避免破坏邻近基础和地基。对大面积较深的基坑,宜采用打竖井的方法进行松爆,使一次基本达到要求深度。此项工作一般在工程平整场地时预先完成。在基坑内爆破,宜采用打眼放炮的方法,采用多打眼,少装药,分层松动爆破,分层清渣,每层厚 1.2 m 左右。

1.1.4 与土方开挖有关的基坑侧壁安全等级的规定

《建筑基坑支护技术规程》(JGJ 120—2012)规定,基坑侧壁的安全等级分为三级,不同等级采用相对应的重要性系数 γ_0。基坑侧壁的安全等级分级如表 1.1.4-1 所示。

表 1.1.4-1 基坑侧壁安全等级及重要性系数

安全等级	破坏后果	重要性系数 γ_0
一级	支护结构破坏、土体失稳或过大变形对基坑周边环境及地下结构施工影响很严重	1.10
二级	支护结构破坏、土体失稳或过大变形对基坑周边环境及地下结构施工影响一般	1.00
三级	支护结构破坏、土体失稳或过大变形对基坑周边环境及地下结构施工影响不严重	0.90

注:有特殊要求的建筑基坑侧壁安全等级可根据具体情况另行确定。

支护结构设计,应考虑其结构水平变形、地下水的变化对周边环境的水平与竖向变形的影响。对于安全等级为一级的和对周边环境变形有限定要求的二级建筑基坑侧壁,应根据周边环境的重要性、变形适应能力和土的性质等因素,确定支护结构的水平变形限值。

当地下水位较高时,应根据基坑及周边区域的工程地质条件、水文地质条件、周边环境情况和支护结构形式等因素,确定地下水的控制方法。当基坑周围有地表水汇流、排泄或地下水管渗漏时,应妥善对基坑采取保护措施。

对于安全等级为一级及对支护结构变形有限定的二级建筑基坑侧壁,应对基坑周边环境及支护结构变形进行验算。

基坑工程分级的标准,各地规范不尽相同,各地区、各城市根据自己的特点和要求作了相应的规定,以便于进行岩土勘察、支护结构设计、审查基坑工程施工方案等用。

《建筑地基基础工程施工质量验收规范》(GB 50202—2002)对基坑分级和变形监控值见表1.1.4-2。

表 1.1.4-2 基坑变形的监控值(单位:cm)

基坑类别	围护结构墙顶位移监控值	围护结构墙体最大位移监控值	地面最大沉降监控值
一级基坑	3	5	3
二级基坑	6	8	6
三级基坑	8	10	10

注 1. 符合下列情况之一,为一级基坑:
　　(1) 重要工程或支护结构做主体结构的一部分;
　　(2) 开挖深度大于 10 m;
　　(3) 与临近建筑物、重要设施的距离在开挖深度以内的基坑;
　　(4) 基坑范围内有历史文物、近代优秀建筑、重要管线等需严加保护的基坑。
2. 三级基坑为开挖深度小于 7 m、周围环境无特别要求的基坑。
3. 除一级和三级外的基坑属二级基坑。
4. 与周围已有的设施有特殊要求时,尚应符合这些要求;位于地铁、隧道等大型地下设施安全保护区范围内的基坑工程,以及城市生命线工程或对位移有特殊要求的精密仪器使用场所附近的基坑工程,应遵照有关的专门文件或规定执行。

1.1.5 土方工程冬期的基本知识

1. 冻土的定义、特征及分类

(1) 冻结深度:当温度低于 0 ℃,且含有水分而冻结的各类土称为冻土。我们把冬季土层冻结的厚度称为冻结深度。

(2) 冻土的分类:按季节性冻土地基冻胀量的大小及其对建筑物的危害程度,将地基土的冻胀性分为四类。

Ⅰ类:不冻胀。冻胀率 $K_a \leqslant 1\%$,对敏感的浅基础均无危害。

Ⅱ类:弱冻胀。冻胀率 $K_a = 1\% \sim 3.5\%$,对浅埋基础的建筑物也无危害,在最不利条件下,可能产生细小的裂缝,但不影响建筑物的安全。

Ⅲ类:冻胀。$K_a = 3.5\% \sim 6\%$,浅埋基础的建筑物将产生裂缝。

Ⅳ类:强冻胀。$K_a > 6\%$,浅埋基础将产生严重破坏。

注:$K_a = (V_1 - V_0)/V_0 \times 100\%$,$V_1$—冻后土的体积($cm^3$),$V_0$—冻前土的体积($cm^3$)。

2. 地基土的保温防冻

地基土的保温防冻是指在冬季来临时土层未冻结之前,采取一定措施使基础土层免遭冻结或减少冻结的方法。土的保温防冻法是最经济的方法。

(1) 保温材料覆盖法。面积较小的基槽(坑)的防冻,可直接用保温材料覆盖,表面加盖一层塑料布。常用保温材料有炉渣、锯末、膨胀珍珠岩、草袋、树叶等。其做法见图 1.1.5-1、图 1.1.5-2。

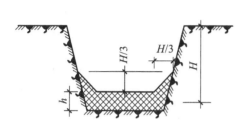

图 1.1.5-1 已挖基坑保温法
h—覆盖保温材料厚度;H—最大冻结深度

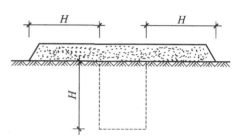

图 1.1.5-2 未挖基坑

用保温材料覆盖时所需的保温厚度估算:

$$h = H/\beta \qquad (1.1.5\text{-}1)$$

式中　h——土壤保温防冻所需的保温厚度(mm);
　　　H——不保温时土壤的最大冻结深度(mm);
　　　β——各种材料对土壤冻结影响系数,可按表 1.1.5-1 取值。

表 1.1.5-1　各种材料对土壤冻结影响系数 β

土壤种类 \ 保温材料	树叶	刨花	锯末	干炉渣	茅草	膨胀珍珠岩	炉渣	芦苇	草帘	泥炭土	松散土	密实土
砂土	3.3	3.2	2.8	2.0	2.5	3.8	1.6	2.1	2.5	2.8	1.4	1.12
粉土	3.1	3.1	2.7	1.9	2.4	3.6	1.6	2.04	2.4	2.9	1.3	1.08
砂质黏土	2.7	2.6	2.3	1.6	2.0	3.5	1.3	1.7	2.0	2.31	1.2	1.06
黏土	2.1	2.1	1.9	1.3	1.6	3.5	1.1	1.4	1.6	1.9	1.2	1.00

注:1. 表中数值适用于地下水位低于 1 m 以下的土体;
　　2. 当为地下水位较高的饱和土时其值可取 1。

(2) 暖棚保温法。已经开挖的较小的基槽(坑)的保温与防冻可采用暖棚保温法。在已挖好的基槽(坑)上,搭好骨架铺上基层,覆盖保温材料。也可搭塑料大棚,在棚内采取供暖措施。

1.2　场 地 平 整

1.2.1　场地平整土方量计算

场地平整前,要确定场地设计标高,计算挖、填土方量以便据此进行土方挖填平衡计算,确定平衡调配方案,并根据工程规模、施工期限、现场机械设备条件,选用土方机械,拟定施工方案。

1. 场地平整高度的计算

对较大面积的场地平整,正确地选择场地平整高度(设计标高),对节约工程投资、加快建设速度均具有重要意义。一般选择原则是:在符合生产工艺和运输的条件下,尽量利用地形,以减少挖方数量;场地内的挖方与填方量应尽可能达到互相平衡,以降低土方运输费用;同时应考虑最高洪水位的影响等。

场地平整高度计算常用的方法为"挖填土方量平衡法",因其概念直观,计算简便,精度能满足工程要求,应用最为广泛,其计算步骤和方法如下。

(1) 计算场地设计标高。如图 1.2.1-1(a)所示,将地形图划分方格网(或利用地形图的方格网),每个方格的角点标高,一般可根据地形图上相邻两等高线的标高,用插入法求得。当无地形图时,亦可在现场打设木桩定好方格网,然后用仪器直接测出。

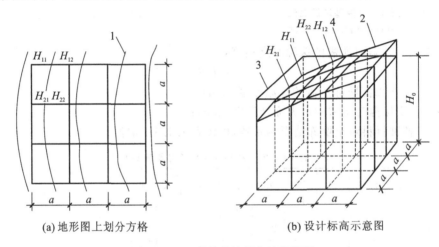

(a) 地形图上划分方格　　　　(b) 设计标高示意图

图 1.2.1-1　场地设计标高计算简图

1—等高线;2—自然地坪;3—设计标高平面;4—自然地面与设计标高平面的交线(零线)

一般要求是,使场地内的土方在平整前和平整后相等而达到挖方和填方量平衡,见图 1.2.1-1(b)。设达到挖填平衡的场地平整标高为 H_0,则由挖填平衡条件,H_0 值可由下式求得:

$$H_0 = \frac{\sum H_1 + 2\sum H_2 + 3\sum H_3 + 4\sum H_4}{4N} \tag{1.2.1-1}$$

式中　a——方格网边长(m);

　　　N——方格网数(个);

　　　$H_{11},\cdots,H_{22}$——任一方格的四个角点的标高(m);

　　　H_1——一个方格共有的角点标高(m);

　　　H_2——二个方格共有的角点标高(m);

　　　H_3——三个方格共有的角点标高(m);

　　　H_4——四个方格共有的角点标高(m)。

(2) 考虑设计标高的调整值。上式计算的 H_0 为一理论数值,实际尚需考虑:土的可松性;设计标高以下各种填方工程用土量,或设计标高以上的各种挖方工程量;边坡填挖土方量不等;部分挖方就近弃土于场外,或部分填方就近从场外取土等因素。考虑这些因素所引起的挖填土方量的变化后,适当提高或降低设计标高。

(3) 考虑排水坡度对设计标高的影响。式(1.2.1-1)计算的 H_0 未考虑场地的排水要求(即场地表面均处于同一个水平面上),实际均应有一定排水坡度。如场地面积较大,应有 2‰以上排水坡度,尚应考虑排水坡度对设计标高的影响。故场地内任一点实际施工时所采用的设计标高 H_0(m)可由下式计算:

单向排水时 $\qquad H_n = H_0 + l \cdot i$ (1.2.1-2)

双向排水时 $\qquad H = H_0 \pm l_x i_x \pm l_y i_y$ (1.2.1-3)

式中 l——该点至 H_0 的距离(m);

i——x 方向或 y 方向的排水坡度(不少于 2‰);

l_x、l_y——该点于 x-x、y-y 方向距场地中心线的距离(m);

i_x、i_y——分别为 x 方向和 y 方向的排水坡度;

±——该点比 H_0 高则取"+"号,反之取"一"号。

2. 场地平整土方工程量的计算

在编制场地平整土方工程施工组织设计或施工方案,进行土方的平衡调配以及检查验收土方工程时,常需要进行土方工程量的计算。计算方法有方格网法和横断面法两种。

方格网法用于地形较平缓或台阶宽度较大的地段。计算方法较为复杂,但精度较高,其计算步骤和方法如下。

(1) 划分方格网。根据已有地形图(一般用 1:500 的地形图)将欲计算场地划分成若干个方格网,尽量与测量的纵、横坐标网对应,方格一般采用 20 m×20 m 或 40 m×40 m,将相应设计标高和自然地面标高分别标注在方格点的右上角和右下角。将自然地面标高与设计地面标高的差值,即各角点的施工高度(挖或填)填在方格网的左上角,挖方为(一),填方为(+)。

(2) 计算零点位置。在一个方格网内同时有填方或挖方时,应先算出方格网边上的零点的位置,并标注于方格网上,连接零点即得填方区与挖方区的分界线(即零线)。

零点的位置按下式计算(图 1.2.1-2):

$$x_1 = \frac{h_1}{h_1 + h_2} \times a \qquad x_2 = \frac{h_2}{h_1 + h_2} \times a \qquad (1.2.1-4)$$

式中 x_1、x_2——角点至零点的距离(m);

h_1、h_2——相邻两角点的施工高度(m),均用绝对值;

a——方格网的边长(m)。

为省略计算,亦可采用图解法直接求出零点位置,如图 1.2.1-3 所示,方法是用尺在各角上标出相应比例,用尺相接,与方格相交点即为零点位置。这种方法可避免计算(或查表)出现的错误。

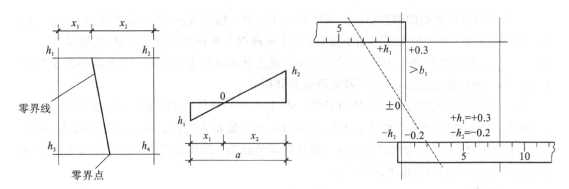

图 1.2.1-2 零点位置计算示意图　　图 1.2.1-3 零点位置图解法

(3) 计算土方工程量。按方格网底面积图形和表 1.2.1-1 所列体积计算公式计算每个方格内的挖方或填方量。

表 1.2.1-1　常用方格网点计算公式

项 目	图 式	计算公式
一点填方或挖方（三角形）		$V = \dfrac{1}{2}bc\dfrac{\sum h}{3} = \dfrac{bch_3}{6}$ 当 $b = c = a$ 时，$V = \dfrac{a^2 h_3}{6}$
二点填方或挖方（梯形）		$V_+ = \dfrac{b+c}{2}a\dfrac{\sum h}{4} = \dfrac{a}{8}(b+c)(h_1+h_3)$ $V_- = \dfrac{d+e}{2}a\dfrac{\sum h}{4} = \dfrac{a}{8}(d+e)(h_2+h_4)$
三点填方或挖方（五角形）		$V = \left(a^2 - \dfrac{bc}{2}\right)\dfrac{\sum h}{5} = \left(a^2 - \dfrac{bc}{2}\right)\dfrac{h_1+h_2+h_4}{5}$
四点填方或挖方（正方形）		$V = \dfrac{a^2}{4}\sum h = \dfrac{a^2}{4}(h_1+h_2+h_3+h_4)$

注：1. a—方格网的边长(m)；b、c—零点到一角的边长(m)；h_1、h_2、h_3、h_4—方格网四角点的施工高程(m)，用绝对值代入；$\sum h$—填方或挖方施工高程的总和(m)，用绝对值代入；V—挖方或填方体积(m³)。

　　2. 本表公式是按各计算图形底面积乘以平均施工高程而得出的。

(4) 计算土方总量。将挖方区(或填方区)所有方格计算土方量汇总,即得该场地挖方和填方的总土方量。

【例 1-1】 厂房场地平整,部分方格网如图 1.2.1-4 所示,方格边长为 20 m×20 m,试计算挖填总土方工程量。

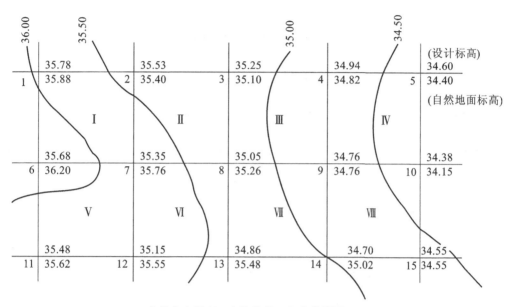

(a) 方格角点标高、方格编号、角点编号图

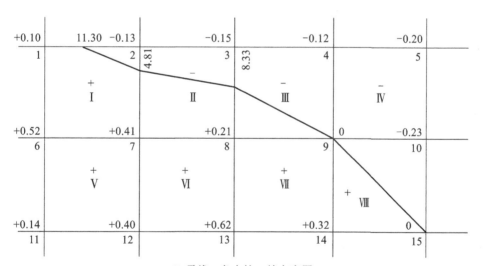

(b) 零线、角点挖、填高度图

图 1.2.1-4 方格网法计算土方量

(图中Ⅰ、Ⅱ、Ⅲ等为方格编号;1、2、3等为角点号)

【解】 ① 划分方格网、标注高程。根据图 1.2.1-4(a)方格各点的设计标高和自然地面标高,计算方格各点的施工高度,标注于图 1.2.1-4(b)中各点的左角上。

② 计算零点位置。从图 1.2.1-4(b)中可看出 1~2、2~7、3~8 三条方格边两端角的施工高度符号不同,表明此方格边上有零点存在,由表 1.2.1-1 第 2 项公式:

1～2 线 $\qquad x_1 = \dfrac{0.13 \times 20}{0.10 + 0.13} = 11.30 \text{(m)}$

2～7 线 $\qquad x_1 = \dfrac{0.13 \times 20}{0.41 + 0.13} = 4.81 \text{(m)}$

3～8 线 $\qquad x_1 = \dfrac{0.15 \times 20}{0.21 + 0.15} = 8.33 \text{(m)}$

将各零点标注于图 1.2.1-4(b)，并将零点线连接起来。

③ 计算土方工程量

方格Ⅰ底面为三角形和五角形，由表 1.2.1-1 第 1、3 项公式：

三角形$_{200}$土方量 $\quad V_+ = \dfrac{0.13}{6} \times 11.30 \times 4.81 = 1.18 \text{(m}^3\text{)}$

五角形$_{16700}$土方量 $\quad V_- = -\left(20^2 - \dfrac{1}{2} \times 11.30 \times 4.81\right) \times \left(\dfrac{0.10 + 0.52 + 0.41}{5}\right) = -76.80 \text{(m}^3\text{)}$

方格Ⅱ底面为两个梯形，由表 1.2.1-1 第 2 项公式：

梯形$_{2300}$土方量 $\quad V_+ = \dfrac{20}{8}(4.81 + 8.33)(0.13 + 0.15) = 9.20 \text{(m}^3\text{)}$

梯形$_{7800}$土方量 $\quad V_- = -\dfrac{20}{8}(15.19 + 11.67)(0.41 + 0.21) = -41.63 \text{(m}^3\text{)}$

方格Ⅲ底面为一个梯形和一个三角形，由表 1.2.1-1 第 1、2 项公式：

梯形$_{3400}$土方量 $\quad V_+ = \dfrac{20}{8}(8.33 + 20)(0.15 + 0.12) = 19.12 \text{(m}^3\text{)}$

三角形$_{800}$土方量 $\quad V_- = -\dfrac{11.67 \times 20}{6} \times 0.21 = -8.17 \text{(m}^3\text{)}$

方格Ⅳ、Ⅴ、Ⅶ底面均为正方形，由表 1.2.1-1 第 4 项公式：

正方形$_{45910}$土方量 $\quad V_+ = \dfrac{20 \times 20}{4}(0.12 + 0.20 + 0 + 0.23) = 55.0 \text{(m}^3\text{)}$

正方形$_{671112}$土方量 $\quad V_- = -\dfrac{20 \times 20}{4}(0.52 + 0.41 + 0.14 + 0.40) = -147.0 \text{(m}^3\text{)}$

正方形$_{781213}$土方量 $\quad V_- = -\dfrac{20 \times 20}{4}(0.41 + 0.21 + 0.40 + 0.62) = -164.0 \text{(m}^3\text{)}$

正方形$_{891314}$土方量 $\quad V_- = -\dfrac{20 \times 20}{4}(0.21 + 0 + 0.62 + 0.32) = -115.0 \text{(m}^3\text{)}$

方格Ⅷ底面为两个三角形，由表 1.2.1-1 第 1 项公式：

三角形$_{91015}$土方量 $\quad V_+ = \dfrac{0.23}{6} \times 20 \times 20 = 15.33 \text{(m}^3\text{)}$

三角形$_{91415}$土方量 $\quad V_- = -\dfrac{0.32}{6} \times 20 \times 20 = -21.33 \text{(m}^3\text{)}$

④ 汇总全部土方工程量

全部挖方量 $\quad \sum V_- = -76.80 - 41.63 - 8.17 - 147 - 164 - 115 - 21.33 = -573.93 \text{(m}^3\text{)}$

全部填方量 $\quad \sum V_+ = 1.18 + 9.20 + 19.12 + 55.0 + 15.33 = 99.83 \text{(m}^3\text{)}$

除了方格网法外，还有横截面法可以计算土方平整工程量。横截面法适用于地形起伏变化较大地区，或者地形狭长、挖填深度较大又不规则的地区采用，计算方法较为简单方便，但精度较低。其计算步骤和方法(略)。

3. 边坡土方量计算

用于平整场地、修筑路基、路堑的边坡挖、填土方量计算,常用图算法。

图算法系根据地形图和边坡竖向布置图或现场测绘,将要计算的边坡划分为两种近似的几何形体(图 1.2.1-5),一种为三角棱体(如体积①~③、⑤~⑪);另一种为三角棱柱体(如体积④),然后应用表 1.2.1-2 几何公式分别进行土方计算,最后将各块汇总即得场地总挖土(一)、填土(十)的量。

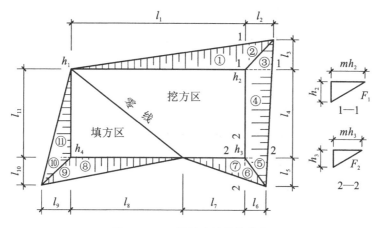

图 1.2.1-5 场地边坡计算简图

表 1.2.1-2 常用边坡三角棱体、棱柱体计算公式

项目	计算公式	符号意义
边坡三角棱体体积	边坡三角棱体体积 V 可按下式计算(例如图 1.2.1-4 中的①) $$V_1 = \frac{1}{3} F_1 l_1$$ 其中 $F_1 = \frac{h_2 \times (mh_2)}{2} = \frac{mh_2^2}{2}$ $V_2、V_3、V_5 \cdots V_{11}$ 计算方法同上	$V_1、V_2、V_3、V_5 \cdots V_{11}$——边坡①、②、③、⑤…⑪三角棱体体积($m^3$); l_1——边坡①的边长(m); F_1——边坡①的端面积(m^2); h_2——角点的挖土高度(m); m——边坡的坡度系数; V_4——边坡④三角棱柱体体积(m^3); l_4——边坡④的长度(m); $F_1、F_2、F_0$——边坡④两端及中部的横截面面积
边坡三角棱柱体体积	边坡三角棱柱体体积 V_4 可按下式计算(例如图 1.2.1-4 中的④) $$V_4 = \frac{F_1 + F_2}{2} l_4$$ 当两端横截面面积相差很大时,则 $$V_4 = \frac{l_4}{6}(F_1 + 4F_0 + F_2)$$ $F_1、F_2、F_0$ 计算方法同上	

【例 1-2】 场地整平工程,长 80 m、宽 60 m,土质为粉质黏土,取挖方区边坡坡度为 1:1.25,填方边坡坡度为 1:1.5,已知平面图挖填分界线尺寸及角点标高如图 1.2.1-6 所示,试求边坡挖、填土方量。

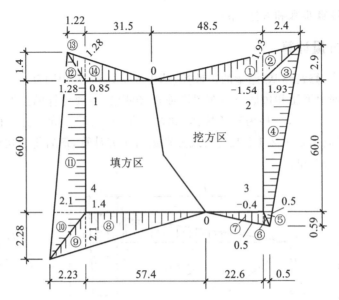

图 1.2.1-6 场地边坡平面轮廓尺寸图

【解】 先求边坡角点 1~4 的挖、填方宽度：

角点 1 填方宽度 $0.85 \times 1.50 = 1.28(m)$

角点 2 挖方宽度 $1.54 \times 1.25 = 1.93(m)$

角点 3 挖方宽度 $0.40 \times 1.25 = 0.50(m)$

角点 4 填方宽度 $1.40 \times 1.50 = 2.10(m)$

按照场地四个控制角点的边坡宽度，利用作图法可得出边坡平面尺寸(图 1.2.1-6)，边坡土方工程量，可划分为三角棱体和三角棱柱体两种类型，按表 1.2.1-2 公式计算如下。

(1) 挖方区边坡土方量

$$V_1 = \frac{1}{3} \times \frac{1.93 \times 1.54}{2} \times 48.5 = -24.03(m^3)$$

$$V_2 = \frac{1}{3} \times \frac{1.93 \times 1.54}{2} \times 2.4 = -1.19(m^3)$$

$$V_3 = \frac{1}{3} \times \frac{1.93 \times 1.54}{2} \times 2.9 = -1.44(m^3)$$

$$V_4 = \frac{1}{2} \times \left(\frac{1.93 \times 1.54}{2} + \frac{0.4 \times 0.5}{2}\right) \times 60 = -47.58(m^3)$$

$$V_5 = \frac{1}{3} \times \frac{0.5 \times 0.4}{2} \times 0.59 = -0.02(m^3)$$

$$V_6 = \frac{1}{3} \times \frac{0.5 \times 0.4}{2} \times 0.5 \approx -0.02(m^3)$$

$$V_7 = \frac{1}{3} \times \frac{0.5 \times 0.4}{2} \times 22.6 = -0.75(m^3)$$

挖方区边坡的土方量合计：

$$V_{挖} = -(24.03 + 1.19 + 1.44 + 47.58 + 0.02 + 0.02 + 0.75) = -75.03(m^3)$$

(2) 填方区边坡的土方量

$$V_8 = \frac{1}{3} \times \frac{2.1 \times 1.4}{2} \times 57.4 = 28.13(m^3)$$

$$V_9 = \frac{1}{3} \times \frac{2.1 \times 1.4}{2} \times 2.23 = 1.09 (\text{m}^3)$$

$$V_{10} = \frac{1}{3} \times \frac{2.1 \times 1.4}{2} \times 2.28 = 1.12 (\text{m}^3)$$

$$V_{11} = \frac{1}{2} \times \left(\frac{2.1 \times 1.4}{2} + \frac{1.28 \times 0.85}{2} \right) \times 60 = 60.42 (\text{m}^3)$$

$$V_{12} = \frac{1}{3} \times \frac{1.28 \times 0.85}{2} \times 1.4 = 0.25 (\text{m}^3)$$

$$V_{13} = \frac{1}{3} \times \frac{1.28 \times 0.85}{2} \times 1.22 = 0.22 (\text{m}^3)$$

$$V_{14} = \frac{1}{3} \times \frac{1.28 \times 0.85}{2} \times 31.5 = 5.71 (\text{m}^3)$$

填方区边坡的土方量合计：

$$V_{填} = 28.13 + 1.09 + 1.12 + 60.42 + 0.25 + 0.22 + 5.71 = +96.94 (\text{m}^3)$$

1.2.2 土方调配

土方的平衡与调配计算。计算出土方的施工标高、挖填区面积、挖填区土方量，并考虑各种变动因素(如土的松散率、压缩率、沉降量等)进行调整后，应对土方进行综合平衡与调配。土方平衡调配工作是土方规划设计的一项重要内容，其目的在于使土方运输量或土方运输成本为最低的条件下，确定填、挖方区土方的调配方向和数量，从而达到缩短工期和提高经济效益的目的。

进行土方平衡与调配，必须综合考虑工程和现场情况、进度要求和土方施工方法以及分期分批施工工程的土方堆放和调运问题，经过全面研究，确定平衡调配的原则之后，才可着手进行土方平衡与调配工作，如划分土方调配区，计算土方的平均运距、单位土方的运价，确定土方的最优调配方案。

1. 土方的平衡与调配原则

(1) 挖方与填方基本达到平衡，减少重复倒运。
(2) 挖(填)方量与运距的乘积尽可能小，即总土方运输量或运输费用最小。
(3) 好土应用在回填密实度要求较高的地区，以避免出现质量问题。
(4) 取土或弃土应尽量不占或少占农田，弃土尽可能有规划地造田。
(5) 分区调配应与全场调配相协调，避免只顾局部平衡，任意挖填而破坏全局平衡。
(6) 调配应与地下构筑物的施工相结合，地下设施的填土，应留土后填。
(7) 选择恰当的调配方向、运输路线、施工顺序，避免土方运输出现对流和乱流现象，同时便于机具调配、机械化施工。

2. 土方平衡与调配的步骤及方法

土方平衡与调配需编制相应的土方调配图，其步骤如下。
(1) 划分调配区。在平面图上先划出挖填区的分界线，并在挖方区和填方区适当划出

若干调配区,确定调配区的大小和位置。划分时应注意以下几点:

① 划分应与房屋和构筑物的平面位置相协调,并考虑开工顺序、分期施工顺序;

② 调配区大小应满足土方施工用主导机械的行驶操作尺寸要求;

③ 调配区范围应和土方工程量计算用的方格网相协调,一般可由若干个方格组成一个调配区;

④ 当土方运距较大或场地范围内土方调配不能达到平衡时,可考虑就近借土或弃土,此时一个借土区或一个弃土区可作为一个独立的调配区。

(2) 计算各调配区的土方量并标明在图上。

(3) 计算各挖、填方调配区之间的平均运距,即挖方区土方重心至填方区土方重心的距离,取场地或方格网中的纵横两边为坐标轴,以一个角作为坐标原点(图 1.2.2-1),按下式求出各挖方或填方调配区土方重心坐标 X_0 及 Y_0。

$$X_0 = \frac{\sum(x_i V_i)}{\sum V_i} \quad (1.2.2\text{-}1)$$

$$Y_0 = \frac{\sum(y_i V_i)}{\sum V_i} \quad (1.2.2\text{-}2)$$

式中　x_i、y_i——i 块方格的重心坐标;

　　　V_i——i 块方格的土方量。

填、挖方区之间的平均运距 L_0 为:

$$L_0 = \sqrt{(x_{0T} - x_{0W})^2 + (y_{0T} - y_{0W})^2} \quad (1.2.2\text{-}3)$$

式中　x_{0T}、y_{0T}——填方区的重心坐标;

　　　x_{0W}、y_{0W}——挖方区的重心坐标。

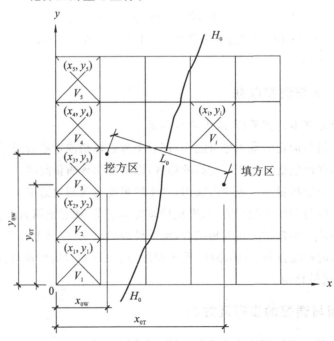

图 1.2.2-1　土方调配区间的平均运距

一般情况下,亦可用作图法近似地求出调配区的形心位置 O 以代替重心坐标。重心求出后,标于图上,用比例尺量出每对调配区的平均运输距离(L_{11}、L_{12}、L_{13}…)。

所有填挖方调配区之间的平均运距均需一一计算,并将计算结果列于土方平衡与运距表 1.2.2-1 内。

表 1.2.2-1　土方平衡与运距表

挖方区＼填方区	B_1	B_2	B_3	B_j	…	B_n	挖方量 /m³
A_1	L_{11} / x_{11}	L_{12} / x_{12}	L_{13} / x_{13}	L_{1j} / x_{1j}	…	L_{1n} / x_{1n}	a_1
A_2	L_{21} / x_{21}	L_{22} / x_{22}	L_{23} / x_{23}	L_{2j} / x_{2j}	…	L_{2n} / x_{2n}	a_2
A_3	L_{31} / x_{31}	L_{32} / x_{32}	L_{33} / x_{33}	L_{3j} / x_{3j}	…	L_{3n} / x_{3n}	a_3
A_i	L_{i1} / x_{i1}	L_{i2} / x_{i2}	L_{i3} / x_{i3}	L_{ij} / x_{ij}	…	L_{in} / x_{in}	a_i
⋮	…	…	…	…	…	…	⋮
A_m	L_{m1} / x_{m1}	L_{m2} / x_{m2}	L_{m3} / x_{m3}	L_{mj} / x_{mj}	…	L_{mn} / x_{mn}	a_m
填方量 /m³	b_1	b_2	b_3	b_j	…	b_n	$\sum_{i=1}^{m} a_i = \sum_{j=1}^{n} b_j$

注:L_{11}、L_{12}、L_{13}…——挖填方之间的平均运距。

　　x_{11}、x_{12}、x_{13}…——调配土方量。

当填、挖方调配区之间的距离较远,采用自行式铲运机或其他运土工具沿现场道路或规定路线运土时,其运距应按实际情况进行计算。

(4) 确定土方最优调配方案。对于线性规划中的运输问题,可以用"表上作业法"来求解,使总土方运输量 $W = \sum_{i=1}^{m} \sum_{j=1}^{n} L_{ij} \cdot x_{ij}$ 为最小值,即为最优调配方案。

上式中　　L_{ij}——各调配区之间的平均运距(m);

　　　　　x_{ij}——各调配区的土方量(m³)。

(5) 绘出土方调配图。根据以上计算,标出调配方向、土方数量及运距(平均运距再加施工机械前进、倒退和转弯必需的最短长度)。

【例 1-3】 矩形广场各调配区的土方量和相互之间的平均运距如图 1.2.2-2 所示,试求最优土方调配方案和土方总运输量及总的平均运距。

【解】 ① 先将图 1.2.2-2 中的数值标注在填、挖方平衡及运距表 1.2.2-2 中。

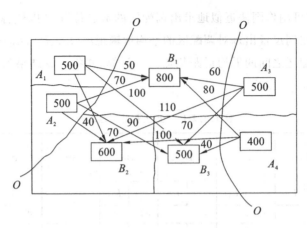

图 1.2.2-2 各调配区的土方量和平均运距

表 1.2.2-2 填挖方平衡及运距表

挖方区 \ 填方区	B_1	B_2	B_3	挖方量 /m³
A_1	50	70	100	500
A_2	70	40	90	500
A_3	60	110	70	500
A_4	80	100	40	400
填方量/m³	800	600	500	1900 / 1900

② 采用"最小元素法"编初始调配方案,即根据对应于最小的 L_{ij}(平均运距)取尽可能最大的 x_{ij} 值的原则进行调配。首先在运距表内的小方格中找一个 L_{ij} 最小数值,如表中 L_{22} = L_{43} = 40,任取其中一个,如 L_{43},于是先确定 x_{43} 的值,使其尽可能地大,即 x_{43} = min(400、500) = 400,由于 A_4 挖方区的土方全部调到 B_3 填方区,所以 x_{41} = x_{42} = 0,将 400 填入表6-37 中 x_{43} 格内,加一个括号,同时在 x_{41}、x_{42} 格内打个"×"号,然后在没有"( )"、"×"的方格内重复上面步骤,依次地确定其余 x_{ij} 数值,最后得出初始调配方案(表 1.2.2-3)。

表 1.2.2-3 土方初始调配方案

挖方区 \ 填方区	B_1		B_2		B_3		挖方量 /m³
A_1	(500)	50	×	70	×	100	500

续表

挖方区＼填方区	B_1		B_2		B_3		挖方量/m³
A_2	×	70	(550)	40	×	90	550
A_3	(300)	60	(100)	110	(50)	70	450
A_4	×	80	×	100	(400)	40	400
填方量/m³	800		650		450		1900 / 1900

③ 在表 1.2.2-3 基础上，再进行调配、调整，用"乘数法"比较不同调配方案的总运输量，取其最小者，求得最优调配方案（表 1.2.2-4）。

该土方最优调配方案的土方总运输量为：

$$W = 400 \times 50 + 100 \times 70 + 500 \times 40 + 400 \times 60 + 100 \times 70 + 400 \times 40 = 94\,000 \text{ (m}^3 \cdot \text{m)}$$

其总的平均运距为：

$$L = W/V = 94\,000/1900 = 49.47 \text{ (m)}$$

表 1.2.2-4　土方最优调配方案

挖方区＼填方区	B_1		B_2		B_3		挖方量/m³
A_1	400	50	100	70		100	500
A_2		70	500	40		90	500
A_3	400	60		110	100	70	500
A_4		80		100	400	40	400
填方量/m³	800		600		500		1900 / 1900

最后，将表 1.2.2-4 中的土方调配数值绘成土方调配图，如图 1.2.2-3 所示。

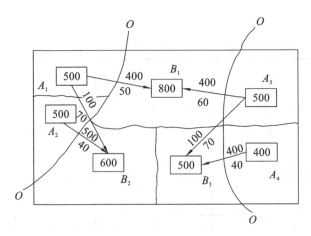

图 1.2.2-3　土方调配图

注：土方量（单位：m³），运距（单位：m）。

1.2.3　土方机械的选择及配套计算

1. 土方机械的选择

通常，根据工程特点和技术条件提出几种可能方案，然后进行技术经济比较，选择效率高、费用低的机械进行施工。一般可选用土方单价最小的机械。

（1）地形起伏不大，坡度在20°以内，挖填土方面积大，土含水量适当，平均运距短（1 km以内）时采用铲运机。如局部土质坚硬或冬季冻土厚度超过 0.1～0.15 m 时应由其他机械帮助翻松后再铲运；当一般土含水率大于 25% 或坚硬的黏土含水率大于 30% 时，应疏干水后再铲运，防止陷车。

（2）地形起伏较大的丘陵，一般挖土高度在 3 m 以上，运距超过 1 km，工作量较大又集中时，可采用以下几种方式。

① 正铲挖掘机配合自卸车挖土，在弃土区配备推土机平整土堆。普通土开挖方量在1.5万方以下时采用 0.5 m³ 铲斗，在 1.5～5 万方时采用 1.0 m³ 铲斗（此铲斗软硬土皆可挖）。

② 由推土机推土入漏斗，自卸车于漏斗下接承土方并运走。适用于挖土厚度为 5～6 m 以上地段，漏斗上口边长 3 m，由宽 3.5 m 框架支撑。漏斗下方位置应选择在挖土段较低处并预先挖平。漏斗左右以及后侧土壁应做支撑。推土机功率选 73.5 kW 的，两次推土可载满 8 t 自卸汽车，效率高。

③ 用推土机预先把土推成一堆，配合装载机自卸车运走。

2. 挖土机与运输车辆的配套计算

计算前应确定好主导施工机械，其他配套机械按主导机械的性能进行配套选用。例如：采用挖土机挖土，自卸汽车运土时，主导机械是挖土机。

1）挖土机数量 N 的确定

挖土机数量应根据挖土机的台班生产率、工程量大小、工期等因素进行计算。

（1）挖土机台班产量 P_d（米³/台班）：

$$P_d = (8 \times 3600)/t_c \cdot q \cdot K_c / K_s \cdot K_b \tag{1.2.3-1}$$

式中　t_c——挖土机每次作业循环延续时间(s);
　　　q——挖土机斗容量(m^3);
　　　K_c——土斗充盈系数,可取 0.8~1.1;
　　　K_s——土的最初可松性系数;
　　　K_b——时间利用系数,一般取 0.6~0.8。

(2) 挖土机数量 N(台):

$$N = Q/P_d \cdot 1/(T \cdot C \cdot K) \quad (1.2.3\text{-}2)$$

式中　Q——工程量(m^3);
　　　T——工期(d);
　　　C——每天工作班数;
　　　K——工作时间利用系数,可取 0.8~0.9;
　　　P_d——挖土机台班生产量。

2) 自卸车的计算

为充分发挥挖土机工作性能,运输车的大小和数量按挖掘机的数量性能配套选用。要求:运输车辆的载重量应是挖掘机铲斗土重的整数倍,常取 3~5 倍。运输车过多会使车辆窝工,阻塞道路;运输车辆过少会使挖掘机停机等待。为使它们都能保持不停运转,运输车辆数量 N'(台)按下式计算:

$$N' = T'/t' \quad (1.2.3\text{-}3)$$

式中　T'——运输车每装卸一车土循环作业所需时间(s);
　　　t'——运输车辆装满一车土的时间(s)。

1.3　施工排水和降水

基坑工程中的降低地下水亦称地下水控制,即在基坑工程施工过程中,地下水要满足支护结构和挖土施工的要求,并且不因地下水位的变化,对基坑周围的环境和设施带来危害。

在软土地区基坑开挖深度超过 3 m,一般就要用井点降水。开挖深度浅时,亦可边开挖边用排水沟和集水井进行集水明排。地下水控制方法有多种,其适用条件大致如表 1.3-1 所示,选择时根据土层情况、降水深度、周围环境、支护结构种类等综合考虑后优选。当因降水而危及基坑及周边环境安全时,宜采用截水或回灌方法。

表 1.3-1　地下水控制方法适用条件

方法名称		土类	渗透系数/(m/d)	降水深度/m	水文地质特征
集水明排			7.0~20.0	<5	
降水	轻型井点	填土、粉土、黏性土、砂土	0.1~20.0	单级<6 多级<20	上层滞水或水量不大的潜水
	喷射井点		0.1~20.0	<20	
	管井	粉土、砂土、碎石土、可熔岩、破碎带	1.0~200.0	>5	含水丰富的潜水、承压水、裂隙水
截水		黏性土、粉土、砂土、碎石土、岩熔土	不限	不限	
回灌		填土、粉土、砂土、碎石土	0.1~200.0	不限	

当基坑底为隔水层且层底作用有承压水时,应进行坑底突涌验算,必要时可采取水平封底隔渗或钻孔减压措施,保证坑底土层稳定。否则,一旦发生突涌,将给施工带来极大麻烦。

1.3.1 集水明排法

在地下水位较高地区开挖基坑,会遇到地下水问题。如涌入基坑内的地下水不能及时排除,不但土方开挖困难,边坡易于塌方,而且会使地基被水浸泡,扰动地基土,造成竣工后的建筑物产生不均匀沉降。为此,在基坑开挖时要及时排除涌入的地下水。当基坑开挖深度不太大,基坑涌水量不大时,集水明排法是应用最广泛、最简单、最经济的方法。

1. 明沟、集水井排水

明沟、集水井排水多是在基坑的两侧或四周设置排水明沟,在基坑四角或每隔30~40 m设置集水井,使基坑渗出的地下水通过排水明沟汇集于集水井内,然后用水泵将其排出基坑外(图1.3.1-1)。

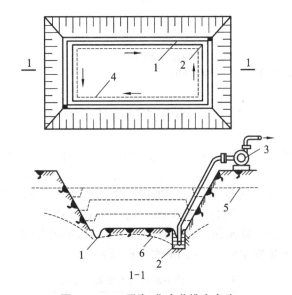

图 1.3.1-1 明沟、集水井排水方法
1—排水明沟;2—集水井;3—离心式水泵;
4—设备基础或建筑物基础边线;5—原地下水位线;6—降低后地下水位线

排水明沟宜布置在拟建建筑基础边0.4 m以外,沟边缘离开边坡坡脚应不小于0.3 m。排水明沟的底面应比挖土面低0.3~0.4 m。集水井底面应比沟底面低0.5 m以上,并随基坑的挖深而加深,以保持水流畅通。

沟、井的截面应根据排水量确定,基坑排水量V应满足下列要求:

$$V \geqslant 1.5Q \qquad (1.3.1-1)$$

式中 Q——基坑总涌水量。

明沟、集水井排水,视水量多少连续或间断抽水,直至基础施工完毕、回填土为止。

当基坑开挖的土层由多种土组成,中部夹有透水性能的砂类土,基坑侧壁出现分层渗水时,可在基坑边坡上按不同高程分层设置明沟和集水井构成明排水系统,分层阻截和排除上部土层中的地下水,避免上层地下水冲刷基坑下部边坡造成塌方(图1.3.1-2)。

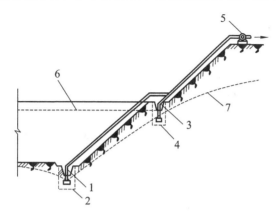

图 1.3.1-2　分层明沟、集水井排水法
1—底层排水沟;2—底层集水井;3—二层排水沟;
4—二层集水井;5—水泵;6—原地下水位线;7—降低后的地下水位线

2. 水泵选用

集水明排水是用水泵从集水井中排水,常用的水泵有潜水泵、离心式水泵和泥浆泵。排水所需水泵的功率按下式计算:

$$N = \frac{K_1 Q H}{75 \eta_1 \eta_2} \tag{1.3.1-2}$$

式中　K_1——安全系数,一般取 2;
　　　Q——基坑涌水量(m^3/d);
　　　H——包括扬水、吸水及各种阻力造成的水头损失在内的总高度(m);
　　　η_1——水泵效率,0.4~0.5;
　　　η_2——动力机械效率,0.75~0.85。

一般所选用水泵的排水量为基坑涌水量的 1.5~2.0 倍。

3. 流砂的原因和防治

1) 流砂现象

在细砂或粉砂土层的基坑开挖时,地下水位以下的土在动水压力的推动下极易失去稳定,随着地下水涌入基坑。称为流砂现象。流砂发生后,土完全丧失承载力,土体边挖边冒,施工条件极端恶化,基坑难以达到设计深度。严重时会引起基坑边坡塌方,邻近建筑物出现下沉、倾斜甚至倒塌。

2) 产生流砂的原因

产生流砂现象的原因有内因和外因。内因:取决于土的性质,当土的孔隙比大、含水量大、黏粒含量少、粉粒多、渗透系数小、排水性能差等均容易产生流砂现象。因此,流砂现象极易发生在细砂、粉砂和亚黏土中,但是否发生流砂现象,还取决于一定的外因条件。外因:是地下水在土中渗流所产生的动水压力的大小,动水压力 G_D 为:

$$G_{\mathrm{D}} = I\gamma_{\mathrm{w}} = \frac{h_1 - h_2}{L}\gamma_{\mathrm{w}}$$

式中 I ——水力坡度（$I=(h_1-h_2)/L$）；

h_1-h_2 ——水位差；

γ_{w} ——水的重度。

当地下水位较高、基坑内排水所形成的水位差较大时，动水压力也愈大，当 $G_{\mathrm{D}} \geqslant \gamma$（土的浮重）时，就会推动土壤失去稳定，形成流砂现象。

3）流砂的防治

(1) 防治原则："治流砂必先治水"。流砂防治的主要途径一是减小或平衡动水压力；二是截住地下水流；三是改变动水压力的方向。

(2) 防治方法如下：

① 枯水期施工法：枯水期地下水位较低，基坑内外水位差小，动水压力小，就不易产生流砂。

② 打板桩：将板桩沿基坑打入不透水层或打入坑底面一定深度，可以截住水流或增加渗流长度、改变动水压力方向，从而达到减小动水压力的目的。

③ 水中挖土：即不排水施工，使坑内外的水压相平衡，不致形成动水压力。如沉井施工，不排水下沉，进行水中挖土、水下浇筑砼。

④ 人工降低地下水位法：即采用井点降水法截住水流，不让地下水流入基坑，不仅可防治流砂和土壁塌方，还可改善施工条件。

⑤ 抢挖并抛大石块法：分段抢挖土方，使挖土速度超过冒砂速度，在挖至标高后立即铺竹、芦席，并抛大石块，以平衡动水压力，将流砂压住。此法适用于治理局部的或轻微的流砂。

此外，采用地下连续墙法、止水帷幕法、压密注浆法、土壤冻结法等，都可以阻止地下水流入基坑，防止流砂发生。

1.3.2 井点降水法

降水即在基坑土方开挖之前，用真空（轻型）井点、喷射井点或管井深入含水层内，用不断抽水方式使地下水位下降至坑底以下，同时使土体产生固结以方便土方开挖。

1. 一般要求

(1) 基坑降水宜编制降水施工组织设计，其主要内容为：井点降水方法；井点管长度、构造和数量；降水设备的型号和数量；井点系统布置图；井孔施工方法及设备；质量和安全技术措施；降水对周围环境影响的估计及预防措施等。

(2) 降水设备的管道、部件和附件等，在组装前必须经过检查和清洗。滤管在运输、装卸和堆放时应防止损坏滤网。

(3) 井孔应垂直，孔径上下一致。井点管应居于井孔中心，滤管不得紧靠井孔壁或插入淤泥中。

(4) 井孔采用湿法施工时，冲孔所需的水流压力如表 1.3.2-1 所示。在填灌砂滤料前应把孔内泥浆稀释,待含泥量小于5%时才可灌砂。砂滤料填灌高度应符合各种井点的要求。

表 1.3.2-1　冲孔所需的水流压力

土的名称	冲水压力/kPa	土的名称	冲水压力/kPa
松散的细砂	250～450	中等密实黏土	600～750
软质黏土、软质粉土质黏土	250～500	砾石土	850～900
密实的腐殖土	500	塑性粗砂	850～1150
原状的细砂	500	密实黏土、密实粉土质黏土	750～1250
松散中砂	450～550	中等颗粒的砾石	1000～1250
黄土	600～650	硬黏土	1250～1500
原状的中粒砂	600～700	原状粗砾	1350～1500

(5) 井点管安装完毕应进行试抽,全面检查管路接头、出水状况和机械运转情况。一般开始出水混浊,经一定时间后出水应逐渐变清,对长期出水浑浊的井点应予以停闭或更换。

(6) 降水施工完毕,根据结构施工情况和土方回填进度,陆续关闭和逐根拔出井点管。土中所留孔洞应立即用砂土填实。

(7) 如基坑坑底进行压密注浆加固时,要待注浆初凝后再进行降水施工。

2. 轻型井点

1) 机具设备

轻型井点系统由井点管(管下端有滤管)、连接管、集水总管和抽水设备等组成。

(1) 井点管。井点管为直径 38～110 mm 的钢管,长度 5～7 m,管下端配有滤管和管尖。滤管直径与井点管相同,管壁上渗水孔直径为 12～18 mm,呈梅花状排列,孔隙率应大于 15%;管壁外应设两层滤网,内层滤网宜采用 30～80 目的金属网或尼龙网,外层滤网宜采用 3～10 目的金属网或尼龙网;管壁与滤网间应采用金属丝绕成螺旋形隔开,滤网外面应再绕一层粗金属丝。

滤管下端装一个锥形铸铁头。井点管上端用弯管与总管相连。

(2) 连接管与集水总管。连接管常用透明塑料管。集水总管一般用直径 75～110 mm 的钢管分节连接,每节长 4 m,每隔 0.8～1.6 m 设一个连接井点管的接头。

(3) 抽水设备。根据抽水机组的不同,轻型井点以真空泵轻型井点为例。

真空泵轻型井点由真空泵、离心式水泵、水气分离器等组成(图 1.3.2-1),有定型产品供应(表 1.3.2-2)。这种轻型井点真空度高(67～80 kPa),带动井点数多,降水深度较大(5.5～6.0 m);但设备复杂,维修管理困难,耗电多,适用于较大的工程降水。

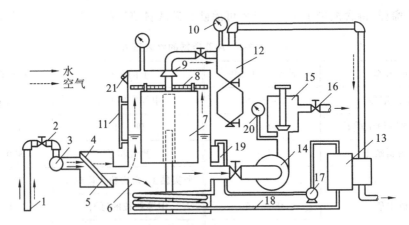

图 1.3.2-1　真空泵轻型井点抽水设备工作简图

1—井点管；2—弯联管；3—集水总管；4—过滤箱；5—过滤网；6—水气分离器；7—浮筒；8—挡水布；
9—阀门；10—真空表；11—水位计；12—副水气分离器；13—真空泵；14—离心泵；15—压力箱；
16—出水管；17—冷却泵；18—冷却水管；19—冷却水箱；20—压力表；21—真空调节阀

表 1.3.2-2　真空泵型轻型井点系统设备规格与技术性能

名称	数量	规格技术性能
往复式真空泵	1台	V5型(W6型)或V6型；生产率 4.4 m³/min，真空度 100 kPa，电动机功率 5.5 kW，转速 1450 r/min
离心式水泵	2台	B型或BA型；生产率 30 m³/h，扬程 25 m，抽吸真空高度 7 m，吸口直径 50 mm，电动机功率 2.8 kW，转速 2900 r/min
水泵机组配件	1套	井点管 100 根，集水总管直径 75~100 mm，每节长 1.6~4.0 m，每套 29 节，总管上节管间距 0.8 m，接头弯管 100 根，冲射管用冲管 1 根；机组外形尺寸 2600 mm×1300 mm×1600 mm，机组重 1500 kg

2) 井点布置

井点布置应根据基坑平面形状与大小、地质和水文情况、工程性质、降水深度等而定。当基坑(槽)宽度小于 6 m，且降水深度不超过 6 m 时，可采用单排井点，布置在地下水上游一侧(图 1.3.2-2)；当基坑(槽)宽度大于 6 m，或土质不良，渗透系数较大时，宜采用双排井点，布置在基坑(槽)的两侧，当基坑面积较大时，宜采用环形井点(图 1.3.2-3)；挖土运输设备出入道可不封闭，间距可达 4 m，一般留在地下水下游方向。井点管距坑壁不应小于 1.0~1.5 m，距离太小，易漏气。井点间距一般为 0.8~1.6 m。集水总管标高宜尽量接近地下水位线并沿抽水水流方向有 0.25%~0.5% 的上仰坡度，水泵轴心与总管齐平。井点管的入土深度应根据降水深度及储水层所在位置决定，但必须将滤水管埋入含水层内，并且比挖基坑(沟、槽)底深 0.9~1.2 m，井点管的埋置深度亦可按下式计算：

$$H \geqslant H_1 + h + iL + l \tag{1.3.2-1}$$

式中　H——井点管的埋置深度(m)；

　　　H_1——井点管埋设面至基坑底面的距离(m)；

　　　h——基坑中央最深挖掘面至降水曲线最高点的安全距离(m)，一般为 0.5~1.0 m，人工开挖取下限，机械开挖取上限；

L——井点管中心至基坑中心的短边距离(m);

i——降水曲线坡度,与土层渗透系数、地下水流量等因素有关,根据扬水试验和工程实测确定。对环状或双排井点可取 1/15～1/10,对单排线状井点可取 1/4,环状降水取 1/10～1/8;

l——滤管长度(m)。

井点露出地面高度,一般取 0.2～0.3 m。

H 计算出后,为安全起见,一般再增加 1/2 滤管长度。井点管的滤水管不宜埋入渗透系数极小的土层。在特殊情况下,当基坑底面处在渗透系数很小的土层时,水位可降到基坑底面以上标高最低的一层,渗透系数较大的土层底面。

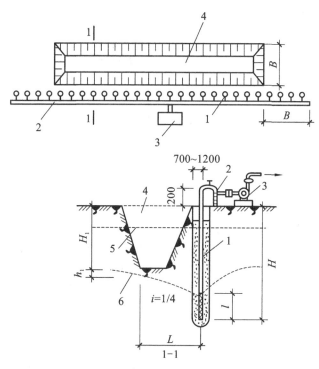

图 1.3.2-2 单排线状井点布置

1—井点管;2—集水总管;3—抽水设备;4—基坑;5—原地下水位线;6—降低后的地下水位线;
H—井点管长度;H_1—井点埋设面至基础底面的距离;h_1—降低后地下水位至基坑底面的安全距离,一般取 0.5～1.0 m;
L—井点管中心至基坑外边的水平距离;l—滤管长度;B—开挖基坑上口宽度

一套抽水设备的总管长度一般不大于 100～120 m。当主管过长时,可采用多套抽水设备;井点系统可以分段,各段长度应大致相等,宜在拐角处分段,以减少弯头数量,提高抽吸能力;分段宜设阀门,以免管内水流紊乱,影响降水效果。

真空泵由于考虑水头损失,一般降低地下水深度只有 5.5～6 m。当一级轻型井点不能满足降水深度要求时,可采用明沟排水与井点相结合的方法,将总管安装在原有地下水位线以下,或采用二级井点排水(降水深度可达 7～10 m),即先挖去第一级井点排干的土,然后再在坑内布置埋设第二级井点,以增加降水深度。抽水设备宜布置在地下水的上游,并设在总管的中部。

3) 轻型井点的计算

涌水量的计算是以水井理论为计算依据的。根据水井理论,水井分为潜水(无压)完整

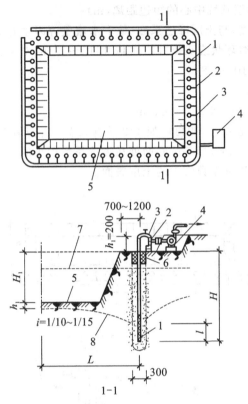

图 1.3.2-3 环形井点布置图

1—井点管；2—集水总管；3—弯联管；4—抽水设备；5—基坑；
6—填黏土；7—原地下水位线；8—降低后的地下水位线；
H—井点管埋置深度；H_1—井点管埋设面至基底面的距离；
h—降低后地下水位至基坑底面的安全距离，一般取 $0.5 \sim 1.0$ m；
L—井点管中心至基坑中心的水平距离；l—滤管长度

井、潜水(无压)非完整井、承压完整井和承压非完整井。涌水量计算现行规范的公式较为复杂，我们以老规范的粗略估算公式来理解涌水量的影响因素。若要精确计算涌水量，请按现行规范公式计算。根据井点管伸入含水层不同的情况，可以分为四种类型：无压完整井、无压非完整井、承压完整井、承压非完整井(图1.3.2-4、图1.3.2-5)。

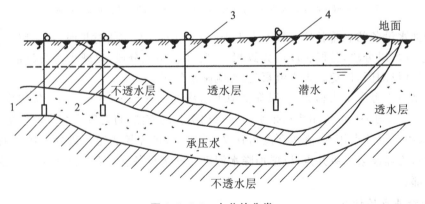

图 1.3.2-4 水井的分类

1—承压完整井；2—承压非完整井；3—无压完整井；4—无压非完整井

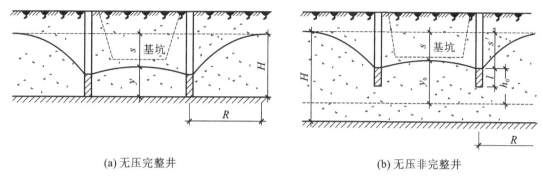

(a) 无压完整井　　　　　　　　　(b) 无压非完整井

图 1.3.2-5　环状井点涌水量计算简图

① 涌水量计算。按无压完整井考虑时,涌水量为 Q:

$$Q = 1.366K \frac{(2H-S)S}{\lg R - \lg x_0} \tag{1.3.2-2}$$

式中　Q——井点系统的涌水量(m^3/d);

　　　K——土的渗透系数(m/d),可以由实验室或现场抽水试验确定;

　　　H——含水层厚度(m);

　　　S——水位降低值(m);

　　　R——抽水影响半径(m),常用下式计算:

$$R = 1.95S\sqrt{HK}$$

　　　x_0——环状井点系统的假想半径(m),对于矩形基坑,其长度与宽度之比不大于5时,可按下式计算:

$$x_0 = \sqrt{\frac{F}{\pi}} \tag{1.3.2-3}$$

式中　F——环状井点系统所包围的面积(m^2)。

按无压非完整井计算时,涌水量 Q 较完整井时大。为了简化计算,仍可采用完整井的涌水量计算公式。此时计算式中的 H 应换成有效抽水影响深度 H_0,H_0 取值可按表 1.3.2-3 确定。当计算得的 H_0 值大于实际含水层厚度 H 时,仍取 H 值。此时公式为:

$$Q = 1.366K \frac{(2H_0-S)S}{\lg R - \lg x_0} \tag{1.3.2-4}$$

表 1.3.2-3　有效抽水影响深度 H_0 值

$s'/(s'+l)$	0.2	0.3	0.5	0.8
H_0	$1.3(s'+l)$	$1.5(s'+l)$	$1.7(s'+l)$	$1.85(s'+l)$

注:s' 为井点管中水位降落值,l 为滤管长度。

对于承压完整井井点系统,涌水量计算公式为:

$$Q = 2.73 \frac{KMS}{\lg R - \lg x_0} \tag{1.3.2-5}$$

式中　M——承压含水层厚度(m);

　　　K、S、R、x_0——同上式。

② 井点数量与井距的确定。单根井点管的抽水能力 q：

$$q = 65\pi dl k^{\frac{1}{3}} \quad (1.3.2\text{-}6)$$

式中　d——滤管直径(m)；
　　　l——滤管长度(m)；
　　　k——渗透系数(m/d)。

井点管的最少根数 n：

$$n = 1.1 \frac{Q}{q} \quad (1.3.2\text{-}7)$$

式中　Q——基坑总涌水量(m³/d)；
　　　q——设计单井出水量(m³/d)。

井点管的平均间距 D：

$$D = \frac{L}{n} \quad (1.3.2\text{-}8)$$

式中　L——集水管总长度(m)；
　　　n——井点管根数。

井点管间距经计算确定后，还需注意：井点管间距不能过小，否则相互干扰，出水量将显著减少，一般取滤管周长的 5~10 倍；在基坑四周角点和靠近地下水流方向一边的井点管应适当加密；当采用多级井点管排水时，下一级井点管间距较上一级的小；实际采用的井点管间距还应与总管的接头相适应，即采用 0.8 m、1.2 m、1.6 m、2.0 m。

4）井点管的埋设

埋设程序：排放总管→埋设井点管→用弯联管将井点与总管接通→安装抽水设备。

井点管的埋设可用射水法、钻孔法和冲孔法成孔，井孔直径不宜大于 300 mm，孔深宜比滤管底深 0.5~1.0 m。在井管与孔壁间及时用洁净中粗砂填灌密实均匀。投入滤料数量应大于计算值的 85%，在地面以下 1 m 范围内用黏土封孔。

5）井点使用

井点使用前应进行试抽水，确认无漏水、漏气等异常现象后，应保证连续不断抽水。应备用双电源，以防断电。一般抽水 3~5 d 后水位降落漏斗渐趋稳定。出水规律一般是"先大后小、先浑后清"。在抽水过程中，应定时观测水量、水位、真空度，并应使真空泵保持在 55 kPa 以上。

3. 喷射井点

1）工作原理与井点布置

喷射井点作用深层降水，其一层井点可把地下水位降低 8~20 m，其工作原理如图 1.3.2-6 所示。喷射井点的主要工作部件是喷射井管内管底端的扬水装置——喷嘴的混合室(图 1.3.2-7)。当喷射井点工作时，由地面高压离心水泵供应的高压工作水，经过内外管之间的环形空间直达底端，在此处高压工作水由特制内管的两侧进水孔进入至喷嘴喷出，在喷嘴处由于过水断面突然收缩变小，使工作水流具有极高的流速(30~60 m/s)，在喷口附近造成负压(形成真空)，因而将地下水经滤管吸入，吸入的地下水在混合室与工作水混合，然后进入扩散室，水流从动能逐渐转变为位能，即水流的流速相对变小，而水流压力相对增大，把地下水连同工作水一起扬升出地面，经排水管道系统排至集水池或水箱，由此再用排水泵排出。

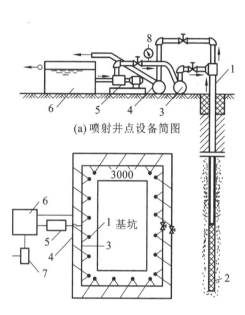

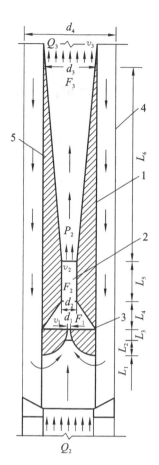

图 1.3.2-6 喷射井点布置图
1—喷射井管;2—滤管;
3—供水总管;4—排水总管;
5—高压离心水泵;6—水池;
7—排水泵;8—压力表

图 1.3.2-7 喷射井点扬水装置(喷嘴和混合室)构造
1—扩散室;2—混合室;3—喷嘴;4—喷射井点外管;5—喷射井点内管;L_1—喷射井点内管底端两侧进水孔高度;L_2—喷嘴颈缩部分长度;L_3—喷嘴圆柱部分长度;L_4—喷嘴口至混合室距离;L_5—混合室长度;L_6—扩散室长度;d_1—喷嘴直径;d_2—混合室直径;d_3—喷射井点内管直径;d_4—喷射井点外管直径;Q_2—工作水加吸入水的流量($Q_2=Q_1+Q_0$);P_2—混合室末端扬升压力(MPa);F_1—喷嘴断面积;F_2—混合室断面积;F_3—喷射井点内管断面积;v_1—工作水从喷嘴喷出时的流速;v_2—工作水与吸入水在混合室的流速;v_3—工作水与吸入水排出时的流速

2) 井点管及其布置

井点管的外管直径宜为 73~108 mm,内管直径宜为 50~73 mm,滤管直径为 89~127 mm。井孔直径不宜大于 600 mm,孔深应比滤管底深 1m 以上。滤管的构造与轻型井点相同。扬水装置(喷射器)的混合室直径可取 14 mm,喷嘴直径可取 6.5 mm,工作水箱不应小于 10 m³。井点使用时,水泵的启动泵压不宜大于 0.3 MPa。正常工作水压为 0.25 p_0 (扬水高度)。

井点管与孔壁之间填灌滤料(粗砂)。孔口到填灌滤料之间用黏土封填,封填高度为 0.5~1.0 mm。

常用的井点间距为 2～3 m。每套喷射井点的井点数不宜超过 30 根。总管直径宜为 150 mm,总长不宜超过 60 m。每套井点应配备相应的水泵和进、回水总管。如果由多套井点组成环圈布置,各套进水总管宜用阀门隔开,自成系统。

每根喷射井点管埋设完毕,必须及时进行单井试抽,排出的浑浊水不得回入循环管路系统,试抽时间要持续到水由浑浊变清为止。喷射井点系统安装完毕,亦需进行试抽,不应有漏气或翻砂冒水现象。工作水应保持清洁,在降水过程中应视水质浑浊程度及时更换。

3) 管井的结构及技术要求

管井由滤水井管、吸水管和抽水机械等组成(图 1.3.2-8)。管井设备较为简单,排水量大,降水较深,水泵设在地面,易于维护,适于渗透系数较大,地下水丰富的土层、砂层。但管井属于重力排水范畴,吸程高度受到一定限制,要求渗透系数较大(1～200 m/d)。

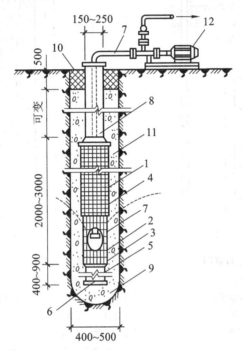

图 1.3.2-8 管井构造

1—滤水井管;2—ϕ14 mm 钢筋焊接骨架;3—6 mm×30 mm@250 mm 铁环;
4—10 号铁丝垫筋@250 mm 焊于管骨架上,外包孔眼 1～2 mm 铁丝网;5—沉砂管;
6—木塞;7—吸水管;8—ϕ100～200 mm 钢管;9—钻孔;
10—夯填黏土;11—填充砂砾;12—抽水设备

(1) 井点构造与设备。井点设备主要包括以下内容。

① 滤水井管。下部滤水井管过滤部分用钢筋焊接骨架,外包孔眼为 1～2 mm 滤网,长 2～3m,上部井管部分用直径 200 mm 以上的钢管、塑料管或混凝土管。

② 吸水管。用直径 50～100 mm 的钢管或胶皮管,插入滤水井管内,其底端应沉到管井吸水时的最低水位以下,并装逆止阀,上端装设带法兰盘的短钢管一节。

③ 水泵。采用 BA 型或 B 型,流量 10～25 m³/h 离心式水泵。每个井管装置一台,当水泵排水量大于单孔滤水井涌水量数量时,可另加设集水总管将相邻的相应数量的吸水管连成一体,共用一台水泵。

(2)管井的布置。沿基坑外围四周呈环形布置或沿基坑(或沟槽)两侧或单侧呈直线形布置,井中心距基坑(槽)边缘的距离,依据所用钻机的钻孔方法而定,当用冲击钻时为0.5~1.5 m;当用钻孔法成孔时不小于3 m。管井埋设的深度和距离,根据需降水的面积和深度及含水层的渗透系数等而定,最大埋深可达10 m,间距10~15 m。

(3)管井埋设。管井埋设可采用泥浆护壁冲击钻成孔或泥浆护壁钻孔方法成孔。钻孔底部应比滤水井管深200 mm以上。井管下沉前应进行清洗滤井,冲除沉渣,可灌入稀泥浆用吸水泵抽出置换或用空压机洗井法,将泥渣清出井外,并保持滤网的畅通,然后下管。滤水井管应置于孔中心,下端用圆木堵塞管口,井管与孔壁之间用3~15 mm砾石填充作过滤层,地面下0.5 m内用黏土填充夯实。

水泵的设置标高根据要求的降水深度和所选用的水泵最大真空吸水高度而定,当吸程不够时,可将水泵设在基坑内。

(4)管井的使用。管井使用时,应经试抽水,检查出水是否正常,有无淤塞等现象。抽水过程中应经常对抽水设备的电动机、传动机械、电流、电压等进行检查,并对井内水位下降和流量进行观测和记录。井管使用完毕时,可用倒链或卷扬机将井管徐徐拔出,将滤水井管洗去泥砂后储存备用,所留孔洞用砂砾填实,上部50 cm深用黏性土填充夯实。

4. 深井井点

深井井点降水是在深基坑的周围埋置深于基底的井管,通过设置在井管内的潜水泵将地下水抽出,使地下水位低于坑底。该法具有排水量大,降水深(>15 m),井距大,对平面布置的干扰小,不受土层限制;井点制作、降水设备及操作工艺、维护均较简单,施工速度快,井点管可以整根拔出重复使用等优点。但一次性投资大,成孔质量要求严格。适于渗透系数较大(10~250 m/d)、土质为砂类土、地下水丰富、降水深、面积大、时间长的情况,降水深可达50 m以内。

1)井点系统设备

由深井井管和潜水泵等组成(图1.3.2-9)。

(1)井管。井管由滤水管、吸水管和沉砂管三部分组成。可用钢管、塑料管或混凝土管制成,管径一般为300 mm,内径宜大于潜水泵外径50 mm。

① 滤水管(图1.3.2-10)。在降水过程中,含水层中的水通过该管滤网将土、砂过滤在网外,使地下清水流入管内。滤水管长度取决于含水层厚度、透水层的渗透速度和降水的快慢,一般为3~9 m。通常在钢管上分三段轴条(或开孔),在轴条(或开孔)后的管壁上焊ϕ6 mm垫筋,与管壁点焊,在垫筋外螺旋形缠绕12号铁丝(间距1 mm),与垫筋用锡焊焊牢,或外包10孔/cm^2和14孔/cm^2镀锌铁丝网两层或尼龙网。

当土质较好,深度在15 m内,亦可采用外径380~600 mm、壁厚50~60 mm、长1.2~1.5 m的无砂混凝土管作滤水管,或在外再包棕树皮二层作滤网。

② 吸水管连接滤水管,起挡土、贮水作用,采用与滤水管同直径的实钢管制成。

③ 沉砂管在降水过程中,起砂粒的沉淀作用,一般采用与滤水管同直径的钢管,下端用钢板封底。

(2)水泵。常用长轴深井泵或潜水泵。每井一台,并带吸水铸铁管或胶管,配上一个控

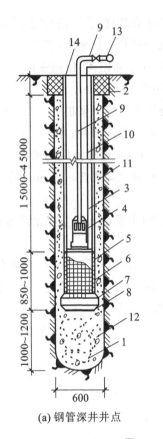 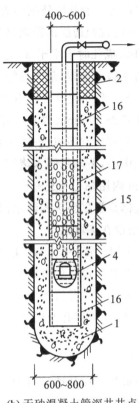

(a) 钢管深井井点 (b) 无砂混凝土管深井井点

图 1.3.2-9 深井井点构造

1—井孔；2—井口（黏土封口）；3—φ300～φ375 mm 井管；4—潜水电泵；5—过滤段（内填碎石）；
6—滤网；7—导向段；8—开孔底板（下铺滤网）；9—φ50 mm 出水管；10—电缆；
11—小砾石或中粗砂；12—中粗砂；13—φ50～φ75 mm 出水总管；14—20 mm 厚钢板井盖

制井内水位的自动开关，在井口安装 75 mm 阀门以便调节流量的大小，阀门用夹板固定。每个基坑井点群应有 2 台备用泵。

(3) 集水井。用 φ325～φ500 mm 钢管或混凝土管，并设 3‰ 的坡度，与附近下水道接通。

2) 深井布置

深井井点一般沿工程基坑周围离边坡上缘 0.5～1.5 m 呈环形布置；当基坑宽度较窄时，可在一侧呈直线形布置；当为面积不大的独立的深基坑时，亦可采取点式布置。井点宜深入到透水层 6～9 m，通常还应比所需降水的深度深 6～8 m，间距一般相当于埋深，范围为 10～30 m。

3) 深井施工

成孔方法可用冲击钻孔、回转钻孔、潜水钻或水冲成孔。孔径应比井管直径大 300 mm，成孔后立即安装井管。井管安放前应清孔，井管应垂直，过滤部分放在含水层范围内。井管与土壁间填充粒径大于滤网孔径的砂滤料。井口下 1 m 左右用黏土封口。

在深井内安放水泵前应清洗滤井，冲洗沉渣。安放潜水泵时，电缆等应绝缘可靠，并设保护开关控制。抽水系统安装后应进行试抽。

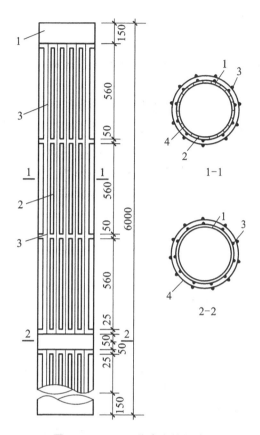

图 1.3.2-10 深井滤水管构造
1—钢管；2—轴条后孔；3—ϕ6 mm 垫筋；4—缠绕 12 号铁丝与钢筋锡焊焊牢

1.3.3 防止或减少降水影响周围环境的技术措施

在降水过程中,由于水流会带出部分细微土粒,再加上降水后土体的含水量降低,土壤产生固结,因而会引起周围地面的沉降,在建筑物密集地区进行降水施工,如因长时间降水引起过大的地面沉降,会带来较严重的后果,在软土地区曾发生过不少事故例子。

为防止或减少降水对周围环境的影响,避免产生过大的地面沉降,可采取下列技术措施。

(1) 采用回灌技术。降水对周围环境的影响,是由于土壤内地下水流失造成的。回灌技术即在降水井点和要保护的建(构)筑物之间打设一排井点,在降水井点抽水的同时,通过回灌井点向土层内灌入一定数量的水(即降水井点抽出的水),形成一道隔水帷幕,从而阻止或减少回灌井点外侧被保护的建(构)筑物地下的地下水流失,使地下水位基本保持不变,这样就不会因降水使地基自重应力增加而引起地面沉降。

回灌井点可采用一般轻型井点降水的设备和技术,仅增加回灌水箱、闸阀和水表等少量设备,一般施工单位皆易掌握。

采用回灌井点时,回灌井点与降水井点的距离不宜小于 6 m。回灌井点的间距应根据降水井点的间距和被保护建(构)筑物的平面位置确定。

回灌井点宜进入稳定降水曲面下 1 m,且位于渗透性较好的土层中。回灌井点滤管的长度应大于降水井点滤管的长度。

回灌水量可通过水位观测孔中水位变化进行控制和调节,通过回灌宜不超过原水位标高。回灌水箱的高度,可根据灌入水量决定。回灌水宜用清水。实际施工时应协调控制降水井点与回灌井点。

许多工程实例证明,用回灌井点回灌水能产生与降水井点相反的地下水降落漏斗,能有效地阻止被保护建(构)筑物下的地下水流失,防止产生有害的地面沉降。

回灌水量要适当,过小无效,过大会从边坡或钢板桩缝隙流入基坑。

(2) 采用砂沟、砂井回灌。在降水井点与被保护建(构)筑物之间设置砂井作为回灌井,沿砂井布置一道砂沟,将降水井点抽出的水,适时、适量排入砂沟、再经砂井回灌到地下,实践证明此法亦能收到良好效果。

回灌砂井的灌砂量,应取井孔体积的95%,填料宜采用含泥量不大于3%、不均匀系数在3~5之间的纯净中粗砂。

(3) 使降水速度减缓。在砂质粉土中降水影响范围可达80 m以上,降水曲线较平缓,为此可将井点管加长,减缓降水速度,防止产生过大的沉降。亦可在井点系统降水过程中,调小离心泵阀,减缓抽水速度。还可在邻近被保护建(构)筑物一侧,将井点管间距加大,需要时甚至暂停抽水。

为防止抽水过程中将细微土粒带出,可根据土的粒径选择滤网。另外,确保井点管周围砂滤层的厚度和施工质量,亦能有效防止降水引起的地面沉降。

在基坑内部降水,掌握好滤管的埋设深度,如支护结构有可靠的隔水性能一方面能疏干土壤、降低地下水位,便于挖土施工,另一方面又不使降水影响到基坑外面,造成基坑周围产生沉降。上海等地在深基坑工程中降水,采用该方案取得较好效果。

1.3.4 截水

截水即利用截水帷幕切断基坑外的地下水流入基坑内部。

截水帷幕的厚度应满足基坑防渗要求,截水帷幕的渗透系数宜小于1.0×10^{-6} cm/s。

落底式竖向截水帷幕,应插入不透水层,其插入深度按下式计算:

$$l = 0.2h_w - 0.5b \qquad (1.3.4\text{-}1)$$

式中 l——帷幕插入不透水层的深度(m);

h_w——作用水头(m);

b——帷幕宽度(m)。

当地下含水层渗透性较强、厚度较大时,可采用悬挂式竖向截水与坑内井点降水相结合或采用悬挂式竖向截水与水平封底相结合的方案。

截水帷幕目前常用注浆、旋喷法、深层搅拌水泥土桩挡墙等。

1.3.5 降水与排水施工质量检验标准

降水与排水施工质量检验标准见表1.3.5-1。

表 1.3.5-1　降水与排水施工质量检验标准

序	检查项目	允许值或允许偏差		检查方法
		单位	数值	
1	排水沟坡度	‰	1～2	目测：沟内不积水，沟内排水畅通
2	井管(点)垂直度	%	1	插管时目测
3	井管(点)间距(与设计相比)	mm	≤150	钢尺量
4	井管(点)插入深度(与设计相比)	mm	≤200	水准仪
5	过滤砂砾料填灌(与设计值相比)	%	≤5	检查回填料用量
6	井点真空度：轻型井点	kPa	>60	真空度表
	喷射井点	kPa	>93	真空度表
7	电渗井点阴阳极距离：轻型井点	mm	80～100	钢尺量
	喷射井点	mm	120～150	钢尺量

1.4　基坑(槽)土方开挖

深基坑挖土是基坑工程的重要部分，对于土方数量大的基坑，基坑工程工期的长短在很大程度上取决于挖土的速度。另外，支护结构的强度和变形控制是否满足要求，降水是否达到预期的目的，都靠挖土阶段来进行检验，因此，基坑工程成败与否也在一定程度上依赖于基坑挖土的质量。

在基坑土方开挖之前，要详细了解施工区域的地形和周围环境、土层种类及其特性、地下设施情况、支护结构的施工质量、土方运输的出口、政府及有关部门关于土方外运的要求和规定(有的大城市规定只有夜间才允许土方外运)。要优化选择挖土机械和运输设备；要确定堆土场地或弃土处；要确定挖土方案和施工组织；要对支护结构、地下水位及周围环境进行必要的监测和保护。

基坑工程的挖土方案，主要有放坡挖土、中心岛式(也称墩式)挖土、盆式挖土和逆作法挖土。前者无支护结构，后三种皆有支护结构。

放坡开挖是最经济的挖土方案。当基坑开挖深度不大(软土地区挖深不超过 4 m；地下水位低的土质较好地区挖深亦可较大)、周围环境又允许时，经验算能确保土坡的稳定性时，均可采用放坡开挖。

中心岛(墩)式挖土(图 1.4-1)，宜用于大型基坑，支护结构的支撑类型为角撑、环梁式或边桁(框)架式。中间具有较大空间情况下，可利用中间的土墩作为支点搭设栈桥，挖土机可利用栈桥下到基坑挖土，运土的汽车亦可利用栈桥进入基坑运土。这样，可以加快挖土和运土的速度。

盆式挖土(图 1.4-2)是先开挖基坑中间部分的土，周围四边留土坡，土坡最后挖除。这种挖土方式的优点是周边的土坡对围护墙有支撑作用，有利于减少围护墙的变形。其缺点是大量的土方不能直接外运，需集中提升后装车外运。

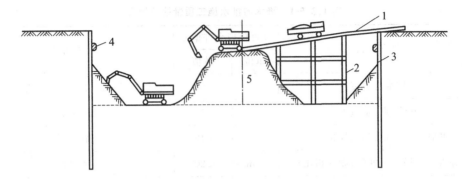

图 1.4-1 中心岛(墩)式挖土示意图
1—栈桥;2—支架(尽可能利用工程桩);3—围护墙;4—腰梁;5—土墩

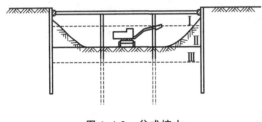

图 1.4-2 盆式挖土

浅基坑土方开挖相对简单,一般采用放坡开挖。土质条件好的,基坑深度浅的甚至可以不放坡,采用直立壁方式开挖。

基坑开挖程序一般是:测量放线→切线分层开挖→排降水→修坡→整平→留足预留土层等。相邻基坑开挖时,应遵循先深后浅或同时进行的施工程序。挖土应自上而下水平分段分层进行,每层 0.3 m 左右,边挖边检查坑底宽度及坡度,不够时及时修整,每 3 m 左右修一次坡,至设计标高,再统一进行一次修坡清底,检查坑底宽和标高,要求坑底凹凸不超过 2.0 cm。

1.4.1 建筑定位、放线

1. 定位

采用测量技术按规划部门确认的"建筑红线图"定位出施工场地的建筑外轮廓线和 ±0.000 标高;打木桩(于桩顶部钉小钉指示点位)定位。根据建筑的建施图和建筑外轮廓交点桩确定建筑物的建筑控制轴线桩位,设置"龙门板"或"控制桩"于距离基坑上口边缘 0.5~1.0 m 处天然地面上,用小圆钉标志好"控制轴线";龙门板顶面标高通常是"±0.000 标高"(控制桩顶圆钉的顶部标高通常是"±0.000 标高"),并在施工场地附近的视线良好稳固处设立建筑轴线控制桩和 ±0.000 或 +0.500 标高控制桩(图 1.4.1-1)。

2. 放线

根据龙门板或控制桩的控制轴线和 ±0.000 标高线定位出各基础的底面投影线,再考虑基础埋深、土质类型的放坡要求、施工作业面需要、可能的基坑支护结构情况确定出挖土边线;把挖土边线撒出灰线定位,即完成放线工作。

1) 基槽放线

根据控制轴线,先将外墙轴线交点一一测放到地面上的木桩上,并以桩顶处的铁钉作为标志。控制轴线核对无误后,根据建筑的建施图测放出建筑内部所有轴线,以轴线为基准结

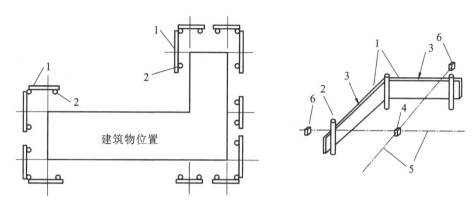

图 1.4.1-1 建筑物定位
1—龙门板(标志板);2—龙门桩;3—轴线钉;4—轴线桩;5—轴线;6—控制桩(引桩、保险桩)

合建筑的"结施图"中的基础详图量出基础边线,再考虑开挖深度、边坡系数、施工作业面等因素确定基槽开挖边线,并用石灰粉在自然地面上撒出灰线做出标示。同时,在房屋四周设置龙门板,以便施工时复核轴线位置(图 1.4.1-2)。

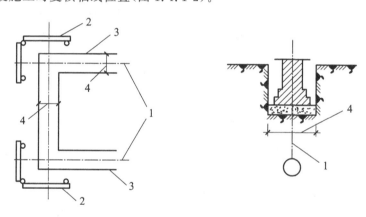

图 1.4.1-2 基槽放线示意图
1—墙柱轴线;2—龙门板;3—白灰线(基槽边线);4—基础宽度

2) 柱基放线

基坑开挖前根据建筑的"结施图"中的基础详图的平面定位,在每个基础中心线上设立四个定位木桩,其桩位离基础开挖边线的距离为 0.5～1.0 m。如基础间距很小可每隔 1～2 个或多个基础打一个定位桩,但两个定位桩的间距以不超过 20 m 为宜,以便于施工中拉线恢复中部柱基的中线。桩顶上钉上一枚钉子以标明中心线的位置。再根据"结施图"的基础尺寸定位结合放坡、施工作业面宽度等因素确定挖土边线位置,放出基础上口挖土灰线,标出挖土范围。

1.4.2 开挖方式

根据地质条件、地下水位、开挖深度、场地环境以及地下管线情况,有三种开挖方式:直立壁开挖、放坡开挖、支护开挖。

1. 直立壁开挖

当土质为天然湿度、构造均匀、水文地质条件良好(即不会发生坍滑、移动、松散或不均匀下沉),且无地下水时,开挖基坑亦可不必放坡,采取直立开挖不加支护,但挖方深度应按表1.4.2-1的规定。

表1.4.2-1 基坑(槽)和管沟不加支撑时的容许深度

项次	土的种类	容许深度/m
1	密实、中密的砂子和碎石类土(充填物为砂土)	1.00
2	硬塑、可塑的粉质黏土及粉土	1.25
3	硬塑、可塑的黏土和碎石类土(充填物为黏性土)	1.50
4	坚硬的黏土	2.00

2. 放坡开挖

基坑长度应稍大于基础长度。如超过表1.4.2-1规定的深度,应根据土质和施工具体情况进行放坡,以保证不塌方。其临时性挖方的边坡值可按表1.4.2-2采用。放坡后基坑上口宽度由基坑底面宽度及边坡坡度来决定,坑底宽度每边应比基础宽出15~30 cm,以便施工操作。

边坡的表示方法为$1:m$,$m=b/h$,称为坡度系数(图1.4.2-1)。其意义为:当边坡高度已知为h时,其边坡宽度等于mh。

$$土方边坡坡度 = \frac{h}{b} = \frac{1}{b/h} = 1:m$$

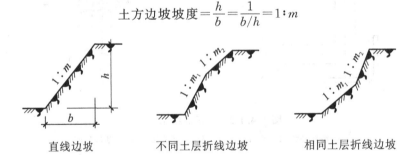

直线边坡　　不同土层折线边坡　　相同土层折线边坡

图1.4.2-1 边坡示意图

表1.4.2-2 临时性挖方边坡值

土的类别		边坡值(高:宽)
砂土(不包括细砂、粉砂)		1:1.25~1:1.50
一般性黏土	硬	1:0.75~1:1.00
	硬塑	1:1~1:1.25
	软	1:1.5 或更缓
碎石类土	充填坚硬、硬塑黏性土	1:0.5~1:1.0
	充填砂土	1:1~1:1.5

注:1. 有成熟施工经验,可不受本表限制。设计有要求时,应符合设计标准。
　2. 如采用降水或其他加固措施,也不受本表限制。
　3. 开挖深度对软土不超过4 m,对硬土不超过8 m。

3. 支护开挖

当开挖基坑(槽)的土体含水量大而不稳定,或基坑较深,或受到周围场地限制而需用较陡的边坡或直立开挖,而土质较差时,应采取措施对基坑(槽)进行支护才能保证土方开挖施工安全顺利开展。

1.4.3 槽和管沟、基坑的支撑方法

1. 基坑槽、管沟和一般浅基坑的支护方法

基坑槽和管沟的常见的支撑方法(表 1.4.3-1)和一般浅基坑的常见的支撑方法(表 1.4.3-2)。完整的内容详见建筑施工手册相关章节。

表 1.4.3-1 基坑槽、管沟的常见支撑方法

支撑方式	简图	支撑方法及适用条件
间断式水平支撑	(木楔、横撑、水平挡土板)	两侧挡土板水平放置,用工具式或木横撑借木楔顶紧,挖一层土,支顶一层 适于能保持立壁的干土或天然湿度的黏土类土,地下水很少、深度在 2 m 以内
连续式水平支撑	(立楞木、横撑、水平挡土板、木楔)	挡土板水平连续放置,不留间隙,然后两侧同时对称立竖方木,上、下各顶一根撑木,端头加木楔顶紧 适于较松散的干土或天然湿度的黏土类土,地下水很少、深度为 3~5 m
连续或间断式垂直支撑	(木楔、横撑、垂直挡土板、横楞木)	挡土板垂直放置,可连续或留适当间隙,然后每侧上、下各水平顶一根方木,再用横撑顶紧 适用于土质较松散或湿度很高的土,地下水较少、深度不限

表 1.4.3-2　一般浅基坑的常见支撑方法

支撑方式	简　图	支撑方法及适用条件
斜柱支撑	（柱桩、回填土、斜撑、短桩、挡板）	水平挡土板钉在柱桩内侧，柱桩外侧用斜撑支顶，斜撑底端支在木桩上，在挡土板内侧回填土 适于开挖较大型、深度不大的基坑或使用机械挖土时
锚拉支撑	（柱桩、拉杆、回填土、挡板，$\geqslant \dfrac{H}{\mathrm{tg}\phi}$）	水平挡土板支在柱桩的内侧，柱桩一端打入土中，另一端用拉杆与锚桩拉紧，在挡土板内侧回填土 适于开挖较大型、深度不大的基坑或使用机械挖土，不能安设横撑时使用

2. 深基坑的支护方法

基坑深度大于 5 m 时属于深基坑。深基坑支护做法与浅基坑的区别较大。常用的支护结构形式有：水泥土桩墙、土钉墙、排桩、地下连续墙等。

1) 水泥土墙支护

利用水泥做固化剂，采用深层搅拌机或高压旋喷机将其与原状土强制搅拌，形成具有一定强度、整体性和稳定性的水泥土桩体。水泥土桩按格构式组合，与未加固土体共同工作，形成水泥土墙(图 1.4.3-1)。该支护结构属于重力式挡土支护。

水泥土墙既有挡土功能又兼备隔水能力。适用于软土地区，基坑深度不宜超过 6 m。

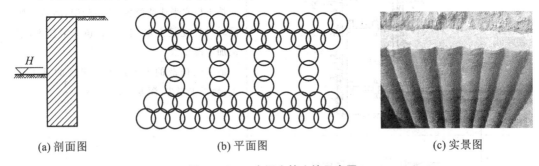

(a) 剖面图　　　(b) 平面图　　　(c) 实景图

图 1.4.3-1　水泥土挡土墙示意图

2) 土钉墙支护

土钉墙(图 1.4.3-2)是一种边坡稳定式的支护，其作用与被动起挡土作用的上述围护墙不同，它是起主动嵌固作用，增加边坡的稳定性，使基坑开挖后坡面保持稳定。

施工时，每挖深 1.5 m 左右，挂细钢筋网，喷射细石混凝土面层厚 50～100 mm，然后钻孔插入钢筋(长 10～15 m 左右，纵、横间距 1.5 m×1.5 m 左右)，加垫板并灌浆，依次进行直至坑底。基坑坡面有较陡的坡度。

土钉墙用于基坑侧壁安全等级宜为二、三级的非软土场地,基坑深度不宜大于 12 m。当地下水位高于基坑底面时,应采取降水或截水措施。目前在软土场地亦有应用。

3) 排桩支护

有槽钢钢板桩、热轧锁口钢板桩、型钢横挡板、钻孔灌注桩、挖孔桩等常见形式。现列举一些排桩支护做法如下。

(1) 热轧锁口钢板桩(图 1.4.3-3)。热轧锁口钢板桩的型号有 U 型、L 型、一字型、H 型和组合型。建筑工程中常用前两种,基坑深度较大时才用后两种,但我国较少用。我国生产

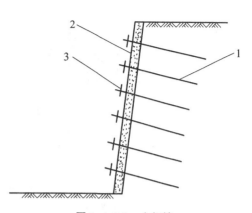

图 1.4.3-2 土钉墙
1—土钉;2—喷射细石混凝土面层;3—垫板

的鞍Ⅳ型钢板桩为"拉森式"(U 型),其截面宽 400 mm、高 310 mm,重 77 kg/m,每延米桩墙的截面模量为 2042 cm³。除国产之外,我国也使用一些从日本、卢森堡等国进口的钢板桩。

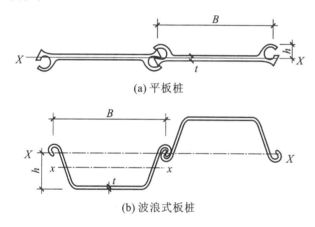

图 1.4.3-3 热轧锁口钢板桩

钢板桩由于一次性投资大,施工中多以租赁方式租用,用后拔出归还。

钢板桩的优点是材料质量可靠,在软土地区打设方便,施工速度快而且简便;有一定的挡水能力(小趾口者挡水能力更好);可多次重复使用;一般费用较低。其缺点是一般的钢板桩刚度不够大,用于较深的基坑时支撑(或拉锚)工作量大,变形较大;在透水性较好的土层中不能完全挡水;拔出时易带土,若处理不当会引起土层移动,可能破坏周围的环境。

常用的 U 型钢板桩,多用于周围环境要求不甚高的深 5~8 m 的基坑,视支撑(拉锚)加设情况而定(图 1.4.3-4)。

(2) 钻孔灌注桩(图 1.4.3-5)。根据目前的施工工艺,钻孔灌注桩为间隔排列,缝隙不小于 100 mm,因此它不具备挡水功能,需另做挡水帷幕,目前我国应用较多的是厚 1.2 m 的水泥土搅拌桩。用于地下水位较低地区时则不需做挡水帷幕。

钻孔灌注桩施工无噪声、无振动、无挤土,刚度大,抗弯能力强,变形较小,几乎在全国都有应用。多用于基坑侧壁安全等级为一、二、三级,坑深 7~15 m 的基坑工程,在土质较好地区已有 8~9 m 悬臂桩,在软土地区多加设内支撑(或拉锚),悬臂式结构不宜大于 5 m。桩径和配筋通过计算确定,常用直径 600、700、800、900、1000 mm。

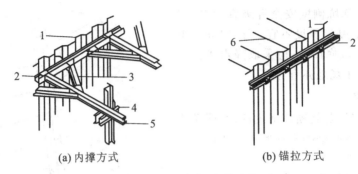

(a) 内撑方式　　　　　　(b) 锚拉方式

图 1.4.3-4　钢板桩支护结构

1—钢板桩；2—围檩；3—角撑；4—立柱与支撑；5—支撑；6—锚拉杆

有的工程为简化施工不用支撑，采用相隔一定距离的双排钻孔灌注桩与桩顶横梁组成空间结构围护墙(图 1.4.3-6)，使悬臂桩围护墙可用于 −14.5 m 的基坑。

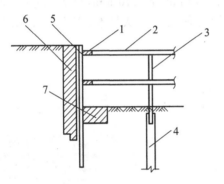
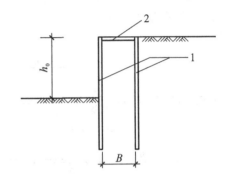

图 1.4.3-5　钻孔灌注桩排围护墙　　　　图 1.4.3-6　排桩围护墙

1—围檩；2—支撑；3—立柱；4—工程桩；5—钻孔灌注桩围护墙；　　1—钻孔灌注桩；2—联系横梁
6—水泥土搅拌桩挡水帷幕；7—坑底水泥土搅拌桩加固

如基坑周围狭窄，不允许在钻孔灌注桩后施工 1.2 m 厚的水泥土桩挡水帷幕时，可考虑在水泥土桩中套打钻孔灌注桩。

4) 地下连续墙

地下连续墙是于基坑开挖之前，用特殊挖槽设备、在泥浆护壁之下开挖深槽，然后下钢筋笼浇筑混凝土形成的地下土中的混凝土墙。地下连续墙用作围护墙的优点是：施工时对周围环境影响小，能紧邻建(构)筑物等进行施工；刚度大、整体性好，变形小，能用于深基坑；处理好接头能较好地抗渗止水；如用逆作法施工，可实现两墙合一，能降低成本。

由于具备上述优点，我国一些重大、著名的高层建筑的深基坑多采用地下连续墙作为支护结构围护墙。适用于基坑侧壁安全等级为一、二、三级的基坑工程；在软土中悬臂式结构不宜大于 5 m。地下连续墙如单纯用作围护墙，只为施工挖土服务则成本较高；泥浆需妥善处理，否则影响环境。

3. 土方开挖和支撑施工注意事项

(1) 大型挖土及降低地下水位时，应经常注意观察附近已有建筑或构筑物、道路、管线有无下沉和变形。如有下沉和变形，应与设计和建设单位研究采取防护措施。

(2) 土方开挖中如发现文物或古墓,应立即妥善保护并及时报请当地有关部门来现场处理,待妥善处理后,方可继续施工。

(3) 挖掘发现地下管线(管道、电缆、通信)等应及时通知有关部门来处理,如发现测量用的永久性标桩或地质、地震部门设置的观测孔等亦应加以保护。如施工必须毁坏时,亦应事先取得原设置或保管单位的书面同意。

(4) 基坑槽、管沟支撑宜选用质地坚实、无枯节、透节、穿心裂折的松木或杉木,不宜使用杂木。

(5) 支撑应挖一层支撑好一层,并严密顶紧,支撑牢固,严禁一次将土挖好后再支撑。

(6) 挡土板或板桩与坑壁间的填土要分层回填夯实,使之严密接触。

(7) 埋深的拉锚需用挖沟方式埋设,沟槽尽可能小,不得采取将土方全部挖开,埋设拉锚后再回填的方式,这样会使土体固结状态遭受破坏。拉锚安装后要预拉紧,预紧力不小于设计计算值的5%~10%,每根拉锚松紧程度应一致。

(8) 施工中应经常检查支撑和观测邻近建筑物的情况,如发现支撑有松动、变形、位移等情况,应及时加固或更换。加固办法可打紧受力较小部分的木楔或增加立柱及横撑等。如换支撑时,应先加新支撑后再拆旧支撑。

(9) 支撑的拆除应按回填顺序依次进行。多层支撑应自下而上逐层拆除,拆除一层,经回填夯实后,再拆上层。拆除支撑时,应注意防止附近建筑物或构筑物产生下沉和破坏,必要时采取加固措施。

4. 基坑边坡保护

当基坑放坡高度较大,施工期和暴露时间较长,或因岩土土质较差,易于风化、疏松或滑塌,为防止基坑边坡因气温变化失水过多而风化或松散,或坡面受雨水冲刷而产生溜坡现象,应根据土质情况和实际条件采取边坡保护措施,以保护基坑边坡的稳定。常用的基坑坡面保护方法有以下几种。

1) 薄膜覆盖或砂浆覆盖法

对基础施工期较短的临时性基坑边坡,采取在边坡上铺塑料薄膜,在坡顶及坡脚用草袋或编织袋装土压住或用砖压住,或在边坡上抹2~2.5 cm厚水泥砂浆保护层。为防止薄膜脱落,在上部及底部均应搭盖不少于80 cm的M5砂浆砌石,同时在土中插适当锚筋,在坡脚设排水沟(图1.4.3-7(a))。

2) 挂网或挂网抹面法

对基础施工期短、土质较差的临时性基坑边坡,可在垂直坡面楔入直径10~12 mm、长40~60 cm插筋,纵横间距1 m,上铺20号铁丝网,上下用草袋或聚丙烯扁丝编织袋装土或砂压住,或再在铁丝网上抹2.5~3.5 cm厚的M5水泥砂浆(配合比为水泥:白灰膏:砂子=1:1:1.5),在坡脚设排水沟(图1.4.3-7(b))。

3) 喷射混凝土或混凝土护面法

对邻近有建筑物的深基坑边坡,可在坡面垂直楔入直径10~12 mm、长40~50 cm插筋,纵横间距1 m,上铺20号铁丝网,在表面喷射40~60 mm厚的C15细石混凝土直到坡顶和坡脚;亦可不铺铁丝网,而在坡面铺$\phi 4\sim6$ mm@250~300 mm钢筋网片,浇筑50~60 mm厚的细石混凝土,表面抹光(图1.4.3-7(c))。

4) 土袋或砌石压坡法

对深度在 5 m 以内的临时基坑边坡,在边坡下部用草袋或聚丙烯扁丝编织袋装土堆砌或砌石压住坡脚。边坡高 3 m 以内可采用单排顶砌法,5 m 以内、水位较高的边坡,用二排顶砌或一排一顶构筑法,保持坡脚稳定。在坡顶设挡水土堤或排水沟,防止冲刷坡面,在底部作排水沟,防止冲坏坡脚[图 1.4.3-7(d)]。

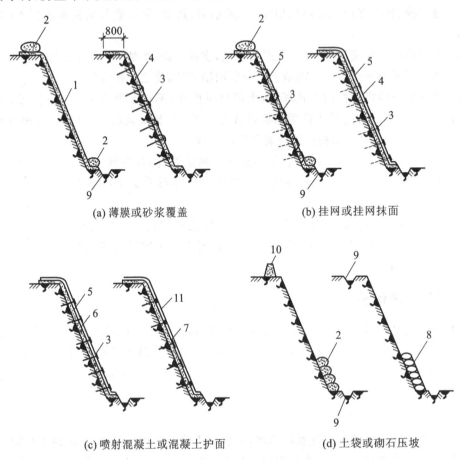

(a) 薄膜或砂浆覆盖　　(b) 挂网或挂网抹面

(c) 喷射混凝土或混凝土护面　　(d) 土袋或砌石压坡

图 1.4.3-7　基坑边坡护面方法

1—塑料薄膜;2—草袋或编织袋装土;3—插筋 $\phi 10 \sim 12$ mm;4—抹 M5 水泥砂浆;5—20 号钢丝网;6—C15 喷射混凝土;7—C15 细石混凝土;8—M5 砂浆砌石;9—排水沟;10—土堤;11—$\phi 4 \sim 6$ mm 钢筋网片,纵横间距 250～300 mm

1.4.4　土方工程量计算

1. 基坑土方工程量计算

基坑土方量可按立体几何中的拟柱体体积公式计算。如图 1.4.4-1 所示:

$$V=\frac{H}{6}(A_1+4A_0+A_2) \qquad (1.4.4\text{-}1)$$

式中　H——基坑深度(m);
　　　A_1、A_2——基坑上、下底面面积(m^2);
　　　A_0——基坑的中截面面积(m^2)。

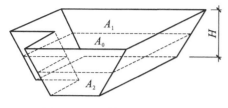
图 1.4.4-1 基坑土方量计算

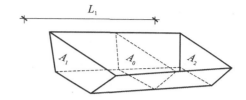
图 1.4.4-2 基槽土方量计算

2. 基槽土方工程量计算

基槽和路堤管沟的土方量可以沿长度方向分段后,再用同样的方法计算。如图 1.4.4-2 所示。

$$V_i = \frac{L_i}{6}(A_1 + 4A_0 + A_2) \quad (1.4.4\text{-}2)$$

式中 L_i——第 i 段的长度(m);
V_i——第 i 段土方工程量(m^3)。

将各段累加汇总即得总土方量 $V_总$:

$$V_总 = \sum V_i \quad (1.4.4\text{-}3)$$

【例 1-4】 某基槽断面如图 1.4.4-3 所示,该基槽长为 150 m,该类土的 $k_s = 1.2$,$k'_s = 1.05$。假设槽内砖基础的体积为 1000 m^3,待基槽回填土完成后,余土全部外运,若用一辆可装 3 m^3 土的汽车,每天运输 8 趟,试计算需要几天才可运完余土?

【解】 (1) 该基槽天然状态下土的体积
$V_1 = [3 + (3 \times 0.5)] \times 3 \times 150 = 2025$ (m^3)

(2) 回填基槽所用天然状态下土的体积
$V'_1 = (2025 - 1000)/1.05 = 976.2$ (m^3)

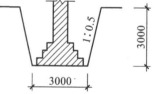
图 1.4.4-3 基槽断面示意图

(3) 剩余土方松散状态下体积
$V_2 = (V_1 - V'_1) \times k_s = (2025 - 976.2) \times 1.20 = 1258.6$ (m^3)

(4) 所需时间
$t = 1258.6/(3 \times 8) = 52.4$ (天)

1.4.5 基坑(槽)开挖

1. 确定开挖方案

开挖前根据工程项目情况(结构形式、基坑深度、地质情况、周围环境、施工方法、工期、地面荷载等)确定基坑开挖方案和地下水控制施工方案。应优先考虑选用机械化施工。

2. 土方开挖原则

遵循"开槽支撑,先撑后挖,分层开挖,严禁超挖"的原则。合理确定开挖顺序以及开挖分层厚度,组织连续有序的施工,尽快完成土方作业。

3. 施工要点

(1) 土方开挖施工的一般要求如下：

① 在坑顶 1.0 m 内不得堆放弃土，在此距离外堆土高度不得超过 1.5 m；

② 在桩基周围、墙基或围墙一侧，不得堆土过高；

③ 基坑(槽)挖好后，应立即做垫层或浇筑基础；

④ 如用机械挖土，为防止基底土被扰动，在基底留出 200～400 mm 厚的土层，待基础施工前用人工开挖；

⑤ 挖土不得挖至基坑(槽)的设计标高以下，如个别处超挖，应用与基土相同的土料填补，并夯实到要求的密实度。

⑥ 在软土区开挖基坑(槽)时，应符合下列规定。

a. 施工前必须做好地面排水和降低地下水位工作，地下水位应降低到基坑坑底以下 0.5～1.0 m 后才能开挖。降水工作应持续到回填完毕。

b. 施工机械行驶道路应填筑适当的碎石或砾石，必要时应铺设工具式路基箱(板)或梢排。

c. 相邻基坑(槽)开挖时应遵循先深后浅或同时进行的施工顺序，应及时做好基础。

d. 在密集群桩上开挖坑时，应在打桩完成后间隔一段时间再对称挖土。在密集群桩附近开挖坑(槽)时应采取措施防止桩基位移。

e. 挖出的土不得堆放在坡顶或建筑物(构筑物)附近。

(2) 对于深基坑放坡开挖时的注意事项。开挖深度较大的基坑，宜设置多级平台分层开挖，每级平台的宽度不宜小于 1.5 m。当含有可能出现流砂的土层时，宜采用井点降水等措施。对土质较差且施工工期较长的基坑，对边坡宜采用钢丝网水泥喷浆或用高分子聚合材料覆盖等措施进行护坡。坑顶不宜堆土或存在堆载(材料或设备)。在地下水位较高的软土地区，应在降水达到要求后再进行土方开挖，宜采用分层开挖的方式进行开挖。分层挖土厚度不宜超过 2.5 m。挖土时要注意保护工程桩，防止碰撞或因挖土过快、高差过大使工程桩受侧压力而倾斜。如有地下水，放坡开挖应采取有效措施降低坑内水位和排除地表水，严防地表水或坑内排出的水倒流回渗入基坑。

(3) 对于中心岛(墩)式挖土的注意事项。中间土墩的留土高度、边坡的坡度、挖土层次与高差都要经过仔细研究确定。由于在雨季遇有大雨，土墩边坡易滑坡，必要时应对边坡加固。挖土亦分层开挖，多数是先全面挖去第一层，然后中间部分留置土墩，周围部分分层开挖。开挖多用反铲挖土机，如基坑深度大则用向上逐级传递方式进行装车外运。整个的土方开挖顺序必须与支护结构的设计工况严格一致。挖土时，除支护结构设计允许外，挖土机和运土车辆不得直接在支撑上行走和操作。为减少时间效应的影响，挖土时应尽量缩短围护墙无支撑的暴露时间。一般对一、二级基坑，每一工况挖至规定标高后，钢支撑的安装周期不宜超过一昼夜，混凝土支撑的完成时间不宜超过两昼夜。对面积较大的基坑，为减少空间效应的影响，基坑土方宜分层、分块、对称、限时进行开挖，土方开挖顺序要为尽可能早的安装支撑创造条件。土方挖至设计标高后，对有钻孔灌注桩的工程，宜边破桩头边浇筑垫层，尽可能早地浇筑垫层，以便利用垫层(必要时可加厚作配筋垫层)对围护墙起支撑作用，以减少围护墙的变形。挖土机挖土时严禁碰撞工程桩、支撑、立柱和降水的井点管。分层挖土时，层高不宜过大，以免土方侧压力过大使工程桩变形倾斜，在软土地区尤为重要。当同一基坑内深浅不同时，土方开挖宜先从浅基坑处开始，如条件允许，可待浅基坑处底板浇筑后,再挖基坑较深处的土方。如两个深浅不同的基坑同时挖土时,土方开挖宜先从较深基坑开始,待较深基坑底板浇筑后,再开始开挖较浅基坑的土方。如基坑底部有局部加深的电梯井、水池等,深度较大时宜先对其边坡进行加固处理后再进行开挖。

(4) 对于深基坑盆式挖土的注意事项。盆式挖土周边留置的土坡,其宽度、高度和坡度大小均应通过稳定验算确定。如留的过小,对围护墙支撑作用不明显,失去盆式挖土的意义;如坡度太陡边坡不稳定,在挖土过程中可能失稳滑动,不但失去对围护墙的支撑作用,影响施工,而且有损于工程桩的质量。盆式挖土需设法提高土方上运的速度,对加速基坑开挖起很大作用。

(5) 深基坑应采用"分层开挖,先撑后挖"的开挖方法。为防止深基坑土方开挖过程中因下层土逐渐卸载有可能回弹导致建筑物的后期沉降加大,应采取下列措施:

① 基坑挖至设计标高后应及时进入下道工序,以减少基底暴露和卸载的时间;

② 勘察阶段的土样压缩试验补充卸荷弹性试验;

③ 采取适当的结构措施在基底设置桩基或在结构下部土质事先进行深层地质加固;

④ 施工中加速建造主体结构或逐步利用基础的质量来代替被挖除土体的质量。

(6) 基坑开挖完成后应及时清底、验槽减少暴露时间,防止暴晒或雨水浸泡破坏原状土体结构。

(7) 采用机械挖坑(槽)时应注意以下几点:

① 对于深度不大的大面积基坑开挖,宜采用推土机或装载机推土、装土,用自卸汽车运土;

② 对长度和宽度均较大的大面积土方的一次开挖,可用铲运机铲土、运土、卸土、填筑作业;

③ 对面积较大、较深的基础多采用 0.5 m³ 或 1.0 m³ 斗容量的液压正铲挖掘机,上层土方也可用铲运机或推土机进行;

④ 如操作面狭窄,且有地下水,土体湿度大时,可采用液压反铲挖掘机挖土,自卸汽车运土;

⑤ 在地下水中挖土可用拉铲,效率较高;

⑥ 对地下水位较深,采取不排水时,亦可分层用不同机械开挖,先用正铲挖土机挖地下水位以上的土方,再用拉铲或反铲挖地下水位以下的土方,并用自卸汽车将土方运出。

4. 土方工程冬季挖土注意事项

(1) 人工开挖法。人工开挖冻土适用开挖面积较小的狭窄场地,不具备用其他方法进行土方破碎、开挖的情况。施工时掌铁楔的人与掌锤的不能面对面,必须互成90°,同时要随时注意去掉楔头打出的飞刺,以免飞出伤人。

(2) 机械开挖法。当冻土层厚度为 0.5 m 以内时,可用铲运机或挖掘机开挖;当冻土层厚度为 0.5~1 m 时,可用松土机破碎土层后再由挖掘机开挖;当冻土层厚度>1 m 时,可用重锤或重球破碎土层后再用挖掘机开挖。最简单的施工方法是用风镐将冻土破碎,然后用人工和机械挖掘运输。

(3) 爆破法开挖。爆破法适用于冻土层较厚面积较大的土方工程。将炸药放入直立或水平的爆破孔中进行爆破,冻土破碎后用挖土机挖出。冻土爆破必须由具有专业施工资质的施工队伍实施,严格遵守雷管、炸药的管理规定和爆破操作规程。距离爆破 50 m 内无建筑物,200 m 内无高压线。爆破现场附近有居民或精密仪器时应提前做好疏散及保护工作。

(4) 雨期土方开挖施工重点是解决场地内部截水和排水问题。开工前做好总平规划,按规划及时修建截水沟(施工场地上游)和排水沟(场地内部),形成合理的排水系统。水沟的横断面和纵向坡度应按施工期最大流量确定。一般水沟横断面为 0.5 m×0.5 m,纵坡坡度一般不小于 3‰,平坦地区纵向坡度不小于 2‰。大量的土方开挖和回填工程应在雨季来临前完成。如必须在雨期施工土方开挖工程则应注意:

① 工作面不宜过大,应逐级逐片分期完成;
② 开挖场地应设一定的排水坡度,场地内不得有积水;
③ 基槽(坑)开挖时,应注意边坡稳定,必要时可适当放缓边坡坡度或设置支撑。施工时要加强对边坡和支撑的检查;
④ 对可能被雨水冲塌的边坡可设置钢丝网挂于坡面上,表面喷射 50 mm 厚细石砼做护坡;
⑤ 土方开挖时应设置排水沟和集水井排水,防止雨水对基坑的浸泡;
⑥ 当挖到基础底面标高后,应及时组织验收并浇筑砼垫层保护基底土层不受暴晒和浸水。

1.4.6 检验、质量检查及安全技术

1. 质量标准

(1) 柱基、基坑、基槽和管沟基底的土质必须符合设计要求,严禁扰动。

(2) 基坑(槽)验收。基坑开挖完毕应由施工单位、设计单位、监理单位或建设单位、质量监督部门等有关人员共同到现场进行检查、鉴定验槽,核对地质资料,检查地基土与工程地质勘察报告、设计图纸要求是否相符,有无破坏原状土结构或发生较大的扰动现象。一般用表面检查验槽法,必要时采用钎探检查、或洛阳铲探检查,经检查合格,填写基坑槽验收、隐蔽工程记录,及时办理交接手续。

土方开挖工程质量检验标准见表 1.4.6-1。

表 1.4.6-1 土方开挖工程质量检验标准

项	序	项目	允许偏差或允许值/mm					检验方法
			柱基、基坑、基槽	挖方场地平整		管沟	地(路)面基层	
				人工	机械			
主控项目	1	标高	−50	±30	±50	−50	−50	水准仪
	2	长度、宽度(由设计中心线向两边量)	+200 −50	+300 −100	+500 −150	+100	—	经纬仪,用钢尺量
	3	边坡	设计要求					观察或用坡度尺检查
一般项目	1	表面平整度	20	20	50	20	20	用 2 m 靠尺和楔形塞尺检查
	2	基底土性	设计要求					观察或土样分析

注:地(路)面基层的偏差只适用于直接在挖、填方做地(路)面的基层。

2. 安全技术要求

(1) 基坑开挖时,两人操作间距大于 2.5 m;多台机械开挖,挖土机间距应大于 10 m。挖土应自上而下逐层进行,严禁先挖地脚的施工方法。

(2) 基坑开挖应严格按要求放坡,操作时应随时注意土壁的变动情况。如发现有裂纹或部分坍塌现象,应及时进行支撑或放坡,并注意支撑稳固和土壁的变化。

(3) 基坑(槽)开挖深度超过 3 m 以上,使用吊装设备吊土时,起吊后,坑内人员应该立即撤离吊点的正下方,起吊设备距坑边不少于 1.5 m,坑内人员应戴安全帽。

(4) 用手推车运土,应先铺好道路。卸土回填,不得让放手车自动翻转。用翻斗汽车运土时,运输道路的坡度、转弯半径应符合有关安全规定。

(5) 深基坑上下应先挖好阶梯或设置靠梯或开斜坡道,严禁踩踏支撑。坑四周应设安全栏杆或悬挂危险标志。

(6) 基坑(槽)设置的支撑应经常检查是否松动、变形,特别在雨后更应加强检查。

(7) 坑(槽)沟边 1 m 内不得堆土、堆料和停放机具,1 m 外的堆土高度不超过 1.5 m。坑(槽)沟与附近建筑物距离不得小于 1.5 m,危险时必须加固。

1.5 土方回填

填土的基底有如下要求。

(1) 土方回填前应清除基底垃圾、树根等杂物,抽除坑穴内积水、淤泥,验收基底标高。如在耕植土或松土上填方,应在基底压实后再进行。

(2) 在水田、沟渠、池塘上填方应根据实际采用排水疏干、挖除淤泥或抛填块石、砂砾、矿渣等方法处理后再填土。

(3) 在建筑物和构筑物地面下的填方或厚度小于 0.5 m 的填方应清除草皮、垃圾、软弱土层。

(4) 在土质较好,地面坡度小于 1/10 的较平坦场地填方,可不清除基底上的草皮,但应割除长草。

(5) 在稳定山坡上填方,当山坡坡度在 1/10~1/15 时,应清除基底上的草皮。

(6) 坡度大于 1/5 时应将基底挖成台阶,台面内倾,台阶高宽比为 1:2 时,台阶高度不大于 1 m;填方区如遇地下水或滞水时必须设置排水设施,确保施工顺利开展。

1.5.1 土料的选用和处理

为保证填方工程的强度和稳定性,应正确选择回填土种类和填筑方法。

填方土料应符合设计要求。碎石类土、砂土、爆破石渣可用于表层以下回填用材;当填方土料为黏土时,填筑前应检查其含水率是否在控制范围内。含水率大的黏土不宜作为填土用;含有大量有机质的土,含水溶性硫酸盐大于 5% 的土以及淤泥、冻土、膨胀土等均不应作为填土。淤泥和淤泥质土,一般不能用作填料,但在软土地区,经过处理含水量符合压实要求的,可用于填方中的次要部位。

各种土的最优含水量和最大干密实度参考数值见表 1.5.1-1。黏性土料施工含水量与最优含水量之差可控制在−4%～+2%范围内(使用振动碾时,可控制在−6%～+2%范围内)。

表 1.5.1-1　土的最优含水量和最大干密度参考表

项次	土的种类	变动范围	
		最优含水量/(%)(重量比)	最大干密度/(t/m³)
1	砂土	8～12	1.80～1.88
2	黏土	19～23	1.58～1.70
3	粉质黏土	12～15	1.85～1.95
4	粉土	16～22	1.61～1.80

注:1. 表中土的最大干密度应以现场实际达到的数字为准;
　　2. 一般性的回填,可不作此项测定。

土料含水量一般以手握成团,落地开花为适宜。当含水量过大,应采取翻松、晾干、风干、换土回填、掺入干土或其他吸水性材料等措施;如土料过干,则应预先洒水润湿。当含水量小时,亦可采取增加压实遍数或使用大功率压实机械等措施。

在气候干燥时,应采取加速挖土、运土、平土和碾压过程,以减少土的水分散失。

当填料为碎石类土(充填物为砂土)时,碾压前应充分洒水湿透,以提高压实效果。

1.5.2　回填方法

(1) 填土应分层进行,尽量采用同类土填筑。

(2) 不同种类的土用于填筑时,应将透水性大的土层置于透水性小的土层之下,不能将各种土混杂在一起使用,以免填方内形成水囊。

(3) 碎石类土或爆破石渣作填料时,其最大粒径不超过每层铺厚的3/4,铺填时大块料不应集中且不得填在分段接头或填方与山头连接处。

1.5.3　压实方法

填土压实的方法一般有碾压法、夯实法和振动压实法。

1. 碾压法

碾压法是利用机械滚轮的压力压实土壤,使之达到所需的密实度的方法。多用于大面积填土工程。碾压机械(图1.5.3-1)有:光面碾(压路机)、羊足碾、气胎碾。光面碾适合于砂土、黏性土压实;羊足碾只适合于黏性土压实;气胎碾的弹性好,压力均匀,碾压质量好;另外,还可以利用运土机械来压实土壤。实施前做好方案,使运土机械行驶路线均匀分布在填土地面上并达到一定的重复行驶遍数,就可以满足填土压实要求。

碾压机械压实填方时行驶速度不宜过快,一般控制在平碾2 km/h,羊足碾3 km/h,否则会影响压实效果。

2. 夯实法

夯实法就是利用夯锤自由下落的冲击力来夯实土壤的方法,主要用于小面积回填。夯

(a) 光面碾　　　　　　(b) 凸块振动碾　　　　　(c) 全液压轮胎式压路机

图 1.5.3-1　碾压机械

实法分为人工夯实和机械夯实两种。

夯实机械(图 1.5.3-2)有夯锤、内燃夯土机、蛙式打夯机；人工夯土用工具有木夯、石夯、石硪等。适合于夯实砂质土、湿陷性黄土、杂填土以及含有石块的填土。

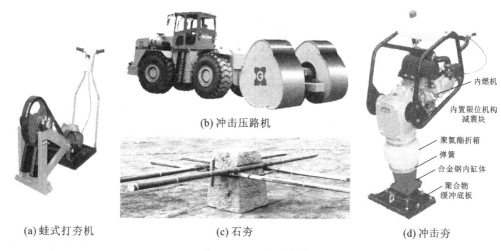

(a) 蛙式打夯机　　　　(b) 冲击压路机　　　(c) 石夯　　　(d) 冲击夯

图 1.5.3-2　夯实机械

3. 振动压实法

振动压实法就是将振动压实机械(图 1.5.3-3)放在土层表面借助机械激振力使土颗粒随之振动，相对运动到稳定点达到紧密状态。适用于非黏性土压实。

如使用振动碾进行压实，可使土体受到碾压和振动两种作用，压实效率高，适用于大面积填方工程。

(a) 振动平板夯　　　　　(b) 振动压路机　　　　　(c) 手扶式振动碾

图 1.5.3-3　振动压实机械

1.5.4 填土压实的影响因素

填土压实的影响因素很多,主要有压实功、土的含水量、每层铺土厚度。

1. 压实功的影响

填土压实后的密度与压实机械在其上所做的功有一定的关系。土的压实密度与所消耗的功的关系如图1.5.4-1所示。当土含水量一定,开始压实时,土的密度急剧增加,待接近土的最大密度时,压实功虽然增加许多,但土的密度变化却很小。实际施工中,砂土只需碾压2~3遍,粉土只需3~4遍,粉质黏土或黏土只需5~6遍。另外,松土不宜用重碾直接滚压,否则土层有强烈的起伏,导致碾压效率差。若先用轻碾压实再用重碾压实,效果会好很多。

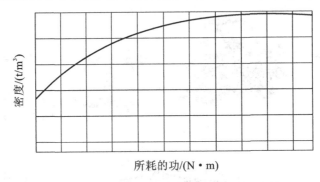

图1.5.4-1 土的密度与压实功的关系

2. 含水量的影响

在同一压实功条件下,填土的含水量对压实质量有直接影响。压实作用沿深度的变化关系如图1.5.4-2所示,较为干燥的土颗粒之间摩阻较大压实不易。当含水率超过一定限度时,土颗粒之间的孔隙由于有了水的填充呈饱和状态而不能压实。当含水量适当时,水起到润滑作用,土颗粒间的摩阻较小,压实效果良好。每种土都有其最佳含水量。土在这种含水量条件下使用同样的压实功进行压实,所得到的密度最大,关系如图1.5.4-3。简单的检验黏性土的含水率状态的方法是:以手握成团落地开花为适宜。当土料过湿时,应予翻晒晾干,也可掺入同类干土或吸水性土料;当土料过干时则应预先洒水湿润。

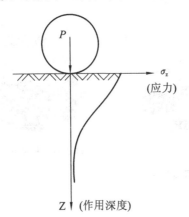

图1.5.4-2 压实作用沿深度的变化关系

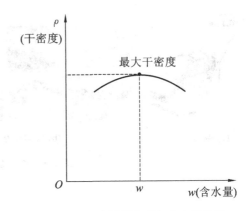

图1.5.4-3 土的干密度与含水量关系

3. 铺土厚度的影响

土在压实功的作用下,作用力随深度增加而逐渐减小。每层铺土厚度和压实遍数应根据土质、机械性能而定。一般铺土厚度应小于压实机械压实的作用深度,应能使土方压实而机械的功耗最小,通常应通过现场试验确定。常用的夯(压)工具机械每层最大铺土厚度和所需的夯(压)实遍数参考值见表1.5.4-1。

表1.5.4-1 填土施工时的分层厚度及压实遍数

压实机具	分层厚度/mm	每层压实遍数
平碾	250～300	6～8
振动压实机	250～350	3～4
柴油打夯机	200～250	3～4
人工打夯	不大于200	3～4

1.5.5 回填土质量检验

(1)填方的基底处理必须符合设计和施工规范要求。

(2)填方柱基、基坑、基槽、管沟的回填土料必须符合设计和施工规范要求。

(3)填方和柱基、基坑、基槽、管沟的回填必须按规定分层回填夯压密实,取样测定压实后土的干密度90%以上应符合设计要求,余下10%的最低值与设计值的差不得大于0.08 g/cm³,且不得集中。土的实际干密度可用"环刀法"测定,其取样组数:柱基回填取样不少于柱基总数的10%,且不少于5个;基槽、管沟回填每层按长度20～50 m取样一组;基坑和室内填土每层按100～500 m²取样一组;场地平整填土每层按400～900 m²取样一组,取样部位应在每层压实后的下半部。

表1.5.5-1 填土工程质量检验标准

项目	序号	检查项目	允许偏差或允许值/mm					检查方法
			柱基基坑基槽	场地平整		管沟	地(路)面基层	
				人工	机械			
主控项目	1	标高	−50	±30	±50	−50	−50	水准仪
	2	分层压实系数	设计要求					按规定方法
一般项目	1	回填土料	设计要求					取样检查或直观鉴别
	2	分层厚度及含水量	设计要求					水准仪及抽样检查
	3	表面平整度	20	20	30	20	20	用靠尺或水准仪

1.5.6 雨季施工

雨季施工的重点问题是解决好排水、截水系统做法。大量的土方开挖和填方应在雨季来临前完成。如必须在雨季施工,填方作业的取土、运土、铺填、压实等各道工序应连续进行,雨季前应及时压完已填土层,将表面压光并做成一定排水坡度。

对于有地下水池或地下室工程,要防止水对建筑的浮力大于建筑自重造成地下室或水池上浮。基础施工完毕后应及时抓紧基坑四周的回填工作。停止人工降水时应验算箱型基础的抗浮稳定性系数。

第 2 章 地基与基础工程

2.1 基坑支护工程

为进行建筑物(包括构筑物)基础与地下室的施工所开挖的地面以下空间称为建筑基坑。基坑开挖的施工工艺一般有两种:放坡开挖(无支护开挖)和在支护体系保护下开挖(有支护开挖)。前者既简单又经济,在施工场地空旷、周边环境许可、土体边坡稳定的条件下应优先采用。但是在城市及建筑密集地区,施工场地狭小、周边环境复杂,为了保证地下结构施工及基坑周边环境的安全,则无法采用较经济的放坡开挖,需对基坑侧壁及周边环境采取支护、加固与保护措施,在支护结构的保护下进行开挖,称为基坑支护(图 2.1-1、图 2.1-2)。

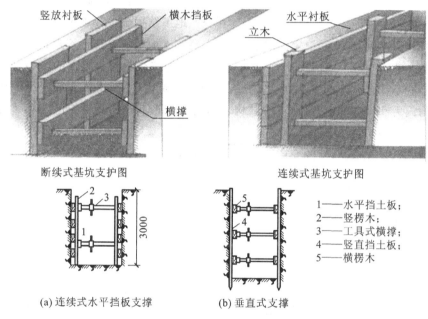

图 2.1-1 浅基槽支护

图 2.1-2 深基坑支护

2.1.1 基坑支护介绍

1. 概述

基坑支护结构作为地下结构施工期间的临时结构,结合我国的经济情况,一般是本着安全、经济的原则,在保证安全的前提条件下,尽量合理节省工程投资。根据《建筑基坑支护技术规程》(JGJ 120—2012),基坑支护设计内容包括对支护结构计算和验算、质量检测及施工监控要求。

2. 基坑支护工程的主要内容

基坑支护工程的主要内容包括:基坑勘测,支护结构的设计和施工,基坑土方的开挖和运输,控制地下水位,土方开挖过程中的工程监测和环境保护等。

基坑工程是一个系统工程,一般要经过前期技术经济资料调研—支护结构的方案讨论—设计—施工—降低地下水位—基坑土方开挖—地下结构施工等施工过程。在基坑施工过程中,影响支护结构安全和稳定的因素众多,主要有支护结构设计计算理论、计算方法,土体物理力学性能参数取值的准确度等,它们对支护结构安全具有决定性的影响;同时,地下水位变化影响基坑土方开挖的难度、支护结构荷载及周边环境;土体开挖工况的变化会引起支护结构内力和位移的变化,而支护结构的内力和变形又是一个动态的变化过程。为了及时掌握支护结构的内力和变形情况、地下水位变化、基坑周围保护对象(邻近的地下管线、建筑物基础、运输道路等)的变形情况,对重要的基坑工程都要进行监测。

3. 基坑支护工程的特点

基坑支护工程主要具有以下特点。

1)临时性

基坑支护结构大多为临时性结构,其作用仅是在基坑开挖和地下结构施工期间保证基坑周边建筑物、道路、地下管线等环境的安全和本工程地下结构施工的顺利进行,其有效使用期一般为一年左右(在特殊情况下,支护结构也可成为固定结构的一部分)。基坑支护工程一旦出现工程事故,处理十分困难,造成的危害一般较大,因此,临时性结构也要确保安全。

2)技术综合性

基坑支护工程是岩土、结构、施工、测试、环境保护等学科知识的综合应用,因而对从事基坑工程的技术人员的业务知识水平要求较高,同时又要具有相当的工程经验和对当地地质情况的深入了解。

3)不确定性

基坑支护工程在施工过程中会受到周边建筑和地下设施的影响,有时在施工以前,勘察钻孔也无法探明局部特殊的地质和场地周边的情况,尤其在老城区的改造过程中,周边建筑密集度高,地下管线、地下设施资料不全,给基坑支护方案的制定、设计和施工增加了难度,使基坑施工具有不确定性,引发突发事故。由于基坑施工具有不确定性,基坑支护工程在全国范围内事故频发,风险极大,应引起工程技术人员的高度重视。

4）地域性

不同地区具有不同的水文地质、工程技术经济条件，经过大量的基坑工程实践，逐渐形成了具有地域特色的基坑支护技术。

4. 基坑侧壁的设计使用期限

基坑支护设计应规定其设计使用期限。基坑支护的设计使用期限不应小于一年。

基坑支护应满足的功能要求如下：
① 保证基坑周边建构筑物、地下管线、道路的安全和正常使用；
② 保证主体地下结构的施工空间。

5. 基坑侧壁的安全等级

基坑支护设计时，应综合考虑基坑周边环境和地质条件的复杂程度、基坑深度等因素，对同一基坑的不同部位可采用不同的安全等级。

《建筑基坑支护技术规程》（JGJ 120—2012）对基坑侧壁安全等级规定如表 2.1.1-1 所示。

表 2.1.1-1　基坑侧壁安全等级

安全等级	破坏后果
一级	支护结构破坏、土体失稳或过大变形对基坑周边环境及地下结构影响很严重
二级	支护结构破坏、土体失稳或过大变形对基坑周边环境及地下结构影响一般
三级	支护结构破坏、土体失稳或过大变形对基坑周边环境及地下结构影响不严重

6. 基坑工程基本技术资料

基坑工程技术复杂、不确定因素多，为减少风险，确保安全，在基坑支护方案制定、设计、施工之前，设计、施工、监理和建设单位的有关人员都应掌握相关的技术资料。

1）工程地质及水文地质资料

基坑工程的岩土勘探一般不单独进行，应与主体建筑的地基勘探相结合，确定勘探要求，统一制定勘探方案。在初步勘察阶段应搜集工程地质、水文地质资料，并进行工程地质调查。必要时可进行少量的补充和室内试验，提出基坑支护的建议方案。

详细勘探阶段基坑工程的勘探范围应根据开挖深度及场地的岩土工程条件确定，并宜在开挖边界外按开挖深度的 1～2 倍范围内布置勘探点，当开挖边界外无法布置勘探点时，应通过调查取得相应资料。对于软土，勘探范围尚宜扩大。勘探深度应根据支护结构设计要求确定，不宜小于 1 倍开挖深度，软土地区的勘探深度应穿越软土层。勘探点间距应根据地层条件而定，可在 15～30 m 内选择。地层变化较大时，应减小间距，查明分布规律。场地水文地质勘探应查明开挖范围及临近场地地下水含水层和隔水层的层位、埋深和分布情况，查明各含水层（包括上层滞水、潜水、承压水）的补给条件和水力联系；测量场地各含水层的渗透系数和渗透影响半径；分析施工过程中水位变化对支护结构和基坑周边环境的影响，提出应采取的措施。

岩土工程测试应对土的常规物理试验指标、土的抗剪强度指标、土的渗透系数等进行测试。在特殊条件下应根据实际情况选择其他适宜的试验方法测试设计所需的参数。

基坑工程的勘探成果——勘探报告一般应包括下列内容：

① 场地土层的成因类型、结构特点、土层性质及夹砂情况；

② 基坑及围护墙边界附近场地的填土、暗浜、古河道及地下障碍物等不良地质现象的分布范围与深度，并阐明其对基坑的影响；

③ 场地浅层潜水和坑底深部承压水的埋藏情况，土层的渗流特性及产生管涌、流砂的可能性；

④ 支护结构设计与施工所需的土、水等参数；

⑤ 针对工程实际情况，提出对基坑设计、施工、地下水控制、施工监测的建议和注意事项。

2) 基坑周边环境情况

基坑开挖、降水和支护结构位移引起的地面沉降和水平位移，会对周边建筑物（构筑物）、道路和地下管线造成影响。同时，周边的建筑（构筑物）、道路、地下管线也对基坑施工带来影响，故应在基坑支护方案制定以前，对基坑周边环境进行详细的调查。

基坑周边环境调查主要包括影响范围内建（构）筑物的结构类型、层数、基础类型、埋深、基础荷载大小及上部结构现状；基坑周边的各类地下设施，如上水、下水、电缆、煤气、污水、雨水、供热等管线或管道的分布和性状；场地周围和临近地区地表水汇流、排泄情况、地下水管渗漏情况以及对基坑开挖的影响程度；基坑四周道路的距离及车辆载重情况。

3) 拟建工程建筑、结构和基础的相关要求

支护结构设计应与拟建工程的建筑、结构和基础设计相协调，以防止在支护结构施工完成后无法满足主体结构施工的要求，造成事后处理的被动局面。在基坑设计时，应了解地下室外墙、底板、承台边缘尺寸及外墙模板安装和外防水施工的要求，楼板标高、地下室出入口、管线接口位置及其他设计资料，以便合理确定基坑的尺寸、支撑、锚杆、腰梁的标高，并对出入口处进行特殊处理。

4) 施工条件

施工条件是影响支护结构设计施工的另一个因素，主要表现在以下方面：

① 材料制作加工场地、堆放场地、临时设施、施工车辆道路和出入口的位置；

② 材料堆放荷载、施工车辆荷载、塔吊荷载对支护结构的影响；

③ 施工地区的施工噪声、振动的限制对施工机械设备选择的影响。

5) 相关技术规范、规程和当地管理部门的有关规定

随着国内基坑工程的发展和普遍应用，基坑工程的设计、施工、监理和质监经验不断积累并逐渐成熟，建设部于1999年9月1日开始施行由中国建筑科学研究院主编的强制性行业标准——《建筑基坑支护技术规程》(JGJ 120)，同时，基坑工程也是《建筑地基基础工程质量验收规范》(GB 50202—2002)中的一部分内容。该规程、规范在全国各地区具有广泛的适用性。

6) 类似工程的调研

基坑支护工程地域性很强，特别是地质条件对支护结构形式和规模影响很大，应积极调研

和吸取当地类似工程的经验做法,但要防止在地质条件和其他条件不同的情况下盲目照搬。

7. 常见支护结构类型

1) 排桩或地下连续墙

排桩或地下连续墙支护结构就是在基坑开挖前,沿基坑四周以一定间距(或连续)打入或就地浇筑桩体(连续墙),形成桩体队列(桩体队列与支撑或拉锚组成的结构)抵抗外侧土体和地下水的侧压力,形成挡土结构。常见的类型有钢板桩、灌注桩、地下连续墙等。

(1) 桩墙。桩墙主要有以下几种。

① 钢板桩。钢板桩就是在基坑开挖以前,在基坑四周连续打入钢板桩,钢板桩之间通过锁口连接,形成连续桩体,利用桩体强度抵抗外侧土体和地下水的侧压力,形成挡土结构。钢板桩的截面形式较多,常用有 U 形、Z 形、H 形。近年来由于热轧技术的发展,生产了一些宽度和高度较大的钢板桩,钢板桩的效率(截面模量/质量)大为提高,使其用途扩大。

钢板桩一次性投资大,施工中多以租赁方式租用,用后拔出归还。

钢板桩的优点是材料质量可靠,在软土地区打设方便,施工速度快而简便;有一定的挡水能力;可多次重复使用;一般费用较低。其缺点是普通的钢板桩刚度不够大,用于较深的基坑时支撑(或拉锚)工作量大,否则变形较大;在透水性较好的土层中不能完全挡水;拔出时易带土,如处理不当会引起土层移动,可能危害周围环境(图 2.1.1-1、图 2.1.1-2)。

图 2.1.1-1 钢板桩 1

图 2.1.1-2 钢板桩 2

② 钻孔灌注桩。钻孔灌注桩维护墙是桩排式中应用最多的一种。通常采用直径 500～1000 mm、桩长 15～20 m 的钢筋混凝土钻孔灌注桩,其挡墙抗弯能力强、变形相对较小、经济效益较好,适用于开挖深度为 6～10 m 的基坑(图 2.1.1-3)。

钻孔灌注桩施工很难做到桩与桩相切,多为间隔排列式,故不具备挡水功能,适用于地下水位较深、土质较好的地区。在地下水位较高的地区应用时,则需另做挡水帷幕。例如,在上海地区常用 1.0 m 厚的水泥土搅拌桩墙作为挡水帷幕。

③ 人工挖孔灌注桩。人工挖孔桩的桩孔采用人工开挖,多为大直径桩。在施工过程中易于检查土层情况、成孔及混凝土的施工质量,其质量可靠,但施工条件差、劳动强度大,应限制其使用,可在土质较好的地区选用(图 2.1.1-4)。

2) 地下连续墙

在基坑开挖之前,沿基坑四周用特殊挖槽设备、在泥浆护壁的条件下开挖出一定长度的

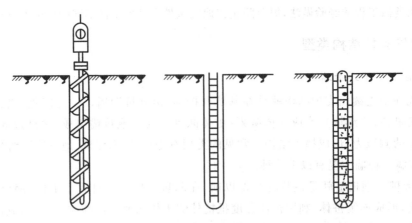

图 2.1.1-3 钻孔灌注桩工艺展示

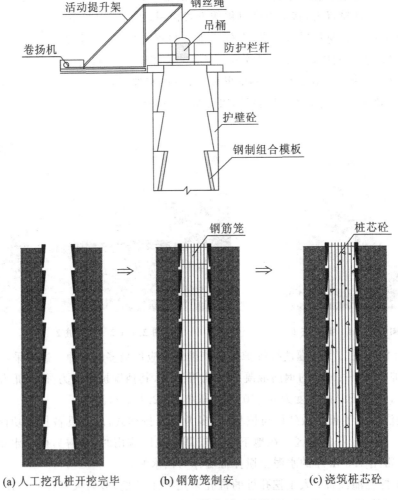

(a) 人工挖孔桩开挖完毕　　(b) 钢筋笼制安　　(c) 浇筑桩芯砼

图 2.1.1-4 人工挖孔桩工艺展示

深槽,然后下钢筋笼,浇筑混凝土形成单元混凝土墙,各单元利用特制的接头连接,从而形成地下连续墙(图 2.1.1-5)。地下连续墙具有挡土、防水抗渗和承重三种功能,能适应任何土质,特别是软土地基,且对周围环境影响小,但其造价高。当基坑深度大、周围环境复杂并要求严格时,地下连续墙是首选支护形式。

地下连续墙施工如与逆筑法结合使用,则基坑维护墙与主体结构外墙合一,能降低工程总成本。

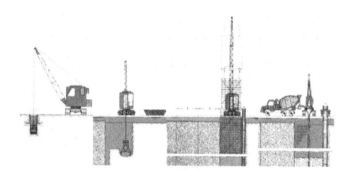

图 2.1.1-5 地下连续墙工艺展示

3) 支撑(拉锚)

随着基坑深度的增加,如采用悬臂结构,围护结构的内力和变形急剧增大,致使围护构件截面迅速加大,会增加围护造价。为使围护墙经济合理,且受力后的变形控制在一定范围内,可沿围护墙竖向增设支撑点,以减小构件跨度,降低构件内力和变形,避免因构件截面的迅速加大而引起围护结构造价的增加。如在坑内对围护墙加设支撑称为内支撑(图2.1.1-6(a));如在坑外对围护墙拉设支撑,则称拉锚(土锚)(图2.1.1-6(b))。

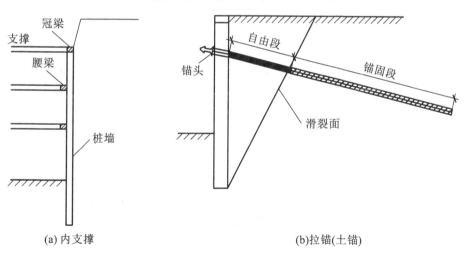

图 2.1.1-6 墙—锚杆结构示意图

内支撑受力合理、安全可靠、易于控制围护墙的变形,但内支撑的设置给基坑内挖土和地下室结构的支模和浇筑带来不便。用土锚拉结围护墙,坑内施工无须任何阻挡,但在软土地区土锚的变形较难控制,且土锚有一定长度,在基坑外必须有一定的范围才能应用。因而在土质好的地区,如具备锚杆施工设备和技术,应发展土锚;而在软土地区,为便于控制围护墙的变形,应以内支撑为主。

4) 水泥土墙

水泥土墙支护结构是指由水泥土桩相互搭接形成的格栅状、壁状等形式的重力式结构。常用的水泥土桩有水泥土搅拌桩(包括加筋水泥土搅拌桩)、高压喷射注浆桩等。

(1) 深层搅拌水泥土围护墙。深层搅拌水泥土围护墙是采用深层搅拌机就地将土和输入的水泥浆强行搅拌，利用水泥和软土之间所产生的物理化学反应，形成连续搭接的水泥土柱状加固体挡墙，利用其本身的质量和刚度来进行挡土的围护墙(图 2.1.1-7)。同时水泥土加固体的渗透系数一般不大于 10 cm/s，能比水防渗，因此水泥土围护墙具有挡土和防渗的双重作用，可兼做隔水帷幕。

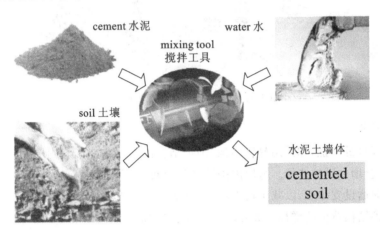

图 2.1.1-7 深层搅拌水泥土围护墙工艺原理

水泥围护墙的优点是：由于坑内一般无支撑，便于机械化快速挖土；具有挡土、防渗的双重功能；一般情况下较经济。其缺点是：位移相对较大，尤其在坑基长度大时更是如此；厚度较大；在水泥土搅拌施工时可能影响周围环境。一般情况下，当红线位置和周围环境允许，基坑深度小于或等于 7 m 时，在软土地区应优先考虑采用。

(2) 高压旋喷注浆桩。高压旋喷注浆桩是利用高压经过旋转的喷嘴将水泥浆喷入土层内与土体混合形成水泥土加固体，相互搭接形成桩排，用来挡土和挡水。其施工费用高于深层搅拌桩，但它可以用于空间较小处。施工时要控制好上提速度、喷射压力和水泥喷射量。

(3) 组合式墙(SMW 工法挡墙)。组合式墙是在水泥土搅拌桩内插入 H 型钢等(多数为 H 型钢，亦有插入拉森式钢板桩、钢管等)，将承受荷载与防渗挡土结合起来，使之成为同时具有受力与抗渗两种功能的支护结构的围护桩(图 2.1.1-8)。基坑深度大时亦可加设支撑(图 2.1.1-8)。

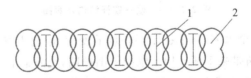

图 2.1.1-8 SMW 工法(劲性水泥土搅拌桩)挡墙
1—插在水泥土桩中的 H 型钢；2—水泥土桩

5）土钉墙

所谓"土钉"，就是置入现场原位土体中以较密间距排列的细长杆件，如钢筋或钢管等，通常还外裹水泥砂浆或水泥净浆浆体（注浆钉）。土钉的特点是沿通长与周围土体接触，以群体起作用，与周围土体形成一个组合体，在土体发生变形的条件下，通过与土体接触面的黏接力或摩擦力，使土钉被动受拉，以此给土体约束加固或使其稳定。

土钉墙就是采用土钉加固基坑侧壁土体与护面等组成的结构（图 2.1.1-9）。它不仅提高了土体整体刚度，而且弥补了土体抗拉和抗剪强度低的弱点，通过相互作用，土体自身结构强度的潜力得到充分发挥，还改变了边坡变形和破坏性状，显著提高了整体稳定性。土钉支护是以土钉和它周围加固了的土体一体作为挡土结构，类似于重力式挡土墙。是一种原位加固土技术。

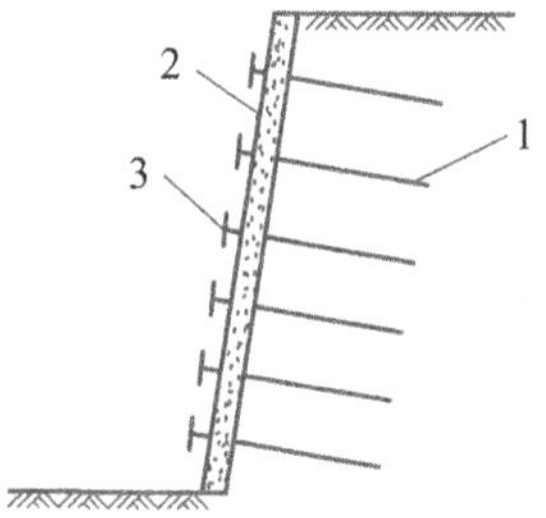

土钉墙主要用于土质较好地区，基坑深度不宜大于 12 m。我国华北和华东北部地区一带应用较多。

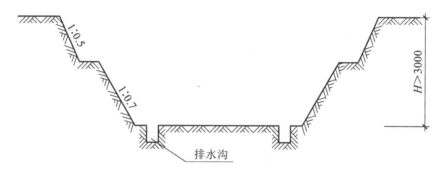

图 2.1.1-9　土钉墙
1—土钉；2—喷射的细石混凝土面层；3—钉头

6）放坡开挖

当基坑深度较浅，周围无紧邻的重要建筑且施工场地允许时，无须进行基坑支护，可采取放坡开挖方法（图 2.1.1-10、图 2.1.1-11）。此时坑内无支撑，坑内土方机械作业面宽敞无障碍。但如地下水位较高时，必须采取降低地下水位的措施。

图 2.1.1-10　基坑放坡断面

图 2.1.1-11　基坑放坡实景

7) 适用条件

各结构类型适用条件见表2.1.1-2。

表 2.1.1-2　各结构类型适用条件

结构类型	适用条件
排桩或地下连续墙	1. 使用于基坑安全等级一、二、三级 2. 悬臂结构在软土场地中不宜大于5 m 3. 当地下水位高于基坑底面时,宜采用降水、排桩加截水帷幕或地下连续墙
水泥土墙	1. 基坑侧壁安全等级宜为二、三级 2. 水泥土桩施工范围内地基土承载力不宜大于150 kPa 3. 基坑深度不宜大于6 m
土钉墙	1. 基坑侧壁安全等级宜为二、三级的非软土场地 2. 基坑深度不宜大于12 m 3. 当地下水位高于基坑底面时,应采取降水或截水措施
逆作拱墙	1. 基坑侧壁安全等级宜为二、三级 2. 淤泥和淤泥质土场地不宜采用 3. 拱墙轴线的矢高比不宜小于1/8 4. 基坑深度不宜大于12 m 5. 地下水位高于基坑底面时,应采取降水或截水措施
放坡	1. 基坑侧壁安全等级宜为三级 2. 施工场地应满足放坡条件 3. 可独立或与上述其他结构结合使用 4. 当地下水位高于坡脚时,应采取降水措施

2.1.2　内支撑体系

内支撑系统由水平支撑和竖向支承两部分组成,深基坑开挖中采用内支撑系统的围护方式已得到广泛的应用,特别对于软土地区基坑面积大、开挖深度深的情况,内支撑系统由于具有无须占用基坑外侧地下空间资源、可提高整个围护体系的整体强度和刚度以及可有效控制基坑变形的特点而得到了广泛应用。

1. 内支撑体系的构成

围檩、水平支撑、钢立柱和立柱桩是内支撑体系的基本构件,典型的内支撑系统示意图见图2.1.2-1。

围檩是协调支撑和围护墙结构间受力与变形的重要受力构件,其可加强围护墙的整体性,并将其所受的水平力传递给支撑构件,因此要求具有较好的自身刚度和较小的垂直位移。首道支撑的围檩应尽量兼作为围护墙的圈梁,必要时可将围护墙墙顶标高落低。如首道支撑体系的围檩不能兼作为圈梁时,应另外设置围护墙顶圈梁。圈梁作用可将离散的钻孔灌注围护桩、地下连续墙等围护墙连接起来,加强了围护墙的整体性,对减少围护墙顶部位移有利。

图 2.1.2-1　内支撑实景

水平支撑是平衡围护墙外侧水平作用力的主要构件,要求传力直接、平面刚度好而且分布均匀。

钢立柱及立柱桩的作用是保证水平支撑的纵向稳定,加强支撑体系的空间刚度和承受水平支撑传来的竖向荷载,要求具有较好自身刚度和较小垂直位移。

2. 支撑的结构形式

1) 钢支撑

优点：自重轻、安装和拆除方便、施工速度快、可以重复利用(环保、绿色)。且安装后能立即发挥支撑作用,减少由于时间效应而增加的基坑位移。

缺点：节点构造和安装相对比较复杂,施工质量和水平要求较高。适用于对撑、角撑等平面形状简单的基坑。

2) 钢筋混凝土支撑

优点：刚度大,整体性好,布置灵活,适应于不同形状的基坑,而且不会因节点松动而引起基坑位移,施工质量容易得到保证。

缺点：现场制作和养护时间较长,拆除工程量大,支撑材料不能重复利用。

3) 组合支撑

支撑结构可采用钢支撑与钢筋混凝土支撑的组合。

3. 支撑施工总体原则

无论何种支撑,其总体施工原则都是相同的,土方开挖的顺序、方法必须与设计工况一致,并遵循"先撑后挖、限时支撑、分层开挖、严禁超挖"的原则进行施工,尽量减小基坑无支撑暴露时间和空间。同时,应根据基坑工程等级、支撑形式、场内条件等因素,确定基坑开挖的分区及其顺序。宜先开挖周边环境要求较低的一侧土方,并及时设置支撑。环境要求较高一侧的土方开挖,宜采用抽条对称开挖、限时完成支撑或垫层的方式。

基坑开挖应按支护结构设计,降排水要求等确定开挖方案,开挖过程中应分段、分层、随挖随撑、按规定时限完成支撑的施工,作好基坑排水,减少基坑暴露时间。基坑开挖过程中,应采取措施防止碰撞支护结构、工程桩或扰动原状土。

4. 混凝土内支撑支设

(1) 钢筋混凝土支撑应首先进行施工分区和流程的划分,支撑的分区一般结合土方开挖方案,按照盆式开挖"分区、分块、对称"的原则确定,随着土方开挖的进度及时跟进支撑的施工,尽可能减少围护体侧开挖段无支撑暴露的时间,以控制基坑工程的变形和稳定性。混凝土支撑的施工有多项分部工程组成,根据施工的先后顺序,一般可分为施工测量、钢筋工程、模板工程以及混凝土工程。

(2) 具备开挖条件后,先开挖至第一道钢筋砼支撑底以下 150 mm 位置,标高根据第一道支撑中心标高确定,并凿除地连墙顶劣质混凝土至冠梁底部高程,根据冠梁和钢筋混凝土支撑的位置浇筑 150 mm 素砼垫层,养护一定时间后,上铺油毡纸隔离层,然后绑扎冠梁及第一道支撑钢筋、立侧模,浇筑冠梁及第一道砼支撑,并达到强度后,进行下层土方开挖。

钢筋混凝土支撑模板断面图见图 2.1.2-2。

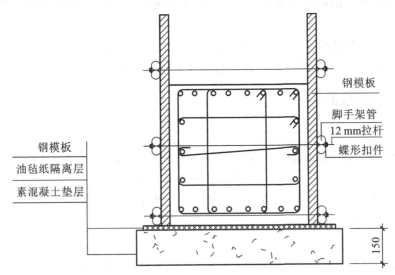

图 2.1.2-2 混凝土内支撑模板安装断面图

(3) 工艺流程。支承桩施工,可安排在支护结构施工的同时或以后进行,可采用钻孔桩的施工方法。在支护结构的强度足够的情况下,就可以进行第一层土方开挖(对于支护结构悬臂情况下挖土),钢筋混凝土支撑的施工一般是紧随着土方开挖的后面施工。

多道钢筋混凝土支撑施工的流程(图 2.1.2-3～图 2.1.2-11)如下。

① 第一道钢筋混凝土支撑施工:基坑土方开挖至第一道钢筋混凝土支撑梁底的垫层底面→凿开支护结构与围檩的连接面→钢筋混凝土支撑垫层施工→绑扎支撑钢筋→支立侧模板→浇筑混凝土(预留拆除钢筋混凝土支撑梁的爆破孔)、梁边护栏预埋铁件→养护、拆模、清理。

② 第二道钢筋混凝土支撑施工:基坑土方开挖至第二道钢筋混凝土支撑梁底的垫层底面→凿开支护结构与围檩的连接面、支承桩清理→钢筋混凝土支撑垫层施工→绑扎支撑钢筋→支立侧模板→浇筑混凝土、预留拆除钢筋混凝土支撑梁的爆破孔→养护、拆模、清理。

以下各道支撑与第一、第二道支撑的工艺流程类推。

图 2.1.2-3 第一道支撑部分垫层

图 2.1.2-4 第一道支撑钢筋绑扎

图 2.1.2-5 第一道支撑模板安装

图 2.1.2-6 第一道支撑混凝土浇筑

图 2.1.2-7　第一道支撑成型

图 2.1.2-8　第二层土方开挖

图 2.1.2-9　第二层土方开挖

图 2.1.2-10　第二层垫层施工

图 2.1.2-11 支撑完成

(4) 施工要点。混凝土内支撑施工要点如下。

① 护壁施工中有关问题。护壁施工中主要存在以下问题。

a. 支护结构施工时应考虑支撑点的位置处理,当支撑点设在支护顶的压顶帽梁时,其顶上必须加长预留钢筋,作为浇筑支护顶的压顶帽梁的锚筋;当支撑点设在支护上的某一标高处时,该处的支护一般应预埋钢筋,在挖土方暴露后,清理干净该标高的混凝土,还应将预埋钢筋拉出并伸直,用以锚入围檩梁内(经常没有锚筋)。同样,钢筋混凝土支撑桩也应用同样的方法预留和预埋钢筋。

b. 与围檩梁接触的支护壁部位,一定要凿毛清理,以保证围檩梁与护壁的紧密衔接。

② 支撑梁的施工。支撑梁的施工步骤如下。

a. 钢筋混凝土支撑梁和围檩梁的底模(垫层)施工,可以采用基坑原土填平夯实加覆盖尼龙薄膜,也可用铺模板、浇筑素混凝土垫层、铺设油毛毡等方法。经过测量放线后,再绑扎钢筋,然后安装侧模板。

b. 檩梁和支护结构之间的连接可用预埋钢筋,以斜向方式焊接在支护壁的主筋上。

c. 钢筋混凝土支撑梁和围檩梁的侧模利用拉杆螺丝固定,钢筋混凝土撑梁应按设计要求预起拱。

d. 钢筋混凝土支撑梁和围檩梁混凝土浇筑应同时进行,以保证支撑体系的整体性。

e. 为了方便拆除钢筋混凝土支撑梁及围檩梁,在浇筑混凝土时应考虑预留爆破孔。为了保证施工人员在支撑梁上行走的安全,支撑梁两侧预埋用于焊接栏杆的铁件。

f. 为了缩短工期,及早进入土方开挖阶段,混凝土配比中可加入早强剂,并加强养护,当混凝土达到要求强度后,就可以进行土方开挖。

g. 混凝土浇筑、拆模和养护按有关规范要求进行,以保证混凝土后期强度的增长。

③ 土方开挖每层要根据基坑深度不同和挖土机械伸展深度能力进行分层挖土,每一层土方开挖都要待混凝土的强度满足要求后,才能往下进行土方开挖。每层挖到支撑梁顶面标高或底板垫层面标高上 300 mm 处,然后采用人工开挖,保证支撑梁的标高严格符合设计要求。土方的开挖要求如下。

a. 在先施工的支撑范围内的土方安排首先开挖,由远至近地进行,若有多道钢筋混凝土支撑时,应按支撑的道数分层开挖:第一层土方→支撑→第二层土方→支撑→底层土方。

b. 在基坑下运土车辆通过的路段中,遇到混凝土支撑梁时,先用掘土机将土覆盖在支撑梁上,以作保护,覆盖厚度不小于50 cm,这样运土车辆可以在上面行走,且不会压坏支撑梁。

c. 随着挖土深度加深,护壁和立柱的支撑点凿毛也同时进行。

d. 做好降水工作,如采用地下连续墙作为护壁,一般来说,地下水较少,用少量的集水井就可以解决问题。

(5) 质量要求。按照国家标准《钢筋混凝土工程施工和检验规范》的有关规定组织施工,同时参照《建筑工程质量检验评定标准》的有关要求评定施工质量。此外,还应符合以下的设计要求:

① 每一期土方开挖深度必须按照设计的深度逐层进行,控制在支撑梁底下面的垫层底,不得超深;

② 分别采用做3 d、7 d和28 d龄期的混凝土试块,提前预测混凝土标准强度,标准养护方法;

③ 第一层土方开挖以后,支护结构形成悬臂,应立即进行支撑施工,尽可能缩短时间,减少变形;

④ 测量必须准确,保证支撑梁的位置设置准确;

⑤ 支护结构土与围檩梁混凝土应紧密接触,使其具有足够的摩擦力;

⑥ 由于钢筋混凝土支撑梁的跨度大,在制作时按设计要求预起拱。

(6) 安全要求。施工工程中,应遵守建筑施工安全规定,此外,还应注意以下问题。

① 挖土之前,应预先在支护结构上设置变形、位移的观测点,并做好原始数据的记录。随着施工的进展,安排定期检查,及时发现问题,并立即向有关部门汇报,采取相应的预防措施。

② 整个挖土过程必须有专人指挥,严格控制挖土深度,谨防挖土机械对支撑梁或围檩梁的破坏。

③ 挖土时应根据基坑土质情况留有一定的安全坡度,防止塌方而造成事故。

④ 当第一层土方挖去后,应立即在基坑边和支撑梁上设置安全栏杆。

⑤ 支撑梁拆除采用爆破方法,应注意保护地下室楼板的安全,如铺设砂包等。同时,应防止爆破碎石飞溅伤人。

⑥ 当要在支撑梁上堆放材料时,应符合设计的要求。

5. 混凝土内支撑的拆除

1) 支撑梁凿除施工工艺流程

在相关楼板层面铺设竹笆→支撑梁下搭设钢管脚手架→支撑梁凿断→已凿断支撑梁的砼凿除、钢筋割除工作→塔吊转运割除钢筋→塔吊转运砼碎片至土方开挖处→拆除钢管脚手架→拆除楼板层面竹笆(图2.1.2-12)。

2) 钢格构柱割除施工工艺流程

搭设钢管脚手架→割除钢格构柱顶端→割除钢格构柱底端一侧→割除钢格构柱底端→拆除一侧脚手架→铺设竹笆于钢格构柱放倒一侧→将钢格构柱放倒在楼面上→拆除钢格构

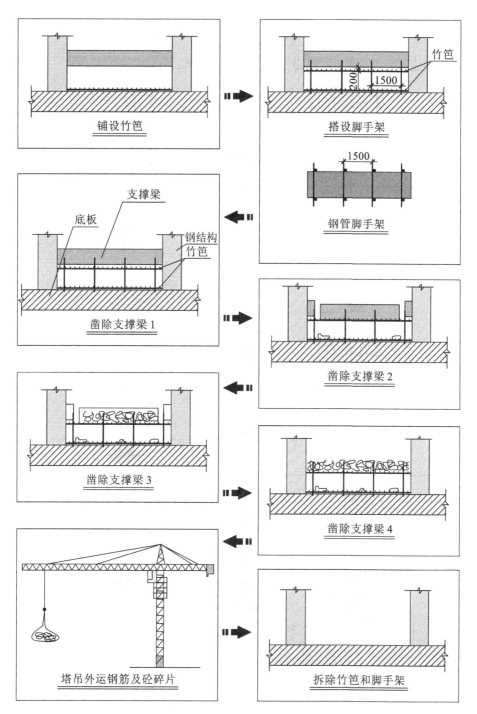

图 2.1.2-12 支撑梁凿除顺序示意图

柱(图 2.1.2-13)。

混凝土内支撑拆除的方法有以下几种(图 2.1.2-14、图 2.1.2-15):

(1)切割拆除 对支撑梁进行支撑,使用切割方法对梁体进行切割分块,使用吊机吊到基坑边破碎或运到指定地点再进行破碎回收钢筋。使用切割拆除最大的局限在于基坑周边能否摆放大型吊机。优点是施工速度很快,适用于赶工期的项目,能摆放大型吊机的情况下

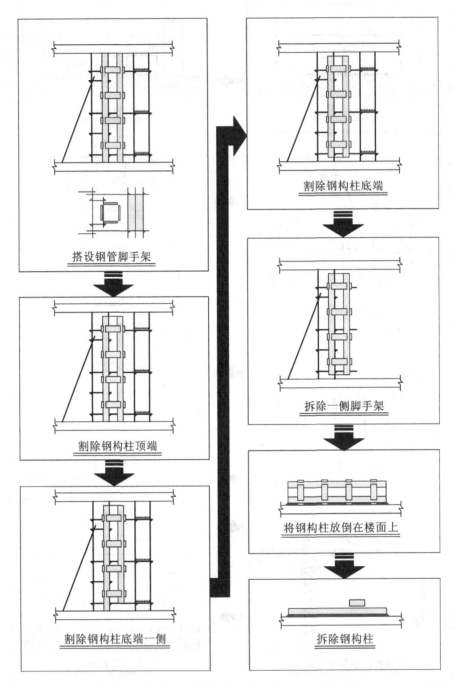

图 2.1.2-13 钢构柱割除顺序示意图

造价相对较低;缺点是对场地要求较高(需有摆放吊机的位置),运输困难且费用高(如不能现场堆放及破碎)。

(2)腰梁拆除 腰梁拆除一般建议使用静态破碎方法拆除,因腰梁一侧与连续墙连接,如使用切割方法施工费用会很高。

(3)切割及静态破碎结合拆除 对于基坑局部能摆放大型吊机而又有局部局限性的,

可以采取机械切割和静态破碎同时施工的方法,该方法可以最大限度保证施工工期,同时对切割及破碎班组人员数量要求相对较低。

(4) 爆破拆除　使用风镐在支撑梁上钻孔,设置炸药爆破后对砼块进行人工及机械打凿清理。

图 2.1.2-14　绳割法

图 2.1.2-15　切割法

3) 拆除施工要点

在支撑拆除过程中,支护结构受力发生很大变化,支撑拆除程序应考虑支撑拆除后整个支护结构不产生过大的受力突变,一般可遵循以下原则:

① 支撑的拆除过程中,必须遵循"先换撑、后拆除"的原则进行施工;

② 必须在支撑替换(换撑)的混凝土强度达到设计强度的 80% 以上才能将对应的支撑凿除;

③ 内支撑拆除应由下至上、分块、逐段、逐根进行,先拆角撑区域,再拆对撑区域,主支撑拆除应两边对称凿除,先拆除八角撑后的主撑,防止支撑不对称受力对格构柱造成影响。

4) 拆除施工对结构的保护

(1) 镐头机不得直接在大底板上破碎支撑梁。

(2) 镐头机行驶时严禁撞碰连续墙和钢筋笼。

(3) 为保护大底板,镐头机行走在橡胶垫上。

(4) 所有插筋及预埋螺栓采用套筒套住,进行保护;镐头机严禁触碰插筋。

(5) 为保护格构柱,格构柱周围的支撑应对称打凿拆除。

(6) 采用木块等硬质材料垫在钢筋门槛(略高于门栏 30 mm),以保护钢筋门槛。

(7) 机械拆除时,严格按拆除顺序,先做好标记,按标记先拆角撑区域,再拆对撑区域,使基坑应力均匀释放,以保护基坑稳定。每个区域拆除时,先拆联系梁等次要杆件、再拆大梁等主要杆件。

(8) 外墙体钢筋笼必须采取保护措施,机械切割前应搭设好钢管支撑架,防止混凝土块体压弯钢筋,同时应防止部分泥浆或碎块进入墙体钢筋笼,清理时对原施工凸缝的破坏(图 2.1.2-16)。

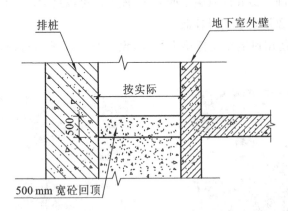

图 2.1.2-16 换撑节点图

5）拆除支撑过程中的基坑监测

在拆除过程中，需监测单位配合，加强对基坑监测工作，必要时加密监测。当发现数据出现异常时，须及时上报并采取相应措施。

监测项目如下：桩顶水平位移；桩顶竖向位移；深层水平位移；支撑内力；锚索内力；地下水位；周边地表竖向位移；周边建筑物沉降。

每天对基坑周边房屋裂缝进行监测，当发现变化较大时，应及时上报，并采取相应措施；支撑梁凿除期间，应尽量避免重型车辆碾压路面，并对路面进行保护；每天对支撑梁进行沉降监测，当发现沉降较大时，须及时上报并采取相应措施。

2.1.3 土层锚杆支护

1. 土层锚杆简介

土层锚杆简称土锚杆，它是一种承拉杆件，它的一端和挡土桩、挡土墙或工程构筑物联结，另一端锚固在土层中，用以维持构筑物及所支护的土层的稳定。在深基础土壁未开挖的土层内钻孔，达到一定深度后，在孔内放入钢筋、钢管、钢丝束、钢绞线等材料，灌入泥浆或化学浆液，使其与土层结合成为抗拉（拔）力强的锚杆。土层锚杆能简化基础结构，使结构轻巧、受力合理，并有少占场地、缩短工期、降低造价等优点。可以用作深挖基坑坑壁的临时支护，也可以作为工程构筑物的永久性基础。在房屋基坑的挡土结构上使用，可以有效地阻止周围土层坍塌、位移和沉降。在基坑坑壁无法采用横向支护情况下，土层锚杆技术更为有效。

(1) 普通锚杆：如图 2.1.3-1(a) 所示，由钻机钻孔，埋入拉杆后孔内注水泥浆或水泥砂浆形成的圆柱体。适用于拉力不高的临时性土层锚杆。

(2) 扩大头锚杆：如图 2.1.3-1(b) 所示，由旋转式或回转式钻机成孔后，注入压力灌浆液，在土层中形成扩大头的圆柱体，适用于抗拔力要求较大的工程。

(3) 齿形锚杆：如图 2.1.3-1(c) 所示，采用特制扩孔机械，通过中心杆压力将扩张式刀具缓缓张开刮土，在孔眼内长度方向扩一个或几个扩孔圆柱体，然后注浆形成的锚杆。在黏性土和砂土中都适用,可以达到较高的拉拢力。

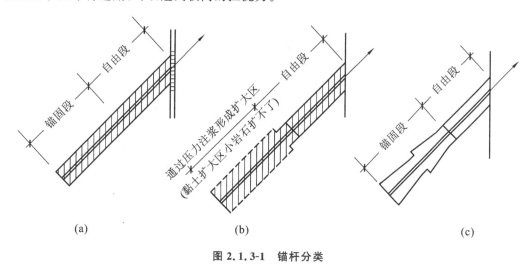

图 2.1.3-1 锚杆分类

土层锚杆主要分为预应力和非预应力两种锚杆,一般由锚头、自由段和锚固段三部分组成,其中锚固段用水泥浆或水泥砂浆将杆体(预应力筋)与土体黏结在一起形成锚杆的锚固体。土锚杆根据滑动面分为锚固段和非锚固段。其承载能力受拉杆强度、拉杆与锚固体之间的握裹力、锚固体和孔壁之间的摩阻力等因素的影响(图 2.1.3-2～图 2.1.3-7)。

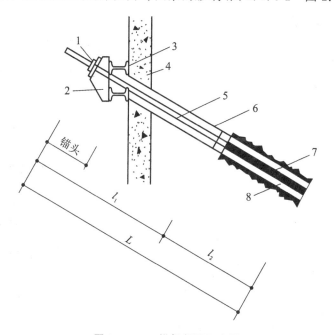

图 2.1.3-2 锚杆断面示意图
1—锚具;2—台座;3—腰梁;4—支护桩墙;
5—砂浆防腐;6—钻孔;7—锚筋;8—圆柱型锚固体

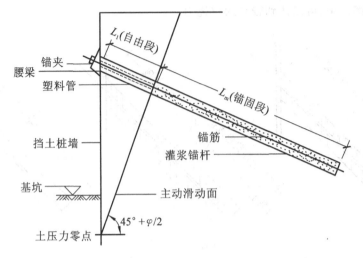

图 2.1.3-3 锚杆连接挡土桩、墙并锚固于土中的示意图

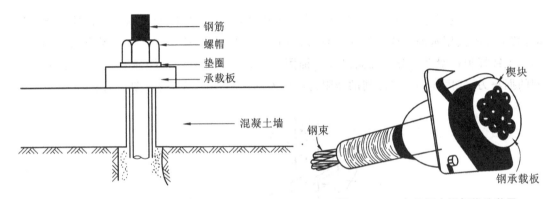

图 2.1.3-4 钢筋锚杆锚头装置

图 2.1.3-5 多根钢束锚杆锚头装置

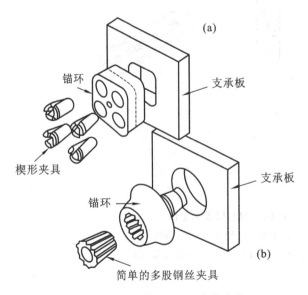

图 2.1.3-6 钢绞线及钢丝索锚夹具

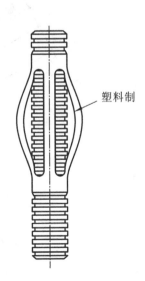

图 2.1.3-7 定位分隔器

2. 土层锚杆的布置

土层锚杆的布置应遵守以下规定：

(1) 锚杆上下排间距不宜小于 2.0 m；锚杆水平方向间距不宜小于 1.5 m；
(2) 锚杆锚固体上覆土层厚度不应小于 4.0 m，锚杆锚固段长度不应小于 5.0 m；
(3) 倾斜锚杆的倾角不应小于 10°，并不得大于 45°，以 15°～25°为宜。

3. 操作工艺

(1) 土层锚杆(水作业钻进法)施工程序为：

土方开挖→测量、放线定位→钻机就位→接钻杆→校正孔位→调整角度→打开水源→钻孔→提出内钻杆→冲洗→钻至设计深度→反复提内钻杆→插钢筋（或钢绞线）→压力灌浆→养护→裸露主筋防锈→上横梁（或预应力锚件）→焊锚具→张拉（仅用于预应力锚杆）→锚头（锚具）锁定(图 2.1.3-8)。

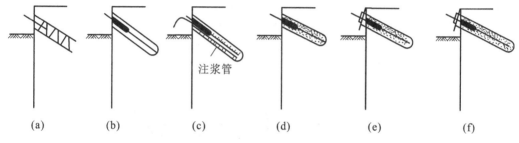

图 2.1.3-8 锚杆成型顺序图

土层锚杆干作业施工程序与水作业钻进法基本相同，只是钻孔中不用水冲洗泥渣成孔，而是干法使土体顺螺杆出孔外成孔。

(2) 钻孔要保证位置正确，要随时注意调整好锚孔位置（方位及角度），防止高低参差不齐和相互交错。

(3) 钻进后要反复提插孔内钻杆，并用水冲洗孔底沉渣直至出清水，再接下节钻杆；遇有粗砂、砂卵石土层，在钻杆钻至最后一节时，应比要求深度多 10～20 cm，以防粗砂、碎卵石堵塞管子。

(4) 钢筋、钢绞线使用前要检查各项性能，检查有无油污、锈蚀、缺股断丝等情况；如有不合格的，应进行更换或处理。断好的钢绞线长度要基本一致，偏差不得大于 5 cm。端部要用铁丝绑扎牢，不得参差不齐或散架。干作业要另焊一个锥形导向帽；钢绞线束外留量应从挡土、结构物连线算起，外留 1.5～2.5 m。钢绞线与导向架要绑扎牢固，导向架间距要均匀，一般为 2 m 左右。注浆管使用前，要检查有无破裂堵塞，接口处要处理牢固，防止压力加大时开裂跑浆。

(5) 拉杆应由专人制作，要求顺直。钻孔完毕应尽快地安设拉杆，以防塌孔。拉杆使用前要除锈，钢绞线要清除油脂。拉杆接长应采用对焊或帮条焊。孔附近拉杆钢筋应涂防腐漆。为将拉杆安置于钻孔的中心，在拉杆上应安设定位器，每隔 1.0～2.0 m 应设一个。为保证非锚固段拉杆可以自由伸长，可采取在锚固段与非锚固段之间设置堵浆器，或在非锚固段的拉杆上涂以润滑油脂，以保证在该段能自由变形。

(6) 在灌浆前将管口封闭,接上压浆管,即可进行注浆,浇注锚固体。

(7) 灌浆是土层锚杆施工中的一道关键工序,必须认真进行,并作好记录。灌浆材料多用纯水泥浆。水灰比为 0.4~0.45。为防止泌水、干缩,可掺加 0.3% 的木质素磺酸钙。灌浆亦可采用砂浆,灰砂比为 1:1 或 1:0.5(质量比),水灰比为 0.4~0.5;砂用中砂,并过筛,如需早强,可掺加水泥用量 0.3% 的食盐和 0.03% 的三乙醇胺。水泥浆液的抗压强度应大于 25 MPa,塑性流动时间应在 22 s 以下,可用时间应为 30~60 min。整个浇筑过程须在 4 min 内结束。

(8) 灌浆压力一般不得低于 0.4 MPa,亦不宜大于 2 MPa,宜采用封闭式压力灌浆和二次压力灌浆,可有效提高锚杆抗拔力(20% 左右)。

一次灌浆法即用一根灌浆管,利用泥浆泵进行灌浆,灌浆管端距孔底 20 cm 左右,待浆液流出孔口时,用湿黏土封堵孔口,严密捣实,再以 2~4 MPa 的压力进行补灌。

二次灌浆法一般采用双管,第一次灌浆用灌浆管的管端距离锚杆末端 50 cm 左右,灌注水泥砂浆,其压力为 0.3~0.5 MPa,流量为 100 L/min(图 2.1.3-9)。第二次灌浆用灌浆管的管端距离锚杆末端 100 cm 左右,控制压力为 2 MPa 左右,要稳压 2 min,浆液冲破第一次灌浆体,向锚固体与土的接触面之间扩散,使锚固体直径扩大(图 2.1.3-10)。二次灌浆法由于挤压作用,显著提高了土层锚杆的承载能力(图 2.1.3-11)。

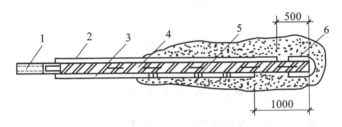

图 2.1.3-9 二次灌浆法灌浆管的布置

1—锚头;2—第一次灌浆用灌浆管;3—第二次灌浆用灌浆管;4—粗钢筋锚杆;5—定位器;6—塑料瓶

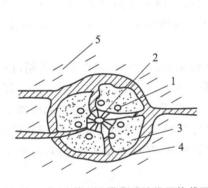

图 2.1.3-10 第二次灌浆后的锚固体截面

图 2.1.3-11 成型锚杆

(9) 注浆前用水引路、润湿,检查输浆管道;注浆后及时用水清洗搅浆、压浆设备及灌浆管等。注浆后自然养护不少于 7 d,待强度达到设计强度等级的 70% 以上,即可进行张拉工艺。在灌浆体硬化之前,不能承受外力或由外力引起的锚杆移动。

(10) 张拉前要校核千斤顶,检验锚具硬度;清擦孔内油污、泥砂。张拉力要根据实际所需的有效张拉力和张拉力的可能松弛程度而定,一般按设计抽向力的75%～85%进行控制。

(11) 锚杆张拉时,分别在拉杆上、下部位安设两道工字钢或槽钢横梁,与护坡墙(桩)紧贴。张拉用穿心式千斤顶,当张拉到设计荷载时,拧紧螺母,完成锚定工作。张拉时宜先用小吨位千斤顶拉,使横梁与托架贴紧,然后再换大千斤顶进行整排锚杆的正式张拉。宜采用跳拉法或往复式拉法,以保证钢筋或钢绞线与横梁受力均匀。

4. 应注意的质量问题

(1) 根据设计要求、地质水文情况和施工机具条件,认真编制施工组织设计,选择合适的钻孔机具和方法,精心操作,确保顺利成孔和安装锚杆并顺利灌注。

(2) 在钻进过程中,应认真控制钻进参数,合理掌握钻进速度,防止埋钻、卡钻、坍孔、掉块、涌砂和缩颈等各种通病的出现,一旦发生孔内事故,应尽快进行处理,并配备必要的事故处理工具。

(3) 干作业钻机拔出钻杆后要立即注浆,以防塌孔;水作业钻机拔出钻杆后,外套留在孔内不会坍孔,但亦不宜间隔时间过长,以防流砂涌入管内,造成堵塞。

(4) 锚杆安装应按设计要求,正确组装,正确绑扎,认真安插,确保锚杆安装质量。

(5) 锚杆灌浆应按设计要求,严格控制水泥浆、水泥砂浆配合比,做到搅拌均匀,并使注浆设备和管路处于良好的工作状态。

(6) 施加预应力应根据所用锚杆类型正确选用锚具,并正确安装台座和张拉设备,保证数据准确可靠。

2.1.4 土钉墙支护

1. 土钉墙支护技术简介

土钉墙是一种原位土体加筋技术,由土钉与喷锚混凝土面板两部分组成,也就是由天然土体通过由钢筋制成的土钉进行加固,边坡表面铺设一道钢筋网再喷射一层砼面层和土方边坡相结合的边坡加固型支护施工方法。加筋杆件与其周围土体形成一个类似重力挡土墙来抵抗墙后的土压力,从而保持开挖面的稳定,这个挡土墙称为土钉墙。土钉墙是通过钻孔、插筋、注浆来设置的,一般称砂浆锚杆,也可以直接打入角钢、粗钢筋形成土钉。

适用条件:地下水位以上或降水后的黏土、粉土、杂填土及非松散砂土、碎石土。

土钉与锚杆的区别见表2.1.4-1。

表 2.1.4-1 土钉与锚杆的区别

不同点	土层锚杆	土钉支护
受力不同	锚固段受力大 自由段受力小且沿长度均匀	沿长度不均匀受力 中间大,两端小
约束不同	施加预应力 具有主动约束机制	一般不施加预应力 被动变形约束
数量不同	数量少 施工精度要求高	分布密 施工精度要求低

2. 常见类型

1) 钻孔注浆型

先用钻机等机械设备在土体中钻孔,成孔后置入杆体(一般采用 HRB335 带肋钢筋制作),然后沿全长注水泥浆。钻孔注浆钉几乎适用于各种土层,抗拔力较高,质量较可靠,造价较低,是最常用的土钉类型。

2) 直接打入型

在土体中直接打入钢管、角钢等型钢,钢筋、毛竹、圆木等,不再注浆。由于打入式土钉直径小,与土体间的摩擦力小,承载力低,钉长又受限制,所以布置较密,可用人力或振动冲击钻、液压锤等机具打入。直接打入土钉的优点是不需预先钻孔,对原位土的扰动较小,施工速度快,但在坚硬黏性土中很难打入,不适用于服务年限大于两年的永久支护工程,杆体采用金属材料时造价稍高,国内应用很少。

3) 打入注浆型

在钢管中部及尾部设置注浆孔成为钢花管,直接打入土中后压灌水泥浆形成土钉。钢花管注浆土钉具有直接打入钉的优点且抗拔力较高,特别适合于成孔困难的淤泥、淤泥质土等软弱土层、各种填土及砂土,应用较为广泛,缺点是造价比钻孔注浆土钉略高,防腐性能较差,不适用于永久性工程。

3. 构造要求

(1) 基坑支护技术规程规定土钉墙墙面坡度不宜大于 1:0.1。

(2) 土钉必须和面层有效连接,应设置承压板或加强钢筋等构造措施,承压板或加强钢筋应与土钉螺栓连接或钢筋焊接连接。

(3) 土钉的长度宜为开挖深度的 0.5~1.2 倍,间距宜为 1~2 m,与水平面夹角宜为 5°~20°。

(4) 土钉钢筋宜采用 HRB335、HRB400 级钢筋,钢筋直径宜为 16~32 mm,钻孔直径宜为 70~120 mm。

(5) 土钉墙注浆材料宜采用水泥浆或水泥砂浆,其强度等级不宜低于 M20。

(6) 土钉墙喷射混凝土面层宜配置钢筋网,钢筋直径宜为 6~10 mm,间距宜为 150~300 mm,喷射混凝土强度等级不宜低于 C20,面层厚度不宜小于 80 mm。

(7) 土钉墙坡面上下段钢筋网搭接长度应大于 300 mm。

土钉墙基坑侧壁安全等级宜为二、三级的非软土场地,基坑深度一般是在 15 m 以内;当地下水位高于基坑底面时,应采取降水或截水措施;土钉墙墙顶应采用砂浆或混凝土护面,坡顶和坡脚应设排水措施,坡面上可根据具体情况设置泄水孔,如图 2.1.4-1 所示。

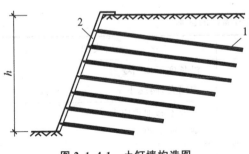

图 2.1.4-1 土钉墙构造图
1—土钉;2—喷射混凝土面层

4. 操作工艺

1）土钉墙施工工艺流程

修整坡面→放线定孔位→成孔→置筋→堵孔注浆→绑扎、固定钢筋网→压筋→插排水管→喷射混凝土→坡面养护。

2）具体操作

（1）土方开挖。土钉支护应按设计规定的坡比逐层开挖，防止超挖或欠挖，并及时修整边坡。在未完成上层作业面的支护以前，不得进行下一层深度开挖。当基坑面积较大时，允许在距离四周边坡 8~10 m 的基坑中部自由开挖，但应注意与分层作业区的开挖相协调。

（2）修坡。坡面应平整，在坡面喷射混凝土支护前，应清除坡面虚土，并控制好坡度。

（3）土钉成孔。坡面经检查合格后，放线定孔位，成孔。土钉成孔采用的机具应适合土层的特点，在容易塌孔的土体中钻孔时应采用套管成孔或挤压成孔。

（4）置筋。置筋时应注意以下问题：

① 检查孔深、孔径、土钉长度，合格后，及时插入土钉和注浆管至距孔底 350 mm 处，孔口部位设置止浆塞；

② 钢筋弯钩处采用冷弯，与锚筋成 90°；锚筋沿长度方向每间隔一定距离焊一个三角形托架，使土钉居于锚孔中心。

（5）注浆。注浆前应注意以下问题。

① 注浆前应将孔内残留或松动的杂土清除干净；土钉钢筋置于孔中后可采用低压、高压方法注浆(低压 0.4~0.6 MPa，高压 1~2 MPa)。注浆开始或中途停止超过 30 min 时，应用水或稀水泥浆润滑注浆泵及其管路；压力注浆时应在口部设止浆塞，压力注浆应注意到附近的面层砼强度已足能抵抗注浆引起的压力。（两种处理方法：成孔置钉后注浆；先喷一层面层后成孔。）

② 对于水平钻孔，需用口部压力注浆或分段压力注浆(注浆管一般应插入孔底)，此时必须配以排气管，并与土钉钢筋绑牢，在注浆前与土钉钢筋同时送入孔中。

③ 注浆材料宜选用水泥浆或水泥砂浆；水泥浆的水灰比宜为 0.5，水泥砂浆配合比宜为 1.1~1.2（质量比），水灰比宜为 0.38~0.45；在开始注浆前或停歇后再作业时，须用水冲洗管路。

④ 注浆时，孔口部位宜设置止浆塞及排气管；每次向孔内注浆时实际注浆量必须超过孔的体积。

（6）混凝土面层施工。混凝土面层施工应注意以下问题。

① 在坡面做喷射混凝土厚度标记。将 $\phi 6.5$ 的钢筋编成网片，用插入土中的钢筋固定。钢筋网片均应与上部搭接，给下步留茬，钢筋网搭接长度应不小于一个网格边长。

② 喷射混凝土的射距宜在 0.6~1.2 m 范围内，并自下而上喷射，射流方向应垂直指向喷射面，在钢筋部位应先喷填钢筋后方，然后喷填前方，防止在钢筋背面出现空隙。

③ 当喷射混凝土厚度超过 120 mm 时，应分二次喷射，每次喷射厚度宜为 50~70 mm。当下步喷射混凝土前，应仔细清除预留施工缝接合面上的浮浆层，并喷水使之潮湿。

④ 喷混凝土终凝 2 h 后，应根据当地条件，采取连续喷水养护 5~7 d。喷混凝土的粗骨料最大粒径不宜大于 12 mm，可通过外加减水剂和速凝剂来调节所需工作度和早强时间。

⑤ 混凝土面层强度可通过强度试验测定。

5. 质量控制

(1) 修坡应平整,在坡面喷射混凝土支护前,应清除坡面虚土。

(2) 土钉定位间距允许偏差控制在±100 mm范围。

(3) 成孔深度偏差控制在-50～+200 mm,成孔直径偏差控制在+20～-5 mm范围。成孔倾角偏差一般情况不大于1°。

(4) 喷射细石混凝土时,喷头与受喷面距离宜为0.6～1.2 m,自下而上垂直坡面喷射,一次喷射厚度不宜小于40 mm。

(5) 钢筋网保护层厚度不宜小于20 mm。

(6) 严格按施工程序逐层施工,严禁在面层养护期间抢挖下一步土方,面层养护24 h后方可进行下步土方开挖。

(7) 土钉墙应按下列规定进行质量检测:

① 土钉采用抗拉试验检测承载力,同一条件下,试验数量不宜少于土钉总数的1%,且不应少于3根;

② 墙面喷射混凝土的厚度应采用钻孔检测,钻孔数宜每100 m²墙面积一组,每组不应少于3点。

(8) 局部不良土层处理措施:

① 视土质情况减小土方开挖深度;

② 在水平方向上间隔开挖。必要时可先将作业深度上的坡壁做成稳定斜坡,待钻孔并设置土钉后再清坡。

(9) 边坡出水处理措施:

① 了解施工场区周边地下管线(上、下水、污水、雨水及消防等)是否有渗漏现象,及时切断水源并进行补漏和堵截;

② 边坡可采取设置导流花管的方法将土体中水导出,基槽内设置排水盲沟和集水井,用水泵将水尽快排出基槽。

2.2 基 础 工 程

2.2.1 地基处理及加固

1. 地基处理分类

地基处理主要分为:基础工程措施和岩土加固措施。

有的工程,不改变地基的工程性质,而只采取基础工程措施;有的工程还同时对地基的土和岩石加固,以改善其工程性质。选定适当的基础形式,不需改变地基的工程性质就可满足要求的地基称为天然地基;反之,进行加固后的地基称为人工地基。地基处理工程的设计和施工质量直接关系到建筑物的安全,如处理不当,往往发生工程质量事故,且事后补救大多比较困难。因此,对地基处理要求实行严格的质量控制和验收制度,以确保工程质量。

2. 地基处理方法

常用的地基处理方法有:换填垫层法、强夯法、砂石桩法、振冲法、水泥土搅拌法、高压喷射注浆法、预压法、夯实水泥土桩法、水泥粉煤灰碎石桩法、石灰桩法、灰土挤密桩法和土挤密桩法、柱锤冲扩桩法、单液硅化法和碱液法等。

1) 换填垫层法

适用于浅层软弱地基及不均匀地基的处理。其主要作用是提高地基承载力,减少沉降量,加速软弱土层的排水固结,防止冻胀和消除膨胀土的胀缩。

2) 强夯法

适用于处理碎石土、砂土、低饱和度的粉土与黏性土、湿陷性黄土、杂填土和素填土等地基。强夯置换法适用于高饱和度的粉土,软-流塑的黏性土等地基上对变形控制不严的工程,在设计前必须通过现场试验确定其适用性和处理效果。强夯法和强夯置换法主要用来提高土的强度,减少压缩性,改善土体抵抗振动液化能力和消除土的湿陷性。对饱和黏性土宜结合堆载预压法和垂直排水法使用。

3) 砂石桩法

适用于挤密松散砂土、粉土、黏性土、素填土、杂填土等地基,提高地基的承载力和降低压缩性,也可用于处理可液化地基。对饱和黏土地基上变形控制不严的工程也可采用砂石桩置换处理,使砂石桩与软黏土构成复合地基,加速软土的排水固结,提高地基承载力。

4) 振冲法

分加填料和不加填料两种。加填料的通常称为振冲碎石桩法。振冲法适用于处理砂土、粉土、粉质黏土、素填土和杂填土等地基。对于处理不排水抗剪强度不小于 20 kPa 的黏性土和饱和黄土地基,应在施工前通过现场试验确定其适用性。不加填料振冲加密适用于处理黏粒含量不大于 10% 的中、粗砂地基。振冲碎石桩主要用来提高地基承载力,减少地基沉降量,还可用来提高土坡的抗滑稳定性或提高土体的抗剪强度。

5) 水泥土搅拌法

分为浆液深层搅拌法(简称湿法)和粉体喷搅法(简称干法)。水泥土搅拌法适用于处理正常固结的淤泥与淤泥质土、黏性土、粉土、饱和黄土、素填土以及无流动地下水的饱和松散砂土等地基。不宜用于处理泥炭土、塑性指数大于 25 的黏土、地下水具有腐蚀性以及有机质含量较高的地基。若需采用时必须通过试验确定其适用性。当地基的天然含水量小于30%(黄土含水量小于 25%)、大于 70% 或地下水的 pH 值小于 4 时不宜采用此法。连续搭接的水泥搅拌桩可作为基坑的止水帷幕,受其搅拌能力的限制,该法在地基承载力大于140 kPa 的黏性土和粉土地基中的应用有一定难度。

6) 高压喷射注浆法

适用于处理淤泥、淤泥质土、黏性土、粉土、砂土、人工填土和碎石土地基。当地基中含有较多的大粒径块石、大量植物根茎或较高的有机质时,应根据现场试验结果确定其适用性。在地下水流速度过大、喷射浆液无法在注浆套管周围凝固等情况下不宜采用。高压旋喷桩的处理深度较大,除地基加固外,也可作为深基坑或大坝的止水帷幕,目前最大处理深度已超过 30 m。

7) 预压法

适用于处理淤泥、淤泥质土、冲填土等饱和黏性土地基。按预压方法分为堆载预压法及真空预压法。堆载预压分塑料排水带或砂井地基堆载预压和天然地基堆载预压。当软土层厚度小于 4 m 时，可采用天然地基堆载预压法处理；当软土层厚度超过 4 m 时，应采用塑料排水带、砂井等竖向排水预压法处理。对真空预压工程，必须在地基内设置排水竖井。预压法主要用来解决地基的沉降及稳定问题。

8) 夯实水泥土桩法

适用于处理地下水位以上的粉土、素填土、杂填土、黏性土等地基。该法施工周期短、造价低、施工文明、造价容易控制，在北京、河北等地的旧城区危改小区工程中得到不少成功的应用。

9) 水泥粉煤灰碎石桩法

适用于处理黏性土、粉土、砂土和已自重固结的素填土等地基。对淤泥质土应根据地区经验或现场试验确定其适用性。基础和桩顶之间需设置一定厚度的褥垫层，保证桩、土共同承担荷载形成复合地基。该法适用于条形基础、独立基础、箱形基础、筏板基础，可用来提高地基承载力和减少变形。对可液化地基，可采用碎石桩和水泥粉煤灰碎石桩多桩型复合地基，达到消除地基土的液化和提高承载力的目的。

10) 石灰桩法

适用于处理饱和黏性土、淤泥、淤泥质土、杂填土和素填土等地基。用于地下水位以上的土层时，可采取减少生石灰用量和增加掺合料含水量的办法提高桩身强度。该法不适用于地下水下的砂类土。

11) 灰土挤密桩法和土挤密桩法

适用于处理地下水位以上的湿陷性黄土、素填土和杂填土等地基，可处理的深度为 5～15 m。当用来消除地基土的湿陷性时，宜采用土挤密桩法；当用来提高地基土的承载力或增强其水稳定性时，宜采用灰土挤密桩法；当地基土的含水量大于 24%、饱和度大于 65% 时，不宜采用这两种方法。灰土挤密桩法和土挤密桩法在消除土的湿陷性和减少渗透性方面效果基本相同，土挤密桩法地基的承载力和水稳定性不及灰土挤密桩法。

12) 柱锤冲扩桩法

适用于处理杂填土、粉土、黏性土、素填土和黄土等地基，对地下水位以下的饱和松软土层，应通过现场试验确定其适用性。地基处理深度不宜超过 6 m。

13) 单液硅化法和碱液法

适用于处理地下水位以上渗透系数为 0.1～2 m/d 的湿陷性黄土等地基。在自重湿陷性黄土场地，对Ⅱ级湿陷性地基，应通过试验确定碱液法的适用性。

14) 综合比较法

在确定地基处理方案时，宜选取不同的多种方法进行比选。对复合地基而言，方案选择是针对不同土性、设计要求的承载力提高幅质，选取适宜的成桩工艺和增强体材料。

地基基础其他处理办法还有：砖砌连续墙基础法、混凝土连续墙基础法、单层或多层条石连续墙基础法、浆砌片石连续墙(挡墙)基础法等。

以上地基处理方法与工程检测、工程监测、桩基动测、静载实验、土工试验、基坑监测等相关技术整合在一起，称之为地基处理的综合技术。

3. 地基处理的步骤

(1) 搜集详细的工程质量、水文地质及地基基础的设计材料。

(2) 根据结构类型、荷载大小及使用要求,结合地形地貌、土层结构、土质条件、地下水特征、周围环境和相邻建筑物等因素,初步选定几种可供考虑的地基处理方案。另外,在选择地基处理方案时,应同时考虑上部结构、基础和地基的共同作用;也可选用加强结构措施(如设置圈梁和沉降缝等)和地基处理相结合的方案。

(3) 对初步选定的各种地基处理方案,分别从处理效果、材料来源及消耗、机具条件、施工进度、环境影响等方面进行认真的技术经济分析和对比,根据安全可靠、施工方便、经济合理等原则,因地制宜地循着最佳的处理方法。值得注意的是,每一种处理方法都有一定的适用范围、局限性和优缺点。没有一种处理方案是万能的。必要时也可选择两种或多种地基处理方法组成的综合方案。

(4) 对已选定的地基处理方法,应按建筑物重要性和场地复杂程度,可在有代表性的场地上进行相应的现场试验和试验性施工,并进行必要的测试,以验算设计参数和检验处理效果。如达不到设计要求时,应查找原因、采取措施或修改设计以达到满足设计要求的目的。

(5) 地基土层的变化是复杂多变的,因此,确定地基处理方案,一定要有经验的工程技术人员参加,对重大工程的设计一定要请专家们参加。当前有一些重大的工程,由于设计部门的缺乏经验和过分保守,往往使很多方案确定的不合理,浪费也是很严重的,必须引起有关领导的重视。

4. 常用地基处理方法

1) 灰土地基

(1) 灰土地基一般规定如下。

① 适用范围:灰土垫层法适用于黏性土、砂性土、淤泥质土、湿陷性黄土、素填土、杂填土等浅层软弱地基及不均匀地基的处理,可改变持力层的性质,提高地基的强度。灰土地基是用一定比例的石灰与土,充分拌和,在最优含水量情况下,分层回填夯实或压实的一种软弱土层换填处理方法。灰土地基具有一定的强度、水稳定性和抗渗性,施工工艺简单,费用较低,是一种应用广泛、经济、实用的地基加固和处理方法。适用于加固深度 1~4 m 厚的软弱土、湿陷性黄土、杂填土等,还可用作结构的辅助防渗层。

② 灰土地基的基本要求如下。

a. 灰土地基有较强的强度和刚度,用做建筑工程地基时应视为基础的组成部位,几何尺寸、轴线、标高都应符合基础设计标准要求。

b. 灰土含水量应控制在最佳含水量($w_{op}\pm 2\%$)范围内,如含水量过大时,须铺摊晾干;含水量过低,呈松散状态,必须洒水湿润,其水质不得含有油质,pH 值应为 6~9。施工前检查土料、石灰、材质、配合比及搅拌均匀的情况。

(2) 施工准备。

① 施工前应做如下技术准备。

a. 施工前,应根据工程特点、填料种类、设计要求的压实系数、施工条件等进行必要的压实试验,确定填料含水量控制范围、铺土厚度、夯实或碾压遍数等参数。根据现场条件确定施工方法。

b. 编制施工方案和技术交底,并向施工人员进行技术、质量、安全、环保文明培训。

② 施工前的作业条件有如下要求。

a. 基坑(槽)在铺灰土前必须先进行钎探验槽,并按设计和勘探部门的要求处理完地基,办完隐检手续。

b. 基础外侧打灰土,必须对基础、地下室墙和地下防水层、保护层进行检查,发现损坏时应及时修补处理,办完隐检手续;现浇的混凝土基础墙、地梁等均应达到规定的强度,不得损伤混凝土。

c. 当地下水位高于基坑(槽)底时,施工前应采取排水或降低地下水位的措施,使地下水位经常保持在施工面以下 0.5 m 左右,基坑(槽)在 3 d 内不得受水浸泡。

d. 施工前应根据工程特点、设计压实系数、土料种类、施工条件等,合理确定土料含水量控制范围、铺灰土的厚度和夯打遍数等参数。重要的灰土填方参数应通过压实试验来确定。

e. 房心灰土和管沟灰土,应先完成上下水管道的安装或管沟墙间加固等措施后再进行施工,并且将管沟、槽内、地坪上的积水或杂物、垃圾等有机物清除干净。

f. 施工前,应做好水平高程的标志布置。如在基坑(槽)或管沟的边坡上每隔 3 m 钉上灰土上平的木橛,在室内和散水的边墙上弹上水平线或在地坪上钉好标高控制的标准木桩。

(3) 施工工艺流程:基土清理→弹线、设标志→灰土拌和→分层摊铺→夯压密实→找平验收。

(4) 灰土地基操作要点如下。

① 首先检查土料种类和质量以及石灰材料的质量是否符合标准的要求,然后分别过筛。如果是块灰闷制的熟石灰,要用 6～10 mm 的筛子过筛,是生石灰粉可直接使用;土料要用 10～11.25 mm 筛子过筛,均应确保粒径的要求。

② 灰土拌合:灰土的配合比应用体积比,除设计有特殊要求外,一般为 2∶8 或 3∶7。基础垫层灰土必须过标准斗,严格控制配合比。拌合时必须均匀一致,至少翻拌两次,拌合好的灰土颜色应一致。

③ 灰土施工时,应适当控制含水量。工地检验方法是:用手将灰土紧握成团,两指轻捏即碎为宜。如土料水分过大或不足时,应晾干或洒水润湿。

④ 基坑(槽)底或基土表面应清理干净。特别是槽边掉下的虚土,风吹入的树叶、木屑纸片、塑料袋等垃圾杂物。

⑤ 分层铺灰土:每层的灰土铺摊厚度,见表 2.2.1-1,可根据不同的施工方法,各层铺摊后均应用木耙找平,与坑(槽)边壁上的木橛或地坪上的标准木桩对应检查。

表 2.2.1-1 灰土最大虚铺厚度

项次	夯具的种类	质量	虚铺厚度/mm	备 注
1	木夯	40～80 kg	200～250	人力打夯,落高 400～500 mm,一夯压半夯
2	轻型夯实工具	—	200～250	蛙式打夯机,柴油打夯机
3	压路机	机重 6～10 t	200～300	双轮

⑥ 夯打密实:夯打(压)的遍数应根据设计要求的干土质量密度或现场试验确定,一般不少于三遍。人工打夯应一夯压半夯,夯夯相接,行行相接,纵横交叉。

⑦ 灰土分段施工时,不得在墙角、柱基及承重窗间墙下接槎。上下两层灰土的接槎距离不得小于 500 mm。

⑧ 灰土回填每层夯(压)后,应根据规范规定进行环刀取样,测出灰土的质量密度,达到设计要求时,才能进行上一层灰土的铺摊。用贯入度仪检查灰土质量时,应先进行现场试验以确定贯入度的具体要求。环刀取土的压实系数鉴定一般为 0.95~0.97,也可按照表 2.2.1-2 规定执行。

表 2.2.1-2　灰土质量密度标准表

项次	土料种类	灰土最小质量密度/(g/cm³)
1	轻亚黏土	1.55
2	亚黏土	1.50
3	黏土	1.45

⑨ 找平与验收。灰土最上一层完成后,应拉线或用靠尺检查标高和平整度,超高处用铁锹铲平;低洼处应及时补打灰土。

如被雨淋浸泡,则应将积水及松软灰土除去,并重新补填新灰土夯实,受浸湿的灰土应在晾干后,再夯打密实。

(5) 质量标准及通病防治措施。灰土地基的通病及防治措施有以下几种。

① 灰土地基松散不密实。

现象:灰土松散、有孔隙,夯击效果不佳。

原因分析:

a. 灰土粒径大小悬殊,夹有杂物垃圾;

b. 分层铺设厚度不按规范规定,超过所用夯实机具的有效影响深度。

防治措施如下。

a. 材料要求:灰土中不得有草根、贝壳等有机杂物;生石灰块应消化成熟石灰膏。按设计要求灰土的配合比为石灰膏:土＝2:8 或 3:7(体积比)。

b. 下料前,对基坑(槽)做好清底验槽工作。

② 地基密实度达不到要求。

现象:灰土地基,经夯击、碾压后,达不到设计要求的密实度。

原因分析:

a. 灰土用的土料不纯;

b. 分层虚铺厚度过大;

c. 土料含水量过大或过小;

d. 机具使用不当,夯击能量不能达到有效影响深度。

防治措施如下。

a. 土料要求。灰土地基土料应尽量采用就地基槽中挖出的土,凡有机质含量不大的黏性土,都可用作灰土的土料,但不应采用地表耕植土。土料应予过筛,其粒径不大于15 mm。石灰必须经消解 3~4 d 后才可使用,粒径不大于 5 mm,且不能夹有未熟化的生石灰块粒,灰、土配合比(体积比)一般为 2∶8 或 3∶7,拌和均匀后铺入基坑(槽)内。

b. 含水量要求。灰土经拌和后,如水分过多或不足时,可晾干或洒水润湿。一般可按经验在现场直接判断,其方法为:手握灰土成团,两指轻捏即碎。此时灰土基本上接近最佳含水量。

③ 表面不平整。

现象:表层疏松、不平整,影响下一工序施工。

原因分析:未做最后一遍整平夯实工作。

防治措施如下:

a. 每一遍夯打前,必须注意标高水平,夯打密实;

b. 刚施工完的灰土地基,如因雨水冲刷或积水过多,表面灰浆被冲去,可在排除积水后,重新浇浆夯实。

2) 砂和砂石地基

(1) 砂和砂石地基一般规定如下。

① 砂和砂石地基采用砂或砂砾石(碎石)混合物,经分层夯(压)实,作为地基的持力层,提高基础下部地基强度,并通过垫层的压力扩散作用,降低地基的压力,减少变形量,同时垫层可起排水作用,地基土中孔隙水可通过垫层快速地排出,能加速下部土层的沉降和固结。

② 砂和砂石地基应用范围广泛,具有不用水泥、石材、可防止地下水因毛细作用上升而使地基受冻结、能在施工期间完成沉陷、用机械或人工都可使地基密实、施工工艺简单、可缩短工期、降低造价等特点。适用于处理 3.0 m 以内的软弱土层和透水。

(2) 施工准备。砂和砂石地基施工前应做如下技术准备。

① 根据设计要求选用砂或砂石材料,经试验检验材料的颗粒级配、有机质含量、含泥量等,确定混合材料的配合比。

② 根据施工条件和现场条件选用适合的施工方法。

施工前的作业条件有如下要求:

① 砂或砂石材料已按设计要求的种类和需用量进场并经验收符合要求;

② 主要夯(压)实机械已进场并试运转能够满足施工需要;

③ 混合材料的配合比已经试验确定;

④ 基槽(坑)已经建设、监理、设计、勘察、施工等单位共同检查,并形成了验槽记录;

⑤ 已按施工方案向施工班组进行了交底。

(3) 施工工艺流程:基层处理→抄平放线、设标桩→(采用人工级配的砂砾石时)混合料拌和均匀→分层铺设→分层夯(压、振)实→检查验收。

(4) 施工操作要点如下。

① 基层处理:砂或砂石地基铺设前,应将基底表面浮土、淤泥、杂物清除干净,槽侧壁按设计要求留出坡度。铺设前应经各相关单位验槽,并做好验槽记录。

② 抄平放线、设标桩:在基槽(坑)内按 5 m×5 m 网格设置标桩(钢筋或木桩),控制每层砂或砂石的铺设厚度。振(夯、压)实要做到交叉重叠 1/3,防止漏振、漏压。夯实、碾压遍

数、振实时间应通过试验确定。用细砂作垫层材料时,不宜用振捣法或水撼法,以免产生液化现象。

③ 采用人工级配砂砾石,应先将砂和砾石按配合比过斗计量,拌和均匀,再分层铺设。

④ 砂或砂石地基铺设时,严禁扰动下卧层及侧壁的软弱土层,防止践踏、受冻或受浸泡,降低其强度。如下卧层表面有厚度较小的淤泥或淤泥质土层,挖除困难时,需经设计同意可采取挤淤处理方法;即先在软弱土面上堆填块石、片石等,然后将其压入以置换和挤出软弱土,然后再铺筑砂或砂石地基。

⑤ 砂或砂石地基应分层铺设,分层夯(压)实,分层做密实度试验。每层密实度试验合格(符合设计要求)后再铺筑下一层砂或砂石。

⑥ 当地下水位较高或在饱和的软弱基层上铺设砂或砂石地基时,应加强基层内及外侧四周的排水工作,防止引起砂或砂石地基中砂的流失和基坑边坡的破坏;宜采取人工降低地下水位措施,使地下水位降低至基坑底 500 mm 以下。

⑦ 当采用插振法施工时,以振捣棒作用部分的 1.25 倍为间距(一般为 400~500 mm)插入振捣,依次振实,以不再冒气泡为准。应采取措施控制注水和排水。每层接头处应重复振捣,插入式振捣棒振完后所留孔洞应用砂填实;在振捣第一层时,不得将振捣棒插入下卧土层或基槽(坑)边坡内,以避免使软土混入砂或砂石地基而降低地基强度。

(5) 质量标准及通病防治措施如下。

① 砂、石级配不符合要求。

现象:砂、碎石、卵石各级粒径的含量不符合国家有关规范、标准的要求,一般表现为偏粗或偏细。

危害:造成大面积或局部下沉。

原因分析:

a. 天然砂料源级配变化大,造成偏细或偏粗;

b. 碎石、卵石进场时级配合格,由于反复用推土机推堆,用装载机装倒,使原级配遭到破坏。

预防措施:

a. 对天然砂料源应取各代表区域的料样来检验其级配状况,并在进料时有意识地依次安排较细和较粗级配的砂进场。

b. 碎石或卵石最好将不同级配区段的料分别堆放,使用时,根据需要级配进行掺配。当备料场地有限时,要求石料场按要求级配加工进行备料,备料不要过多。堆料也不要过高。防止推土机推堆料多次重复碾压,破坏原级配。

治理方法:

a. 发现砂的级配不符合标准时,可根据级配偏细还是偏粗的情况,用相对应的砂来掺配。不得已时,也可筛除过粗或过细的颗粒,使其符合标准要求。

b. 碎石或卵石级配偏粗或偏细时,可用相应所缺粒径级配的碎石或卵石进行掺配,使之具有良好的级配。

② 地基密实度达不到要求。

现象:砂和砂石地基,经夯击、碾压后,达不到设计要求的密实度。

原因分析：

a. 分层虚铺厚度过大；

b. 机具使用不当，夯击、碾压能量不能达到有效影响深度。

防治措施：

a. 材料要求：砂垫层和砂石垫层地基宜采用质地坚硬的中砂、粗砂、砾砂、卵石或碎石，以及石屑、煤渣或其他工业废粒料。如采用细砂，宜同时掺入一定数量的卵石或碎石。砂石材料不能含有草根、垃圾等杂质。

b. 含水量要求：砂垫层和砂石垫层施工可按所采用的捣实方法，分别选用最佳含水量。掌握分层虚铺厚度，必须按所使用机具来确定。

3）水泥注浆地基

水泥注浆地基是将水泥浆通过压浆泵、灌浆管均匀地注入土体中，以填充、渗透和挤密等方式，驱走岩石裂隙中或土颗粒间的水分和气体，并填充其位置，硬化后将岩土胶结成一个整体，形成一个强度大、压缩性低、抗渗性高和稳定性良好的新的岩土体，从而使地基得到加固，可防止或减少渗透和不均匀的沉降，在建筑工程中应用较为广泛。

(1) 特点及适用范围。水泥注浆法的特点是：能与岩土体结合形成强度高、渗透性小的结石体；取材容易，配方简单，操作易于掌握；无环境污染，价格便宜等。

水泥注浆适用于软黏土、粉土、新近沉积黏性土、砂土提高强度的加固和渗透系数大于 0.01 cm/s 的土层的止水加固以及已建工程局部松软地基的加固。

(2) 施工工艺方法要点如下。

① 水泥注浆的工艺流程为：钻孔→下注浆管、套管→填砂→拔套管→封口→边注浆边拔注浆管→封孔。

② 地基注浆加固前，应通过试验确定灌浆段长度、灌浆孔距、灌浆压力等有关技术参数；灌浆段长度根据土的裂隙、松散情况、渗透性以及灌浆设备能力等条件选定。在一般地质条件下，段长多控制在 5～6 m；在土质严重松散、裂隙发育、渗透性强的情况下，宜为 2～4 m；灌浆孔距一般不宜大于 2.0 m，单孔加固的直径可按 1～2 m 考虑；孔深视土层加固深度而定；灌浆压力是指灌浆段所受的全压力，即孔口处压力表上指示的压力，所用压力大小视钻孔深度、土的渗透性以及水泥浆的稠度等而定，一般为 0.3～0.6 MPa。

③ 灌浆施工方法是先在加固地基中按规定位置用钻机或手钻钻孔到要求的深度，孔径一般为 55～100 mm，并探测地质情况，然后在孔内插入直径 38～50 mm 的注浆射管，管底部 1.0～1.5 m 管壁上钻有注浆孔，在射管之外设有套管，在射管与套管之间用砂填塞。地基表面空隙用 1∶3 水泥砂浆或黏土、麻丝填塞，而后拔出套管，用压浆泵浆水泥浆压入射管而透入土层孔隙中，水泥浆应连续一次压入，不得中断。灌浆先从稀浆开始，逐渐加浓。灌浆次序一般把射管一次沉入整个深度后，自下而上分段连续进行，分段拔管直至孔口为止。灌浆宜间隙进行，第 1 组孔灌浆结束后，再灌第 2 组、第 3 组。

④ 灌浆完后，拔出灌浆管，留孔用 1∶2 水泥砂浆或细砂砾石填塞密实；亦可用原浆压浆堵口。

⑤ 注浆充填率应根据加固土要求达到的强度指标、加固深度、注浆流量、土体的孔隙率和渗透系数等因素确定。饱和软黏土的一次注浆充填率不宜大于 0.15～0.17。

⑥ 注浆加固土的强度具有较大的离散性,加固土的质量检验宜采用静力触探法,检测点数应满足有关规范要求。检测结果的分析方法可采用面积积分平均法。

4)硅化注浆地基

硅化注浆地基系利用硅酸钠(水玻璃)为主剂的混合溶液(或水玻璃水泥浆),通过注浆管均匀地注入地层,浆液赶走土粒间或岩土裂隙中的水分和空气,并将岩土胶结成一整体,形成强度较大、防水性能好的结石体,从而使地基得到加强,本法亦称硅化注浆法或硅化法。

(1) 硅化法分类及加固机理。硅化法根据浆液注入的方式分为压力硅化、电动硅化和加气硅化三类。压力硅化根据溶液的不同,又可分为压力双液硅化、压力单液硅化和压力混合液硅化三种。

① 压力双液硅化法。系将水玻璃与氯化钙溶液用泵或压缩空气通过注液管轮流压入土中,溶液接触反应后生成硅胶,将土的颗粒胶结在一起,使其具有强度和不透水性。氯化钙溶液的作用主要是加速硅胶的形成。

② 压力单液硅化法。系将水玻璃单独压入含有盐类(如黄土)的土中,同样使水玻璃与土中钙盐起反应生成硅胶,将土粒胶结。

③ 压力混合液硅化法。系将水玻璃和铝酸钠混合液一次压入土中,水玻璃与铝酸钠反应,生成硅胶和硅酸铝盐的凝胶物质,粘结砂土,起到加固和堵水作用。

④ 电动硅化法。又称电动双液硅化法、电化学加固法,是在压力双液硅化法的基础上设置电极通入直流电,经过电渗作用扩大溶液的分布半径。施工时,把有孔灌浆液管作为阳极,铁棒作为阴极(也可用滤水管进行抽水),将水玻璃和氯化钙溶液先后由阳极压入土中,通电后,孔隙水由阳极流向阴极,而化学溶液也随之渗流分布于土的孔隙中,经化学反应后生成硅胶,经过电渗作用还可以使硅胶部分脱水,加速加固过程,并增加其强度。

⑤ 加气硅化法。系先在地基中注入少量 CO_2 气体,使土中空气部分被 CO_2 所取代,从而使土体活化,然后将水玻璃压入土中,其后又灌入 CO_2 气体,由于碱性水玻璃溶液强烈地吸收 CO_2 形成自真空作用,促使水玻璃溶液在土中能够均匀分布,并渗透到土的微孔隙中,使95%~97%的孔隙被硅胶所填充,在土中起到胶结作用,从而使地基得到加固。

(2) 硅化法特点及适用范围。硅化法特点是:设备工艺简单,使用机动灵活,技术易于掌握,加固效果好,可提高地基强度,消除土的湿陷性,降低压缩性。根据检测,用双液硅化的砂土抗压强度可达1.0~5.0 MPa;单液硅化的黄土抗压强度达0.6~1.0 MPa;压力混合液硅化的砂土强度达1.0~1.5 MPa;用加气硅化法比压力单液硅化法加固的黄土的强度高50%~100%,可有效地减少附加下沉,加固土的体积增大一倍,水稳性提高1~2倍,渗透系数可降低数百倍,水玻璃用量可减少20%~40%,成本降低30%。

各种硅化方法适用范围,根据被加固土的种类、渗透系数而定,可参见表2.2.1-3。硅化法多用于局部加固新建或已建的(建(构)筑物基础、稳定边坡以及作防渗帷幕等。但硅化法不宜用于为沥青、油脂和石油化合物所浸透和地下水 pH 值大于9.0的土。

5) 常用地基处理方法介绍

常用地基处理方法的分类、原理、作用、适用范围、优点及局限性见表2.2.1-4。

各种地基处理方法的土质适用情况、加固效果和最大有效处理深度见表2.2.1-5。

表 2.2.1-3　各种硅化法的适用范围及化学溶液的浓度

硅化方法	土的种类	土的渗透系数/(m/d)	溶液的密度($t=18$ ℃)	
			水玻璃(模扩 2.5~3.3)	氯化钙
压力双液硅化	砂类土和黏性土	0.1~10	1.35~1.38	1.26~1.28
		10~20	1.38~1.41	—
		20~80	1.41~1.44	—
压力单液硅化	湿陷性黄土	0.1~2	1.13~1.25	
压力混合液硅化	粗砂、细砂	—	水玻璃与铝酸钠按体积比1:1混合	
电动双液硅化	各类土	≤0.1	1.13~1.21	1.07~1.11
加气硅化	砂土、湿陷性黄土、一般黏性土	0.1~2	1.09~1.21	

注：压力混合液硅化所用水玻璃模数为 2.4~2.8，波美度 40° Bé；水玻璃铝酸钠浆液温度为 13~15 ℃，凝胶时间为 13~15 s，浆液初期黏度为 $4×10^{-3}$ Pa·s。

2.2.2　浅基础施工

浅基础一般指基础埋深 3~5 m，或者基础埋深小于基础宽度的基础，且只需排水、挖槽等普通施工即可建造的基础。

浅基础根据使用材料性能不同可分为无筋扩展基础(刚性基础)和扩展基础(柔性基础)。

无筋扩展基础又称刚性基础，一般由砖、石、素混凝土、灰土和三合土等材料建造的墙下条形基础，或柱下独立基础。其特点是抗压强度高，而抗拉、抗弯、抗剪性能差，适用于 6 层和 6 层以下的民用建筑和轻型工业厂房。无筋扩展基础的截面尺寸有矩形、阶梯形和锥形等，墙下及柱下基础截面形式如图 2.2.2-1 所示。为保证无筋扩展基础内的拉应力及剪应力不超过基础的允许抗拉、抗剪强度，一般基础的刚性角及台阶宽高比应满足设计及施工规范要求。

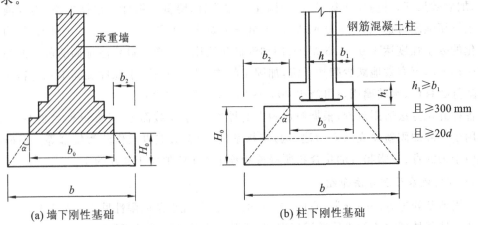

图 2.2.2-1　无筋扩展基础截面形式

b—基础底面宽度；b_0—基础顶面的墙体宽度或柱脚宽度；H_0—基础高度；b_2—基础台阶宽度

表 2.2.1-4 常用地基处理方法的分类、原理、作用、适用范围、优点及局限性

分类	处理方法	原理及作用	适用范围	优点及局限性
换土垫层法	机械碾压法	挖除浅层软弱图或不良土,分层碾压或夯实,回填的材料可分为砂(石)垫层、碎石、粉煤灰垫层、干渣垫层、土(灰土、二灰)垫层等	常用于基坑面积大开挖土方量较大的回填土方工程,适用地基处理浅层非饱和软弱土地基、湿陷性黄土地基、膨胀土地基、季节性冻土地基、素填土和杂填土地基	可提高持力层的承载力,减小沉降量,消除部分或全部土的湿陷性和胀缩性,防止土的冻胀作用及改善土的抗液化性
	重锤夯实法	它可提高持力层的承载力,消除或部分消除土的湿陷性和胀缩性或改善土的冻胀作用	适用于地下水位以上稍湿的黏性土、砂土、湿陷性黄土、杂填土以及分层填土地基	
	平板振动法	作用及改善土的冻胀化性	适用于处理非饱和无黏性或黏粒含量少和透水性好的杂填土地基	
	强夯挤淤法	采用边强夯、边挤淤填石,在地基中形成碎石墩体,它可提高地基承载力和减小沉降	适用于厚度较小的淤泥和淤泥质地基。应通过现场试验才能确定其适用性	
	爆破法	由于振动而使土体产生液化和变形,从而达到较大密度,用以提高地基承载力和减小沉降	适用于饱和净砂、非饱和但经常灌水的砂、粉土和湿陷性黄土	
深层密实法	强夯法	利用强大的夯击能,迫使深层土液化和固结,使土体密实,降低变形,提高地基承载力,消除土的湿陷性、胀缩性和液化性,是指将厚度小于8m的软弱土层,边夯边填碎石,形成深度为3~6m,直径为2m左右的碎石柱体,与周围土形成复合基础	适用于碎石土、砂土、素填土、杂填土、低饱和度的粉土和黏性土、湿陷性黄土强夯置换适用于高饱和度的粉土和软黏土	施工后土性质比较均匀,处理后地基施工质量容易保证,经用于处理大面积场地施工时对周围有很大振动和噪音,不宜在闹市区施工需要有一套强夯设备(重锤、起重机)
	挤密法(碎石、砂石桩挤密法)(土、灰土、二灰桩挤密法)(石灰桩挤密法)	利用挤密或振动使深层土密实,并在振动挤密过程中,回填砂、砾石、碎石、土、灰土、二灰、石灰等,形成砂桩、碎石桩、土桩、灰土桩、二灰桩或石灰桩,与桩间土一起形成复合地基,从而提高地基承载力,减小沉降,消除或部分消除土的湿陷性或液化性	砂(砂石)桩挤密法、振动水冲法、干振碎石桩法,对于软弱土地基经试验证明,加固有效时方可使用土桩、灰土桩、二灰桩一般适用于地下水位以上深度为5~10m的湿陷性黄土和人工填土石灰桩适用于软弱黏性土	经振冲处理后地基土较为均匀,施工速度快,施工质量容易保证,处理后地基施工质量较为均匀,造价经济
排水固结法	堆载预压法、真空预压法、降水预压法、电渗法	通过布置垂直排水井,改善地基的排水条件,及采取抽水、油气、加压等措施,以加速地基土的固结和强度增长,提高地基的稳定性,并使沉降提前完成	适用于处理厚度较大的饱和软黏土和冲积土地基,但对于厚的泥炭层要慎重对待	需要有预压的时间和荷载条件及土石方搬运机械,对于真空预压,预压方法,对于真空预压,可同时加土石方堆载,80kPa不够时,可同时加土石方堆载,耗电量大,降水预压采用时间无须堆载,效果取决于降低水位的深度,需长时间降水,耗电较大

续表

分类	处理方法	原理及作用	适用范围	优点及局限性
加筋法	加筋土、土锚、土钉、锚定板、土工合成材料	在人工填土的路堤或挡墙内铺设土工合成材料、钢带、钢条、尼龙绳或玻璃纤维作为拉筋，或在软弱土层上设置树根桩或碎石桩等，使这种人工复合土体，可承受抗拉、抗压、抗剪和抗弯作用，用以提高地基承载力、减小沉降和增加地基稳定性	加筋土适用于人工填土的路堤和挡墙结构。适用于砂土、黏性土。适用于各类土，可用于土坡支挡结构或用于对经试验证明施工有效时方可采用。适用于黏性土、疏松砂性土、人工填土。对于软土，经试验证明施工有效时方可采用	
	树根桩			
	砂桩、砂石桩、碎石桩			
热学法	热加固法	热加固法是通过渗入压缩的热空气和燃烧物，并依靠热传导，而将细颗粒土加热到适当温度（在100℃以上），则土的强度就会增加，压缩性随之降低	适用于非饱和黏性土、粉土和湿陷性黄土	
	冻结法	采用液态氮或二氧化碳膨胀的方法，或采用普通的机械制冷设备与一个封闭式闭压系统相连接，以使冷却液在内流动，从而使软而湿的土进行冻结，以提高土的强度和降低土的压缩性	适用于各类土，特别在软土地质条件、开挖深度大于7～8m，以及低于地下水位的情况下是一种普遍而有效遇到的施工措施	
胶结法	注浆法（或灌浆法）	通过注入水泥浆液或化学浆液的措施，使土粒胶结，用以提高地基承载力、减小沉降、防止渗漏	适用于处理岩基、砂土、粉土和一般人工填土、粉质黏土、黏土和淤泥质黏土，加固暗浜和使用托换工程中	
	高压喷射注浆法	将带有特殊喷嘴的注浆管，通过钻孔送入到处理土层的预定深度，然后将浆液（常用水泥浆）以高压射流冲切土体；在喷浆的同时，以一定的速度旋转提升；即形成水泥圆柱体。若喷浆植而不旋转，则形成墙状固结体。加固后可用以提高地基承载力、减小沉降、防止砂土液化、管涌和基坑隆起、建成防渗帷幕	适用于处理淤泥、淤泥质黏土、人工填土、砂土、黄土、粉质黏土、黏性土等地基。当土中含有较多的大粒径块石、坚硬黏性土、大量植物根系或有过多的有机质时，应根据现场试验结果确定其适用程度。对既有建筑物进行托换工程	施工时水泥浆冒出地面流失量较大，对流失的水泥浆应设法予以利用
	水泥土搅拌法	水泥土搅拌法施工时分湿法（亦称深层搅拌法）和干法（亦称粉体喷射搅拌法）两种。湿法是利用深层搅拌机，将水泥浆或石灰粉与地基土在原位拌和；干法是利用喷粉机，将水泥粉或石灰粉与地基土在原位拌和。拌后形成柱状水泥土体，可提高地基承载力、减少沉降，增加稳定性和防止渗漏，建成防水帷幕	适用于处理淤泥、淤泥质黏土、粉质黏土、粉土、砂土、黄土，且地基承载力标准值不大于120kPa的黏性土。当黏性土具有侵蚀性时，地下水具有侵蚀性时，宜通过试验确定其适用性	经济效益显著，目前已成为我国软土地基上建造6～7层建筑物最为经济的处理方法之一；不能用于含石块的杂填土

表 2.2.1-5 各种地基处理方法的土质适用情况、加固效果和最大有效处理深度

按处理深浅分类	序号	处理方法	土质适用情况						加固效果				常用有效处理深度/m
			淤泥质土	人工填土	黏性土 饱和土	黏性土 非饱和土	无黏性土	湿陷性黄土	降低压缩性	提高抗剪性	形成不透水性	改善动力特性	
浅层加固	1	换土垫层法	*						*	*			3~5
	2	机械碾压法		*		*	*	*	*	*			3
	3	平板振动法		*		*	*	*	*	*			1.5
	4	重锤夯实法		*		*	*	*	*	*			1.5
	5	土工合成材料法	*	*						*			
深层加固	6	强夯法		*		*	*	*	*	*		*	10
	7	砂(砂石)桩挤密法	填重	*		*	*		*	*		*	20
	8	振动水冲法	填重	*		*	*		*	*		*	18
	9	干振碎石桩法		*		*	*		*	*			6
	10	土(灰土、二灰)桩挤密法	*	*		*		*	*	*		*	20
	11	石灰桩挤密法			*	*			*	*			20
	12	砂井(袋装砂井、塑料排水带)堆载预压法	*		*				*	*			15
	13	真空预压法	*		*				*	*			15
	14	降水预压法	*		*				*	*			30
	15	电渗排水法	*		*				*	*			20
	16	注浆法	*	*	*	*	*	*	*	*	*		20
	17	高压喷射注浆法	*	*	*	*	*		*	*	*	*	20
	18	深层搅拌法	*	*	*	*			*	*	*		18
	19	粉体喷射搅拌法	*	*	*	*	*		*	*	*		12

扩展基础一般均为钢筋混凝土基础,按构造形式不同又可分为条形基础(包括墙下条形基础与柱下独立基础)、杯口基础、筏板基础、箱形基础等。

1. 砖基础

砖基础由普通烧结砖与水泥砂浆砌成。砖基础砌成的台阶形状称为"大放脚",有等高式和不等高式两种(图 2.2.2-2)。等高式大放脚是两皮一收,两边各收进 1/4 砖长;不等高式大放脚是两皮一收与一皮一收相间隔,两边各收进 1/4 砖长。大放脚的底宽应根据计算确定,各层大放脚的宽度应为半砖宽的整数倍。在大放脚的下面一般做垫层。垫层材料可用 3∶7 或 2∶8 灰土,也可用 1∶2∶4 或 1∶3∶6 碎砖三合土。为了防止土中水分沿砖块中毛细管上升而侵蚀墙身,应在室内地坪以下一皮砖处设置防潮层(图 2.2.2-3)。防潮层一般用 1∶2 水泥防水砂浆,厚约 20 mm。

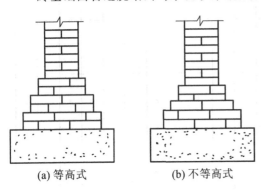

图 2.2.2-2　砖基础大放脚形式

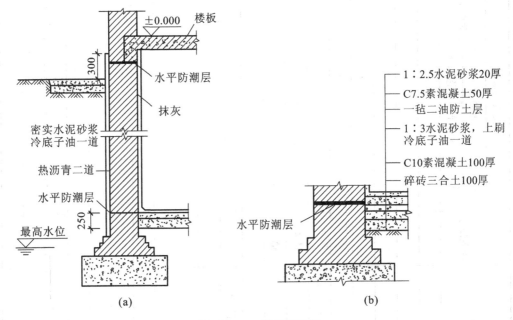

图 2.2.2-3　防潮层设置

砖基础施工注意事项如下。

(1) 基槽(坑)开挖:应设置好龙门桩及龙门板,标明基础、墙身和轴线的位置。

(2) 大放脚的形式:当地基承载力大于 150 kPa 时,采用等高式大放脚,即两皮一收;否则应采用不等高式大放脚,即两皮一收与一皮一收相间隔,基础底宽应根据计算而定。

(3) 砖基础若不在同一深度,则应先由底往上砌筑。在高低台阶接头处,下面台阶要砌一定长度的实砌体,砌到上面后与上面的砖一起退台。

(4) 砖基础接槎应留成斜槎,如因条件限制留成直槎时,应按规范要求设置拉结筋。

2. 砌石基础

在石料丰富的地区,可因地制宜利用本地资源优势,做成砌石基础。基础采用的石料分毛石和料石两种,一般建筑采用毛石较多,价格低廉,施工简单。毛石分为乱毛石和平毛石。用水泥砂浆采用铺浆法砌筑。灰缝厚度为 20～30 mm。毛石应分匹卧砌,上下错缝、内外搭接,砌第一层石块时,基底要坐浆。石块大面向下,基础最上一层石块,宜选用较大平面较好的石块砌筑,如图 2.2.2-4 所示。

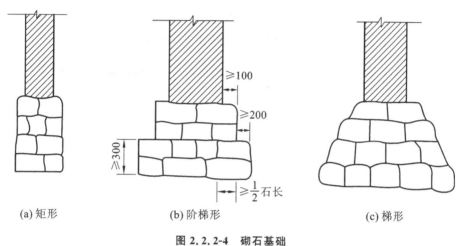

图 2.2.2-4 砌石基础

3. 钢筋混凝土条形基础

墙下或柱下钢筋混凝土条形基础较为常见。工程中,柱下基础底面形状大多采用矩形,因此也称其为柱下独立基础。柱下独立基础只不过是条形基础的一种特殊形式,有时也统一称为条形基础或条式基础,条形基础构造如图 2.2.2-5、图 2.2.2-6 所示。条形基础的抗弯和抗剪性能良好,可在竖向荷载较大、地基承载力不高的情况下采用,因为高度不受台阶宽高比的限制,故适宜于"宽基浅埋"的场合下使用,其横断面一般呈倒 T 形。

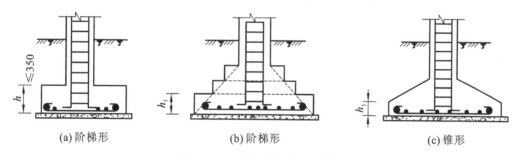

图 2.2.2-5 柱下混凝土独立基础

1) 构造要求

(1) 垫层厚度一般为 100 mm,混凝土强度等级为 C15,基础混凝土强度等级不宜低于 C15。

(2) 底板受力钢筋的最小直径不宜小于 8 mm,间距不宜大于 200 mm。当有垫层时钢筋保护层的厚度不宜小于 35 mm,无垫层时不宜小于 70 mm。

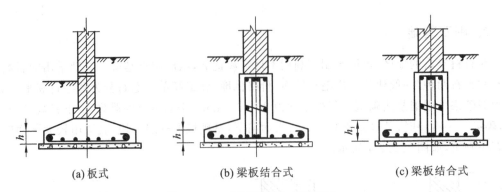

(a) 板式　　　(b) 梁板结合式　　　(c) 梁板结合式

图 2.2.2-6　墙下混凝土条形基础

(3) 插筋的数口与直径应和柱内纵向受力钢筋相同。插筋的锚固及柱的纵向受力钢筋的搭接长度,按国家现行设计规范的规定执行。

2) 工艺流程

土方开挖、验槽→混凝土垫层施工→恢复基础轴线、边线、校正标高→基础钢筋、柱、墙钢筋安装→基础模板及支撑安装→钢筋、模板验收→混凝土浇筑、试块制作→养护、模板拆除。

3) 施工要点

(1) 混凝土浇筑前应进行验槽,轴线、基坑(槽)尺寸和土质等均应符合设计要求。

(2) 基坑(槽)内浮土、积水、淤泥、杂物等均应清除干净。基底局部软弱土层应挖去,用灰土或砂砾回填夯实至基底相平。

(3) 当基槽验收合格后,应立即浇筑混凝土垫层,以保护地基。

(4) 当钢筋经验收合格后,应立即浇筑混凝土,混凝土浇筑方法可参见本书有关章节内容。

(5) 混凝土的质量检查,主要包括施工过程中的质量检查和养护后的质量检查。

4. 杯口基础

杯口基础常用于装配式钢筋混凝土柱的基础,形式有一般杯口基础、双杯口基础、高杯口基础等。

1) 杯口模板

杯口模板可用木模板或钢模板,可做成整体式,也可做成两半形式,中间各加楔形板一块,拆模时,先取出楔形板,然后分别将两半杯口模板取出。为便于拆模,杯口模板外可包钉薄铁皮一层。支模时杯口模板要固定牢固,在杯口模板底部留设排气孔,避免出现空鼓,如图 2.2.2-7 所示。

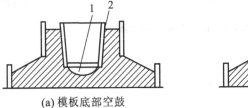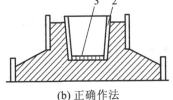

(a) 模板底部空鼓　　　(b) 正确作法

图 2.2.2-7　杯口内模板排气孔示意图

1—空鼓；2—杯口模板；3—底板留排气孔

2) 混凝土浇筑

混凝土要先浇筑至杯底标高,方可安装杯口内模板,以保证杯底标高准确,一般在杯底均留有 100 mm 厚的细石混凝土找平层,在浇筑基础混凝土时,要仔细控制标高。

5. 筏形基础

筏形基础是由整板式钢筋混凝土板(平板式)或由钢筋混凝土底板、梁整体(梁板式)两种类型组成,适用于有地下室或地基承载能力较低而上部荷载较大的基础,筏形基础在外形和构造上如倒置的钢筋混凝土楼盖,分为梁板式和平板式两类,如图 2.2.2-8 所示。

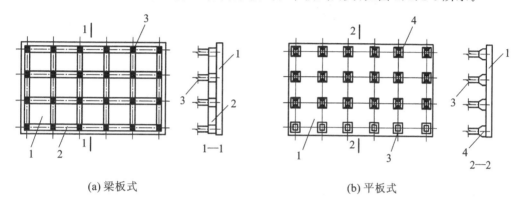

图 2.2.2-8 筏形基础
1—底板;2—梁;3—柱;4—支墩

筏形基础的施工要点如下。

(1) 根据地质勘探和水文资料,地下水位较高时,应采用降低水位的措施,使地下水位降低至基底以下不少于 500 mm;保证在无水情况下,进行基坑开挖和钢筋混凝土筏体施工。

(2) 根据筏体基础结构情况、施工条件等确定施工方案。

(3) 混凝土筏形基础施工完毕后,表面应加以覆盖和洒水养护,以保证混凝土的质量。

2.2.3 深基础工程

深基础是埋深大于等于 5 m 的,以下部坚实土层或岩层作为持力层的基础。其作用是把所承受的荷载相对集中地传递到地基的深层,而不像浅基础那样,是通过基础底面把所承受的荷载扩散分布于地基的浅层。深基础有桩基础、地下连续墙和沉井等几种类型。

桩基础是一种常用的深基础形式,当天然地基上的浅基础沉降量过大或地基的承载力不能满足设计要求时,往往采用桩基础,如图 2.2.3-1 所示。

桩基础一般由桩、连接桩和上部结构的承台组成。承台的作用是把上部结构的荷载传递到桩上,桩的作用是把分配到的荷载传递到深层坚实的土层和桩周的土层上。

承台按与地面的相对位置不同,一般分为低承台(承台底面位于地面以下,常见于一般的房屋建筑中)和高承台(承台底面位于地面以上,常见于桥梁和港口工程中)。

桩的分类如下。

① 按承载性质分:摩擦型桩(摩擦桩和端承摩擦桩)、端承型桩(端承桩、摩擦端承桩)。

② 按适用功能分:水平抗压桩、竖向抗拔桩、水平荷载桩、复合荷载桩。

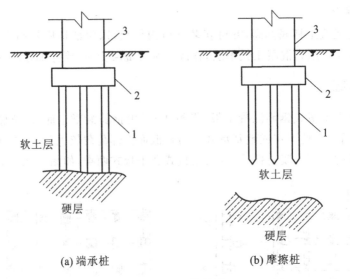

图 2.2.3-1 桩基础
1—桩;2—承台;3—上部结构

③ 按桩身材料分:混凝土桩、钢桩、材桩。
④ 按成桩方法分:非挤土桩、部分挤土桩、挤土桩。
⑤ 按桩制作工艺分:预制桩和现场灌注桩。

1. 静力压桩

静力压桩法是利用静力压桩机直接将桩压入土中的一种沉桩工艺。由于静力压桩法是以静力(由自重和配重产生)作用于桩顶,因此在压桩过程中没有噪声和振动。此法适用于软弱土层。由于避免了锤击应力,桩的混凝土强度及其配筋只要满足吊装弯矩和使用期受力要求即可,因而桩的断面和配筋可以减小。这种沉桩方法无振动、无噪声、对周围环境影响小,适合在城市中施工。

静力压桩机有顶压式、箍压式和前压式3种类型。

静力压桩单桩竖向承载力,可通过桩的终止压力来判断,压桩的终压控制:桩长控制(摩擦型桩),桩长控制为主、终止压力为辅(端承摩擦桩)。

下面主要介绍目前广泛使用的PHC预应力管桩的施工。

预应力混凝土管桩是采用先张法预应力离心成型工艺,并经过10个大气压、180 ℃左右的蒸汽养护,采用工厂化生产的一种等截面空心圆筒型的混凝土预制构件。在施工现场,采用锤击或静压的方式沉入地下作为建(构)筑物的基础。这是一种新型的基桩,是近年来快速发展兴起的一种地基基础处理形式。根据混凝土强度及壁厚分为 PC、PHC(高强)、PTC(薄壁)三种类型,其中以预应力高强混凝土管桩(简称 PHC 桩)应用最为广泛。因其施工工艺简单、单桩承载力高、质量可靠、单位造价便宜等诸多优点,是目前预制桩同类型基础中比较先进的一种基础类型,同时与诸如混凝土灌注桩等其他不同类别的基桩相比,其技术先进且质量稳定。

PHC 管桩静压法施工,是通过桩机自带吊装设备或另配吊机吊装、喂桩,压桩机以其自重和桩架上的配重作为反力将 PHC 管桩压入土中的一种沉桩工艺,与锤击法管桩施工工艺相比具有低噪音、低污染的环保特性,对土层及周边建(构)筑物影响小、桩身质量破坏小的特点。

PHC管桩施工工艺主要有锤击法和静压法两种,在管桩发展前期主要是锤击机械引领着管桩的施工作业,近几年来,随着大吨位(8000 kN)的液压压桩机的问世和静压沉桩施工工艺的完善,静压法施工工艺与锤击法相比具有明显的优点,因此发展十分迅速,正在逐步取代锤击法施工的工艺。

PHC静压管桩适用于各类建筑物的低承台桩基础,如工业与民用建筑、铁路桥梁、机场、港口码头、水利及市政工程等;适用于一般黏性土及回填土、淤泥和淤泥质土、粉(砂)性土、非自重湿陷性黄土质以及强风化(全风化)的岩层、坚硬的碎石土层和砂土层中,并且不受地下水位高低的影响。与锤击法沉桩方式相比,尤其适应于软硬突变的土层中;由于静压无噪音,在对环保要求较高的地区,特别是在城市和居民区的新建和改造工程施工尤其适用。该桩型有一定的挤土效应,对附近建筑物及地下管线有一定的影响,而且静压机械本身占用一定的空间,所以在贴近建筑物的位置上,不适宜进行管桩的施工;由于静压机械自重较大,要求施工场地平整,对场地土地耐力要求高(要求场地表层土压强≥120 kPa),不适宜用在地下障碍物较多、深层土质内存在孤石以及地下岩面坡度太陡的土层中。

1) PHC管桩静压法沉桩施工工艺流程

施工工艺流程图如图2.2.3-2所示。

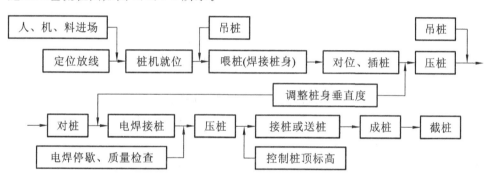

图2.2.3-2 施工工艺流程图

2) 施工操作要点

(1) 测量定位放线有如下要求。

① 认真复核设计图纸及设计院交桩点位,必要时将坐标控制点、水准控制点按标准设置要求布设在施工现场,标准控制点数量满足施工需要及测量点间互相复核的需要即可,然后依据设计图纸精确算出尺寸关系或各桩位坐标,对桩位进行精确测放。

② 可采用电子全站仪或经纬仪等测量工具建立建筑平面测量控制网,或者直接采用坐标定位方式放出桩位,并进行闭合测量程序复核;同时利用水准仪对场地标高进行抄平,然后反映到送桩器上,显示出送桩深度,做好桩顶标高控制工作。

③ 桩位放出后,在中心采用30 cm长φ8钢筋或者竹筷插入土中,根据需要做好标识;钢筋(或竹筷)端头系上红布条或点上白灰,然后画出桩外皮轮廓线的圆周,便于对位、插桩。

④ 为防止挤土效应及移动桩机时的碾压破坏,针对单桩、独立承台以及大面积筏板基础的群桩制定不同的放线方案。当桩数比较少时,采用坐标随时复测;针对大面积群桩,在场地平整度较高的情况下,采用网格进行控制,并在端头桩位延长线上埋设控制桩,以便复核。

(2) 桩机就位。在对施工场地内的表层土质试压后,确保承载力满足静压机械施工及移动过程中不至于出现沉陷,对局部软土层可采用事先换填处理或采用整块钢板铺垫作业。

桩机进场后,检查各部件及仪表是否灵敏有效,确保设备运转安全、正常后,按照打桩顺序,移动调整桩机对位、调平、调直。

静力压桩工作程序如图 2.2.3-3 所示。

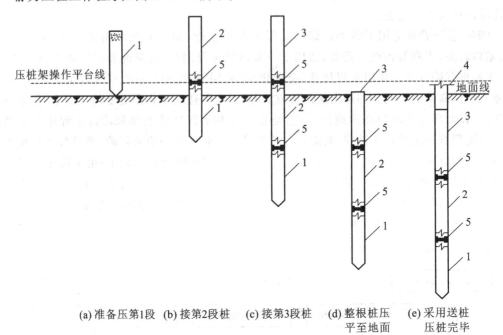

图 2.2.3-3 静力压桩工作程序
1—第 1 段桩;2—第 2 段桩;3—第 3 段桩;4—送桩;5—接桩处

(3) 管桩的验收、堆放、吊运及插桩有如下几个步骤。

① 管桩的进场验收。管桩进场后,应按照《先张法预应力砼管桩》(GB 13476—2009)的国家标准或各地区的地方标准对管桩的外观、桩径、长度、壁厚、桩身弯曲度、桩端头板的平整度、桩身强度以及桩身上的材料标识等按规范进行验收,并审查产品合格证明文件,把好材料进场验收关。根据设计及施工规范要求等级将不符合要求的管桩清退出场。

② 管桩的堆放。现场管桩堆放场地应平整,采用软垫(木垫)按二点法做相应支垫,且支撑点大致在同一水平面上,见图 2.2.3-4。当管桩在场地内堆放时,不宜超过 4 层;当在桩位附近准备施工时宜单层放置,且必须设支垫。

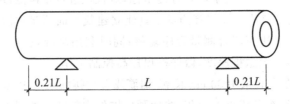

图 2.2.3-4 二点支垫示意图

管桩堆放要按照不同型号、规格分类堆放,以免在调运施工过程中发生差错。

管桩在现场堆放后,需要二次倒运时,易采用吊机及平板车配合操作。如场地条件不具备时,采用拖拽的方式,需要采用滚木或者对桩头端头板采取一定的保护措施,以免在硬化地面上滑动时磨损套箍及端头板。

③ 管桩吊运及插桩。单根管桩吊运时可采用两头勾吊法,竖起时可采用单点法,见图 2.2.3-5。管桩起吊运输过程中应平稳轻放,以免受振动、冲撞。

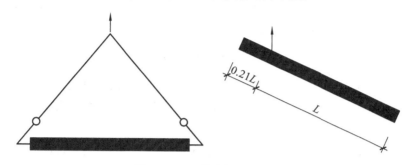

图 2.2.3-5　管桩起吊示意图

管桩吊起后,缓缓将桩一端送入桩帽中,待管桩放入桩机夹桩箱内扶正就位后,根据需要焊接开(闭)口型桩尖,然后将桩插入土中 0.5～1.0 m 的深度,用两台经纬仪(在接近 90°的夹角方向)双向控制桩的垂直度,条件不具备时也可采用两个线锤进行垂直度控制。通过桩机导架的旋转、滑动进行调整,确保管桩位置和垂直度符合要求后压桩。

(4) 压桩。压桩前,根据工程情况制定合理的压桩顺序,减少挤土效应,施工时按照压桩顺序组织施工。确定压桩顺序时,应先研究现场条件和环境、桩区面积和位置、邻近建筑物和地下管线的状况、地基土特性、桩型、布置、间距、桩数和桩长、堆放场地、采用的施工机械、台数及使用要求、施工工艺和施工方法等,然后结合施工条件选用效率高、对环境危害影响小的最佳压桩顺序。确定压桩顺序基本原则。

① 当桩距较密集、离建筑物较远、场地较开阔时,应自中间向四周对称施压。

② 当桩距较密集、离建筑物较远、场地较狭长时,应自中间向两端对称施压。

③ 当一侧毗邻建筑物时,由毗邻建筑物处向另一方向施压。但在与已打入的桩相邻时,不宜采用此顺序,以免造成桩被折断的事故。

④ 当桩的精度要求不同时,一般宜先压精度要求较低的桩。

⑤ 根据管桩的规格,宜先大后小、先长后短。

⑥ 按管桩的入土深度分,宜先深后浅。

⑦ 按主楼与裙楼的关系分,宜先施压主楼的桩,后施压裙楼的桩。

⑧ 当沉桩区面积较大或采用多台压桩机进行压桩作业时,还应考虑桩的堆放及运桩道路。

⑨ 根据桩的分布情况,宜先群桩后单桩。

压桩顺序确定后,应根据桩的布置和运输方便,确定压桩机是往后"退压",还是往前"顶压"。当逐排压桩时,推进的方向应逐排改变(图 2.2.3-6(a)),对同一排桩而言,必要时可采用间隔跳压的方式。大面积压桩时,可从中间先压,逐渐向四周推进(图 2.2.3-6(b))。分段压桩(图 2.2.3-6(c)),可以减少对桩的挤动,在大面积压桩时较为适宜。

压桩应连续进行,防止因压桩中断而引起间歇后压桩阻力过大,发生压不下去的现象。如果压桩过程中确实需要间歇,则应考虑将桩尖间歇在软弱土层中,以便启动阻力不致过大。

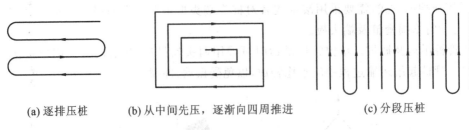

(a) 逐排压桩　　　(b) 从中间先压，逐渐向四周推进　　　(c) 分段压桩

图 2.2.3-6　压桩顺序图

压桩前最好将地表下的障碍物探明并清除干净，以免桩身移位倾斜。压桩过程中，当桩尖碰到砂夹层而压不下去时，应以最大压力压桩，忽停忽开，使桩有可能缓缓下沉穿过砂夹层。如桩尖遇到其他硬物，应及时处理后方可再压。

压桩前在每节单桩桩身上划出以 m 为单位的长度标记，以便观察桩的入土深度及记录对应压力值，并通过实地高程测量，在送桩器上做好最后 1 m 及最终送桩深度标记，通过水准仪配合控制。

在压桩开始阶段，压桩速度不能过快，应根据地质报告显示的土质情况选择压桩速度，一般以 2.0～3.0 m/min 速度为宜。在初期 2～3 m 的压桩范围内应重点观察控制桩身、机架垂直度，垂直度控制应重点放在第一节桩上，垂直度偏差不得超过桩长的 0.5%。并在压桩过程中需要经常观测桩身是否发生位移、偏移等情况并做好过程记录，同时详细记录每入土 1 m 时压力表的压力值。

(5) 接桩。将首节管桩压至桩头距地面 0.5～1.0 m 高度时停止压桩，开始进行接桩作业。接桩前将上下桩端头板用钢丝刷清除浮锈及泥污，然后下放桩身进行对桩。上下两节端头板对齐并初步调整垂直后，采用手工电弧焊在坡口周围点焊 4～6 点，然后再次进行垂直度的调整，若端头板间隙过大，应加塞铁片。为减少焊接变形引起节点弯曲，焊接时由两名工人对称施焊，焊接层数不少于两层且焊缝应均匀饱满（焊缝与坡口平）。焊接完成后，自然冷却 5 min 以上，然后刷涂一层沥青防腐漆后，继续压桩。如果有多节管桩，重复以上工序即可（图 2.2.3-7）。

图 2.2.3-7　接桩

(6) 送桩或截桩。当桩顶设计标高较自然地面低时必须进行送桩。送桩时选用的送桩器的外形尺寸要与所压桩的外形尺寸相匹配，并且要有足够的强度和刚度，一般为一圆形钢柱体（图 2.2.3-8）。送桩时，送桩器的轴线要与桩身相吻合。送桩器上根据测定的局部地面标高，事先要标出送桩深度，通过现场的水准仪跟踪观测，准确地将桩送至设计标高。同时，送桩器上要标出最后 1 m 的位置线，详细记录最终压力值。

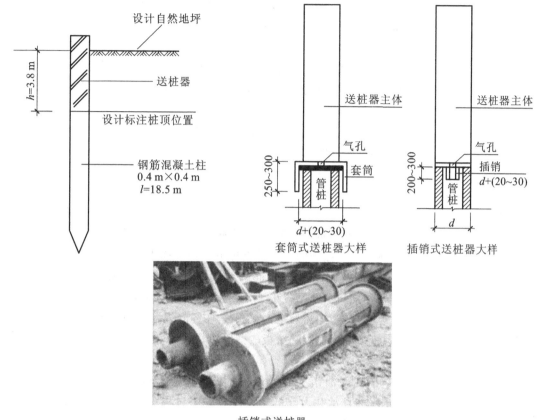

图 2.2.3-8 送桩

当管桩露出地面或未能送到设计桩顶标高时,需要截桩。截桩要求必须用专门的截桩器,严禁用大锤横向敲击、冲撞。

送桩完成后,移动调整机械进行下一棵管桩施工。

3)质量控制要点

(1)进场材料质量验收与控制。施工前应对成品管桩做外观尺寸及外观质量验收,并查看合格证明文件及相关外加剂的含量证明,必要时索要管桩的抗弯、抗裂性能检验报告;接桩用焊条等应有产品合格证书并送样复检,压桩用压力表也应进行检查。

对于堆放在施工场地内的成品管桩,要加强成品保护,严禁机械碰撞,合理安排管桩堆放场地及进场次序,减少二次倒运,并在二次倒运的过程中平稳、轻放,减少对桩身的振动损伤。

(2)场地土承载力要求。场地要平整坚硬,在较软的场地中适当铺设道渣,不能使桩机在打桩过程中产生不均匀沉降,静压桩桩机对施工场地要求较高,由于桩机及配重质量较大,为防止桩机下陷而造成桩身倾斜、桩机挤压对桩位的影响,影响施工质量及施工安全,必须对施工场地进行局部回填平整或铺垫整块钢板,采取必要的措施提高地基承载力,使其达到静压桩施工要求。

(3)桩位、垂直度及标高控制。在打桩前应调查场地土土质情况,尤其是地表土层是否有大量的废弃混凝土块等杂填土质,是否有地下废弃混凝土结构、构筑物及地下管线等障碍。需将地下障碍物清除干净,并分层回填夯实后再进行管桩施工。障碍物的存在、地表土质松软均易导致桩位偏移。

桩身垂直度应重点控制第一棵桩身的垂直,从十字交叉的两个方向进行观测,及时发现偏差后,拔出管桩回填后重新施工,不得强行回扳校正,以免将桩扳裂以致断桩。桩身的不垂直沉入,偏心受力容易将桩体压碎裂而降低桩体的承载力。

标高控制,通过正确引测到施工现场附近的水准控制点进行观测。将水准仪安放在离开桩机 5 m 左右以外的位置,测定此时水准线下需要的送桩长度,并标记在送桩器上,送桩时,设专人进行观测,当送桩器上的刻度将与水准仪的水准线重合时,放慢压桩速度直至两线重合,并结合设计要求的稳定终压值停止压桩。

(4) 桩尖及接桩焊接质量控制。桩尖焊接时不能只点焊了事,需进行一周满焊。在设计需要桩尖的地层,如桩尖焊接不牢而发生脱落,会影响管桩穿透土层的能力。

接桩焊接质量为管桩施工质量控制的一个重点环节。焊接前需清理干净端头板上的铁锈、泥污等,对称、分层焊接,减少焊接变形而引起的节点弯曲,并保证焊缝均匀饱满。焊接结束后,确保足够的冷却停歇时间,一般不应小于 5 min,然后在把桩头连接部分涂刷防腐沥青漆。对于重点工程国家规范规定,还需对电焊接头作10%的焊缝探伤检查。目前,对接头探伤没有很好的操作标准,超声波探伤因端头板较薄而难以实现,一般采用磁粉对焊缝表面进行外观检查。

(5) 沉桩到位率控制。管桩没有沉入到设计位置,需要截桩,既浪费材料,又增加额外的桩头处理费用,而且会导致桩身承载力降低。设计及施工过程中,采取合理的技术措施,在满足承载力的要求下尽可能地将管桩沉入到设计标高位置。

选择合适型号的压桩机械。根据正式工程桩施工前的试验桩资料、地质土层分布情况、桩端持力层土质情况选择合适的压桩力及合适型号的压桩机械,避免压力较小导致管桩压不到设计标高。

降低挤土效应带来的不良影响。由于桩体间距过小、压桩顺序不合理,地下水孔隙压力大均容易导致基础土阻力增大,管桩压不到设计位置。

缩短送桩时间。压桩作业在进入硬土层时,压桩时应控制施工停歇时间,避免由于停歇时间过程中土的磨阻力增大影响桩机施工,造成沉桩困难。

(6) 终压值的确定。静压法沉桩方式要注意最终压力值的控制。对于停止压桩的控制一般有两个指标,一个是设计桩顶标高,一个是最终压力值。两个指标可双控也可实现某一值即可停止压桩。

设计标高根据实际测量值控制。最终压力值一定程度上反应地基承载力,设计通过对地基土层的承载力分析,进行桩长及直径的设计,并根据沉桩方式、桩端持力土层的影响系数以及试桩提供的实测压力值及承载力值,进行综合分析确定。当桩顶标高难以达到设计要求时,一般在达到设计压力值并恒压稳定后,即可停止压(送)桩。

(7) 降低挤土效应危害的措施。管桩在压入土中后,会将桩身周围的土体向旁侧挤压,而占据原来地基土的空间,尤其在桩位较密集或者靠近既有结构的位置,容易因原土体被扰动而产生土体隆起,导致管桩上浮,同时挤土效应产生的水平压力容易导致桩身产生水平方向的挠曲变形,影响桩体承载力。如果附近有建筑物或地下管网,容易遭到破坏。

预制桩挤土效应是无法完全消除的,只能通过一定的措施降低挤土效应带来的危害。

设计方案可采取合适的桩间距、开口型桩尖降低挤土效应。施工中合理安排施工顺序,先施工中间位置的管桩、后施工四周位置的管桩;先施工靠近建筑物一侧的管桩、后施工远离建筑物的管桩;先施工长桩、后施工短桩,或采用间隔跳打法。为了减少挤土效应,可采用预钻孔再压桩,根据需要控制钻土的深度及直径,一般为管桩长度及深度的2/3;为减少挤土效应,采用二次送桩的方式减缓挤土效应,即一个承台的管桩统一打到地表高度,然后再一起集中送桩。也可事先在建筑物周边设置袋装砂井或塑料排水板,消除部分超孔隙水压力,设置隔离板桩或地下连续墙、开挖地面排土沟等,以消除挤土效应给周围建筑物造成的影响。

4)成桩检测

压桩结束后,需要对桩基进行检测,桩基检测依据设计要求采用《建筑基桩检测技术规范》(JGJ 106—2003)及《基桩低应变动力检测规程》(JGJ/T 93—95)进行。检测的项目主要有桩身的完整性质量检测、单桩竖向抗压极限承载力检测。

桩身质量检测,主要通过现场低应变反射波法进行,目的是对桩身缺陷进行判定,对桩身质量进行分级(图 2.2.3-9)。根据规范分为四个等级,分别为Ⅰ、Ⅱ、Ⅲ、Ⅳ类桩。其中Ⅰ类桩为桩身质量优良桩;Ⅱ类桩为合格桩;Ⅲ类桩为明显质量缺陷桩,需要与相关单位研究,确定处理方案或继续使用,按要求修补后或经研究可继续使用的视为合格桩;Ⅳ类为不合格桩。小应变动力检测数量,按规范要求抽检不少于20%且不少于10根。

图 2.2.3-9 低应变检测

单桩承载力检测,主要通过现场静荷载试验以及高应变动力检测进行,主要检测单桩承载力是否满足设计要求(图 2.2.3-10)。静荷载试验检测数量,按规范要求随机抽检总桩数的1%且不少于3根,因为是破坏性试验一般静载试验对施工前的试桩进行;对正式工程桩采取高应变动测,检测数量为总桩数的2%,且不少于10根。

图 2.2.3-10 静载试验

由于管桩施工完毕后,单桩承载力没有完全达到设计承载力强度,需要7天以上的嵌固期,故单桩承载力检测宜在成桩后10~20天范围内进行。

5)桩头清理

(1)混凝土灌注桩破桩前,桩头应先弹出高于垫层标高30 cm的控制线,控制线以上采用机械破除,控制线以下应采用小型榔头轻破,桩头修理平整、清理干净,并露出密实混凝土。

(2)预制桩应采用专业设备切割,严禁使用大锤硬砸,确保截桩后桩头质量。内壁清理干净后,进行混凝土填芯,填芯混凝土面应与桩壁顶齐平,并清理干净。

6)管桩与承台连接

(1)承台开挖可采用普通挖土机即可,但在开挖过程中注意不得碰损桩头,在挖至桩头标高附近时应停止开挖。桩间土采用人工配合进行挖除。管桩施工完毕后当天承载力没有完全达到设计强度,根据不同的土质情况,需要7 d以上的嵌固期,所以承台开挖要与试验检测结合起来进行安排,保证施工连续。

(2)承台是将上部结构的力传递给管桩基础的受力构件,所以管桩要与承台之间实现有效的锚固连接。一般管桩伸入承台内100 mm,在施工完基础素混凝土垫层后,如管桩内有积水应排出,并用吊筋下放3 mm厚的圆形钢板托板,伸入管桩内1000~1500 mm,待承台浇注混凝土时一同灌入同标号混凝土增强桩头受力截面。同时,在桩端头板上焊接伸入承台的锚固钢筋,伸入承台内,然后进行承台钢筋的绑扎作业。需要注意,针对截桩与不截桩有着不同的构造做法(图2.2.3-11)。

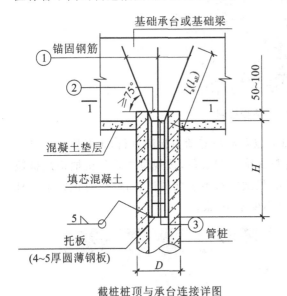

截桩桩顶与承台连接详图

图2.2.3-11 截桩桩顶与承台连接

关于管桩与承台连接构造做法,可参照《预应力砼管桩》(SG409)图集进行施工。

(3)桩顶填芯。在桩身检测完成后就可以进行桩顶填芯的施工,按照国标或省标图集,桩头与承台的连接详图(附页)上有明确的连接方式,基本上采用管桩内孔填芯方法,主要作用是改善桩顶的受力状态,有利于桩与承台的连接,增加其与管桩内孔黏结力、摩擦力,其填芯的钢筋也伸入承台,并通过填芯的膨胀钢筋混凝土使后续浇筑的承台混凝土与管桩桩头之间有效、可靠的连接,不至于桩头移位脱落。在抗拔场合下,管桩内的填芯显得尤其重要,起到将抗拔力均匀传至桩身的作用,填芯质量不合格很可能会导致承台与桩头分别脱落,造成严重的质量事故。对带有地下室的桩基础,在地下水位较高或下雨排水不及时就形成地下室的上浮力而对管桩的拔力现象。预应力混凝土管桩顶的填芯要求如下。

① 管桩顶的填芯混凝土应灌注饱满。灌注深度不得小于 $2d$ 且不得小于 1.2 m,混凝土强度等级不得低于 C30。

② 管桩与承台连接时,桩顶嵌入承台深度宜取 100 mm,伸入承台内的纵向钢筋应符合下列规定:

a. 对于抗拔桩,应将桩的纵向钢筋全部直接锚入承台内;对于非抗拔桩,可利用桩的纵向钢筋或另加插筋锚入承台内;

b. 当采用桩的纵向钢筋直接与承台锚固时,锚固长度不得小于 50 倍纵向钢筋直径且不小于 500 mm;

c. 当采用插筋时,插筋可取 4φ14～4φ22,插入管桩顶填芯混凝土长度不宜少于 1.2 m,锚入承台长度不宜少于 35 倍钢筋直径。

7) 常见问题分析与处理

(1) 桩身倾斜。

原因分析:插桩初压即有较大幅度的桩端走位和倾斜。碰到此种情况,很可能在地面下不远处有障碍物。

处理措施:主要是在压桩施工前将地面下旧建筑物基础、块石等障碍物清理干净。

(2) 桩尖达不到设计深度。

原因分析:

① 工程地质情况未能勘探清楚,尤其是持力层的标高起伏不明,致使设计考虑的持力层或选择的桩尖标高有误;

② 局部有坚硬夹层或砂夹层;

③ 施工中遇到地下障碍物,如大石头、旧埋设物等;

④ 群桩挤土效应导致桩入土阻力增加。

处理措施:

① 工程地质情况应详细勘探,做到工程地质情况与勘察报告相符;

② 遇有硬夹层或砂夹层时,可采用先钻后压法(预钻孔)穿透硬夹层,以利沉桩;

③ 先用回转钻孔机进行预钻孔取土、调整施工顺序(先施工沉桩困难的桩)、在工程场地布置应力释放孔和沟槽、减缓沉桩速度等,以减少挤土效应对工程场地的影响,释放土压力;

④ 适当增加配重进行施工。

(3) 桩身断裂。

原因分析:在压桩过程中,桩身突然倾斜错位,这时可能是桩身发生断裂。

处理措施如下。

① 施工前应对桩位下的障碍物清理干净,必要时对每个桩位用钎探探测,对桩构件要

进行检查,发现桩身弯曲超过规定($L/1000$ 且 $\leqslant 20$ mm)或桩尖不在桩纵轴线上的不宜使用,一节桩的细长比不宜过大,一般不宜超过 40。

② 在稳桩过程中,如发现桩不垂直应及时纠正,桩打入一定深度后发生严重倾斜时,不宜采用移架方法来校正。接桩时,要保证上下两节桩在同一轴线上,接头处应严格按照操作要求执行。

③ 桩在堆放、吊运过程中,应严格按照有关规定执行,发现桩开裂超过有关验收规定时不得使用。

(4) 桩身偏移。

原因分析:在压桩过程中,相邻的桩产生横向位移或桩身上浮。

① 桩入土后,遇到大块坚硬的障碍物,把桩尖挤向一侧。

② 施工时,相对接的两节桩不在同一轴线上,焊接后产生弯曲。

③ 桩数量较多且桩距较小,压桩时土被挤压到极限密实度后而向上隆起,相邻的桩被浮起。

④ 在软土地基施压较密集的群桩时,由于压桩引起的超孔隙水压力较大把相邻的桩推向一侧或浮起。

处理措施如下。

① 压桩前应先将桩位下的障碍物清理干净,加强桩材外观检查,若发现桩身弯曲超过规定或桩尖不在桩纵轴线上,不得使用(图 2.2.3-12)。

② 在压桩过程中,如发现桩不垂直应及时纠正,接桩时要保证上下两节桩在同一轴线上,施焊应严格执行规范。

③ 采用井点降水或排水措施。

图 2.2.3-12 倾斜度检测

桩位偏差$\geqslant 10$ cm 以上的桩由原设计单位出具补桩和承台变更方案。

(5) 桩身入承台长度不足。承台垫层标高控制不好就会出现桩身入承台长度不足的问题,可按图 2.2.3-13 方式解决。

2. 钻孔灌注桩

钻(冲、挖)孔灌注桩,广泛运用于包括软土、黄土、膨胀土等特殊土在内的各类地基和工业、民用、市政、铁路、公路、港口等各类工程实践中。和预制桩相比,钻孔桩施工时无噪音、无振动,对周围建筑及环境影响小,桩径大,入土深,承载力大。钢筋混凝土灌注桩作为高层建筑的主要基础形式,被大量采用,为城市建设起了很大作用。

灌注桩是指在工程现场通过机械钻孔、钢管挤土或人力挖掘等手段在地基土中形成桩孔,并在其内放置钢筋笼、灌注混凝土而做成的桩。

1) 分类

根据成孔工艺不同,灌注桩还分为干作业成孔的灌注桩、泥浆护壁成孔的灌注桩、套管成孔的灌注桩和爆破成孔的灌注桩等。灌注桩施工工艺近年来发展很快,还出现夯扩沉管

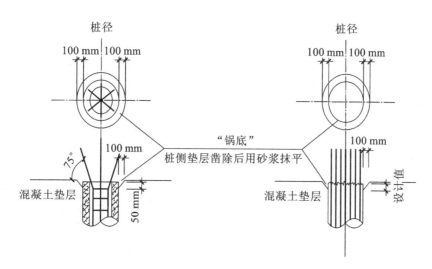

图 2.2.3-13 桩身入承台长度不足的处理

灌注桩、钻孔压浆成桩等一些新工艺。

2) 施工机具类型及土质适用条件

钻孔灌注桩施工机具类型及土质适用条件见表 2.2.3-1。

表 2.2.3-1 成孔方式及适用条件

序号	成孔方式	成孔机械	土质适用条件
1	泥浆护壁成孔	冲抓锥	杂填土层、黏土层、砂土层、砂卵砾石层、漂砾层
		冲击钻	各类土层及风化岩、软质岩
		旋挖成孔	黄土、黏土、粉质黏土以及夹砂层厚度小于 2.5 m 的黏性土层
		潜孔钻	黏性土、淤泥、淤泥质土及砂土
2	干作业成孔	长螺旋钻孔	地下水位以上的黏性土、砂土及人工填土非密实的碎石类土、强风化岩
		人工挖孔	地下水位以上的黏性土、黄土及人工填土
		钻孔扩底	地下水位以上的坚硬、硬塑的黏性土及中密以上的砂土风化岩层
3	沉管成孔	夯扩	桩端持力层为埋深不超过 20 m 的低压缩性黏性土、粉土、砂土及碎石类土
		震动	黏性土、粉土、砂土
4	爆破成孔		地下水位以上的黏性土、黄土、碎石土及风化岩层

根据各工艺不同，钻孔桩有正、反循环成孔；沉管桩有锤击沉管、振动沉管和夯扩沉管；螺旋成孔有长、短螺旋成孔。

3. 成桩工艺

1) 泥浆护壁成孔灌注桩

泥浆护壁成孔灌注桩是利用泥浆护壁，钻孔时通过循环泥浆将钻头切削下的土渣排出孔外而成孔，而后吊放钢筋笼，水下灌注混凝土而成桩。成孔方式有正（反）循环回转钻成孔、正（反）循环潜水钻成孔、冲击钻成孔、冲抓锥成孔、钻斗钻成孔等。

泥浆在成孔过程中的作用是:护壁、携渣、冷却和润滑,其中以护壁作用最为重要。泥浆具有一定密度,如孔内泥浆液面高出地下水位一定高度(图2.2.3-14),在孔内就产生一定的静水压力,相当于一种液体支撑,可以稳固土壁、防止塌孔。此外,泥浆还能将钻孔内不同土层中的空隙渗填密实,形成一层致密的透水性很低的泥皮,避免孔内壁漏水并保持孔内有一定水压,有助于维护孔壁的稳定。泥浆还具有较高的黏性,通过循环泥浆可将切削破碎的土石渣屑悬浮起来,随同泥浆排出孔外,起到携渣、排土的作用。同时,由于泥浆循环作冲洗液,因而对钻头有冷却和润滑作用,减轻钻头的磨损。

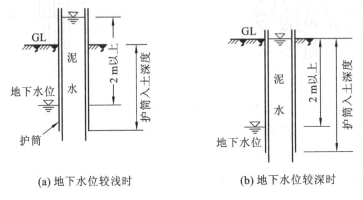

图 2.2.3-14 地下水位与孔内水位的关系

在成孔过程中,要保持孔内泥浆的一定密度。在砂土和较厚的夹砂层中泥浆密度应控制在 $1.1 \sim 1.3$ t/m³;在穿过砂类卵石层或容易塌孔的土层中泥浆密度应控制在 $1.3 \sim 1.5$ t/m³;在黏土和粉质黏土中成孔时,可注入清水,以原土造浆护壁,排渣时泥浆密度控制在 $1.1 \sim 1.2$ t/m³。泥浆可就地选择塑性指数 $I_p \geqslant 17$ 的黏土调制,质量指标为黏土 $18 \sim 22$ s,含砂率不大于 $4\% \sim 8\%$,胶体率不小于 90%。成孔时应经常测定泥浆密度,并定期测定黏度、含砂率和胶体率。当由于地下水稀释等原因使泥浆密度减小时,常采用添加膨润土来增大密度。

(1) 冲孔灌注桩。

施工工艺流程:场地平整→桩位放线、开挖泥浆池、泥浆沟→护筒埋设→钻机就位、孔位校正→冲击造孔、泥浆循环、清除废浆、钻渣→清孔换浆→终孔验收→下钢筋笼和钢导管→浇注水下混凝土→成桩养护。

操作要点如下。

① 护筒埋设:成孔前应先在孔口设圆形钢板护筒或砌砖护圈,钢板护筒的厚度为 $6 \sim 8$ mm,护筒内径应比钻头直径大 200 mm,深一般为 $1.2 \sim 1.5$ m。如上部松土层较厚,宜穿过松土层。护筒的作用是保护孔口、定位导向、保持泥浆面高度,防止孔口塌方。

② 钻机就位:冲击钻就位应对准护筒中心,要求偏差不大于 ± 20 mm。

③ 冲击钻孔:开孔时应低锤密击,锤高 $0.4 \sim 0.6$ m,并及时加石块或黏土泥浆护壁,泥浆密度和冲程可按表 2.2.3-2 选用,使孔壁挤压密实,直至孔深达护筒下 $3 \sim 4$ m 时,才加快速度,加大冲程,将锤提高到 $1.5 \sim 2$ m,转入正常连续冲击,在钻孔时要及时将孔内残渣排出孔外,以免孔内残渣太多,出现埋钻现象。

表 2.2.3-2　泥浆密度和冲程

项　　目	冲程/m	泥浆密度/(t/m³)	备　　注
在护筒中及在护筒脚下 3 m 以内	0.9~1.1	1.1~1.3	土层不好时宜提高泥浆密度，必要时加入小片石和黏土块
黏土	1~2	清水	或稀泥浆，经常清理钻头上的泥块
砂土	1~2	1.3~1.5	抛黏土块，勤部勤掏渣，防塌孔
砂卵石	2~3	1.3~1.5	加大冲击能量，勤掏渣
风化岩	1~4	1.2~1.4	如岩层表面不平或倾斜，应抛入 200~300 mm 厚块石使之略平，然后低锤快击使其成一紧密平台，再进行正常冲击，同时加大冲击能量，勤掏渣
塌孔回填重成孔	1	1.3~1.5	反复冲击，加黏土块及片石

④ 冲孔时应随时测定和控制泥浆的密度。如遇好的土层，亦可采取自成泥浆护壁，方法在孔内注满清水，通过上下冲击使成泥浆护壁。每冲击 1~2 m 应排渣一次，并定时补浆，直至设计深度为止。排渣方法有泥浆循环法和抽渣筒法两种。

前者是将输浆管插入孔底，泥浆在孔内向上流动，将残渣带出孔外，本法造孔工效高，护壁效果好，泥浆较易处理，但当孔深时，循环泥浆的压力和流量要求高，较难实施，故只适于在浅孔中应用。抽渣筒法是用一个下部带活门的钢筒，将其放到孔底，作上下来回活动，提升高度在 2 m 左右，当抽渣筒向下活动时，活门打开，残渣进入筒内；向上运动时，活门关闭，可将孔内残渣抽出孔外。排渣时，必须及时向孔内补充泥浆，以防亏浆造成孔内坍塌。

⑤ 在钻进过程中每 1~2 m 要检查一次成孔的垂直度情况。如发现偏斜应立即停止钻进，采取措施进行纠偏。对于变层处和易于发生偏斜的部位，应采用低锤轻击、间断冲击的办法穿过，以保持孔形良好。

⑥ 在冲击钻进阶段应注意始终保持孔内水位高过护筒底口 0.5 m 以上，以免水位升降波动造成对护筒底口的冲刷，同时孔内水位高度应高地下水位 1 m 以上。

⑦ 成孔后，应用测绳下挂 0.5 kg 重铁花测量检查孔深，核对无误后，进行清孔，可使用底部带活门的钢抽渣筒，反复掏渣，将孔底淤泥、沉渣清除干净。密度大的泥浆借助水泵用清水置换，使密度控制在 1.15~1.25。

⑧ 清孔后立即放入钢筋笼，并固定在孔口钢护筒上，使其在浇筑混凝土过程中不向上浮起，也不下沉。钢筋笼下完并检查无误后应立即浇筑混凝土，间隔时间不应超过 4 h，以防泥浆沉淀和坍孔。

(2) 正(反)循环泥浆护壁钻孔灌注桩。

施工工艺流程：测量放线、定桩位→埋设护筒→钻机就位→成孔→第一次清孔→桩孔检查→吊放钢筋笼→吊放导管→第二次清孔→灌注水下混凝土→成桩。

操作要点如下。

① 护筒埋设：钻机就位前在桩位埋设 6~8 mm 厚钢板护筒，内径比孔口大 100~200 mm，埋深在黏土中不宜小于 1.0 m，砂土中不宜小于 1.5 m，受水位涨落影响或水下施工的钻孔灌注桩，护筒应加高加深，必要时应打入不透水层，护筒上部宜开设 1~2 个溢流

孔;护筒埋设应准确、稳定,护筒中心与桩位中心的偏差不得大于 50 mm;同时挖好泥浆池、排浆槽。

② 钻机就位:钻机就位前,应先平整场地,必要时铺设枕木并用水平尺校正,保证钻机平稳、牢固,对钻机导杆进行垂直度校正。

③ 钻头选用:在黏土、砂性土中成孔时宜采用疏齿钻头,翼板的角度根据土层的软硬在 30°～60°之间,刀头的数量根据土层的软硬布置,注意要互相错开,以保护刀架;在卵石及砾石层中成孔时,宜选用平底楔齿滚刀钻头;在较硬岩石中成孔时,宜选用平底球齿滚刀钻头。

④ 泥浆制备:除能自行造浆的土层外,均应制备泥浆。泥浆制备应选用高塑性黏土或膨润土,拌制泥浆应根据工艺和穿越土层情况进行配合比设计。膨润土泥浆可按表 2.2.3-3 的性能指标制备。

表 2.2.3-3 膨润土泥浆性能指标

项次	项目	性能指标	检验方法
1	比重	1.1～1.15	泥浆比重计
2	黏度	10%～25%	50 000/70 000 漏斗法
3	含砂率	<6%	—
4	胶体率	>95%	量杯法
5	失水量	<30 mL/30 min	失水量仪
6	泥皮厚度	1～3 mm/30 min	失水量仪
7	静切力	1 min20～30 mg/cm² 10 min50～100 mg/cm²	静切力计
8	稳定性	<0.03 g/cm²	—
9	pH 值	7～9	pH 试纸

⑤ 成孔:回转钻机适用于各种口径、各种土层的钻孔桩,成孔时应注意控制钻进速度,采用减压钻进,保证成孔的垂直度,根据土层变化调整泥浆的相对密度和黏度。

a. 在密实的黏土中和直径在 1.0 m 以内的桩可采用正循环成孔,钻进时可采用清水钻进(图 2.2.3-15)。

b. 直径大于 1.0 m 深度在 50 m 以内的桩宜采用砂石泵反循环成孔;对于大直径深度在 50 m 以上的桩宜采用气举反循环成孔(图 2.2.3-16)。

c. 对于土层倾斜角度较长,孔深大于 50 m 的桩,在钻头、钻杆上应增加导向装置,保证成孔垂直度。

d. 在淤泥、砂性土中钻进时宜适当增加泥浆的相对密度;在卵石、砾石中钻进时应加大泥浆的相对密度,提高携渣能力;

e. 在卵石、砾石及岩层中成孔时,应增加钻具的质量即增加配重。

f. 钻进时应根据土层情况加压,开始应轻压力、慢转速,逐步转入正常。加压靠钻具自重调整吊绳进行,一般土层,不超过 10 kN;基岩中钻进压力为 15～25 kN。

g. 钻机转速:对合金钢钻头为 180 r/min;钢粒钻头为 100 r/min。在松软土层中钻进,应根据泥浆补给情况控制钻进速度,在硬土层或岩层中的钻进速度,以钻机不发生跳动为准。

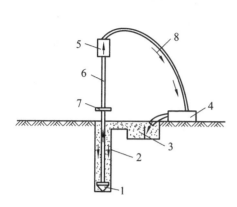

图 2.2.3-15　正循环回转钻机成孔工艺原理
1—钻头;2—泥浆循环方向;3—沉淀池;4—泥浆池;
5—泥浆泵;6—水龙头;7—钻杆;8—钻机回转装置

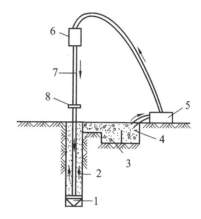

图 2.2.3-16　反循环回转钻机成孔工艺原理
1—钻头;2—新泥浆流向;3—沉淀池;4—砂石泵;
5—水龙头;6—钻杆;7—钻机回转装置;8—混合液流向

⑥ 清孔：当钻孔达到设计要求深度并经检查合格后,应立即进行清孔,目的是清除孔底沉渣以减少桩基的沉降量,提高承载能力,确保桩基质量。清孔方法有真空吸泥渣法、射水抽渣法、换浆法和掏渣法。

清孔应达到如下标准才算合格：一是对孔内排出或抽出的泥浆,用手摸捻应无粗粒感觉,孔底 500 mm 以内的泥浆密度小于 1.25 g/cm³（原土造浆的孔则应小于 1.1 g/cm³）；二是在浇筑混凝土前,孔底沉渣允许厚度符合标准规定,即端承桩≤50 mm,摩擦端承桩、端承摩擦桩≤100 mm,摩擦桩≤150 mm。

（3）钻孔压浆灌注桩。

施工工艺流程：测量放线、定桩位→钻机就位→钻孔至设计深度→空钻清底→第一次注浆,提钻→放钢筋笼和注浆管→填放卵（碎）石→第二次注浆→成桩（图 2.2.3-17）。

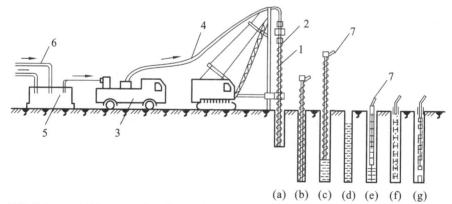

(a)钻机就位；(b)钻进；(c)一次压浆；(d)提出钻杆；(e)下钢筋笼；(f)下碎石；(g)二次补浆

图 2.2.3-17　钻孔压浆灌注桩施工工艺流程
1—长螺旋钻机;2—导流器;3—高压泵车;4—高压输浆管;5—灰浆过滤池;6—接水泥浆搅拌桶;7—注浆管

操作要点如下。

① 钻机就位：按常规方法对准桩位钻进,随时注意并校正钻杆的垂直度;钻孔时应随钻随清理钻进时所排出的土方;钻至设计深度后空钻清底。

② 第一次注浆,提钻:将高压胶管一端接在钻杆顶部的导流器预留管口处,另一端接在注浆泵上,将配制好的水泥浆由下而上在提钻同时在高压作用下喷入孔内。提钻压浆应缓慢进行,一般控制在 0.5～1.0 m/min,过快易塌孔或缩孔。当遇有地下水时,应注浆至无塌孔危险位置以上 0.5～1.0 m 处,然后提出钻杆,使钻孔形成水泥浆护壁孔。

③ 压浆采用纯水泥浆,用强度等级 32.5 或 42.5 的硅酸盐或普通硅酸盐水泥,水灰比为 0.45～0.60。

④ 放钢筋笼和注浆管:成孔后应立即吊入钢筋笼,将注浆管固定在钢筋笼上。注浆管下端应距孔底 1 m,当桩长超过 13 m 时,应放 2 根注浆管,一长一短,长管下端距孔底 1 m,短管出口在 1/2 桩长处,桩径较大时可增加一组补浆管。

⑤ 填放卵(碎)石:卵(碎)石中 10 mm 以下的含量宜控制在 5% 以内,含泥量小于 1%。常用规格:16～31.5 mm,20～40 mm,31.5～63 mm,10～20 mm 与 16～31.5 mm 混合级配,20～40 mm 与 31.5～63 mm 混合级配,最常用为 20～40 mm;桩径较粗、孔深较大又容易串孔时,宜用较大粒径的碎石,反之则宜选用较细粒径。骨料最大粒径不应大于钢筋最小净距的 1/2。卵(碎)石通过孔口漏斗倒入孔内,用钢钎捣实。

⑥ 第二次注浆(补浆):利用固定在钢筋笼上的补浆管进行第二次注浆,此工序与第一次注浆间隔时间不得超过 45 min,第二次注浆一般要多次反复进行,最后一次补浆必须在水泥浆接近终凝时完成,注浆完成后立即拔管洗净备用。

质量控制要点如下。

① 钻孔压浆桩的施工顺序,应根据桩间距和土层渗透情况,按编号顺序采取跳跃式进行或根据凝固时间采取间隔进行,以防止桩孔间窜浆。当在软土层成孔,桩距小于 3.5d(d 为桩径)时,宜跳打成桩,以防高压使邻桩断裂,中间空出的桩须待邻桩混凝土达到设计强度等级的 50% 以后方可成桩。

② 当钻进遇到较大的漂石、孤石卡钻时,应作移位处理。当土质松软,拔钻后塌方不能成孔时,可先灌注水泥浆,经 2 h 后再在已凝固的水泥浆上二次钻孔。

③ 配制的水泥浆应在初凝时间内用完,不得隔口使用或掺水泥后再用。水泥浆液可根据不同的使用要求掺加不同的外加剂。浆液应通过 14×14～18×18 目筛孔,以免混入水泥袋屑或其他杂物。

④ 注浆泵的工作压力应根据地质条件确定,第一次注浆压力(即泵送终止压力)一般在 1～10 MPa 范围内变化,第二次补浆压力一般在 2～10 MPa 范围内变化。在淤泥质土和流砂层中,注浆压力要高;在黏性土层中,注浆压力可低些;对于地下水位以上的黏性土层,为防止缩颈和断桩也要提高注浆压力。

⑤ 在距孔口 3～4 m 段,应采用专门措施使该部分混凝土密实。一般当用两根补浆管时,宜先用长管补浆两次后,再用短管补浆,一直到水泥浆不再渗透时方可终止补浆,取出补浆管。

(4) 干作业成孔灌注桩。

干作业成孔灌注桩是指不用泥浆和套管护壁情况下,用人工钻具或机械钻成孔,下钢筋笼、浇筑混凝土成桩。

干作业螺旋钻成孔灌注桩施工工艺流程:放线定桩位→桩机就位→钻孔→清孔→检查成孔质量→下钢筋笼→灌注混凝土→成桩(图 2.2.3-18)。

操作要点如下。

① 钻孔机就位时应校正,要求保持平整、稳固,使在钻进过程中不发生倾斜或移动。在

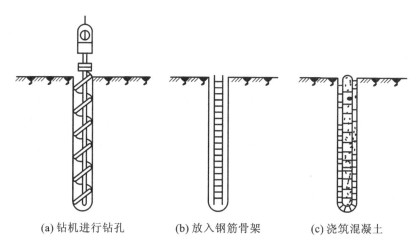

(a) 钻机进行钻孔　　(b) 放入钢筋骨架　　(c) 浇筑混凝土

图 2.2.3-18　螺旋钻机钻孔灌注桩施工过程

钻架上应有控制深度的标尺,以便在施工中进行观测、记录。

② 钻孔时先调直桩架挺杆,对正桩位,启动钻机钻 0.5～1.0 m 深,检查一切正常后,再继续钻进,土块随螺旋叶片上升排出孔口,达到设计深度后停钻,提钻,检查成孔质量后即可移动钻机至下一桩位。

③ 钻进过程中,排出孔口的土应随时清除、运走,钻到预定深度后,应在原深处空转清土,然后停止回转,提钻杆,但不转动,孔底虚土厚度超过标准时,应分析原因,采取措施处理。

④ 钻进时如严重塌孔,孔内有大量的泥土时,需回填砂或黏土重新钻孔或往孔内倒少量土粉或石灰粉,将泥中的水分吸干后清出。如遇有含石块较多的土层,或含水量较大的软塑黏土层时,应注意避免钻杆晃动引起孔径扩大,致使孔壁附着扰动土和孔底增加回落土。

⑤ 清孔后应用测绳或手提灯测量和观察孔深及虚土厚度。虚土厚度等于钻深与孔深之差值,一般不应大于 100 mm。

⑥ 钢筋笼应一次绑好,并绑好保护层砂浆垫块,对准孔位吊直扶稳或用导向钢筋,缓慢送入孔内,注意勿碰孔壁,下放到设计位置后立即固定。保护层应符合要求。钢筋笼过长时,可分 2 段吊放,采用电焊连接。

⑦ 钢筋笼定位后,应即灌注混凝土,以防塌孔,混凝土的坍落度一般为 80～100 mm。

质量控制要点有以下要求。

① 钻孔时,应注意地层土质变化,遇有砂砾石、卵石或流塑淤泥、上层滞水时,应立即采取措施处理,防止塌方。出现钻杆跳动、机架摇晃、钻不进尺等异常情况时,应立即停车检查,查明原因、排除故障后再继续施工。

② 操作中应及时清理虚土,必要时应二次施钻清理;钻孔完毕,孔口应用盖板盖好,防止往孔内掉土。

③ 混凝土灌注应严格按操作工艺边灌混凝土边振捣,严禁把土和杂物与混凝土一起灌入桩孔内,以及防止出现缩颈、空洞、夹土等质量通病。

④ 混凝土灌注到桩顶时,应随时测量桩顶标高,以免过高,造成截桩;过低不能保证桩头质量。

(5) 人工挖孔(扩底)灌注桩(图 2.2.3-19)。

施工工艺流程:场地平整→放线、定桩位→挖第一节桩孔土方→绑扎钢筋、支模浇筑第一节混凝土护壁→在护壁上二次投测标高及桩位十字轴线→安装活动井盖、垂直运输架、启动电动葫芦或卷扬机或木辘护、活底吊桶、排水、通风、照明设施等→第二节桩身挖土→清理桩孔壁、校核桩孔垂直度和直径→绑扎钢筋、拆上节模板,支第二节模板,浇筑第二节混凝土护壁→重复第二节挖土、绑扎钢筋、支模、浇筑混凝土护壁工序,循环作业直至设计深度→检查持力层后进行扩底→清理虚土、排除积水、检查尺寸和持力层→吊放钢筋笼就位→浇筑桩身混凝土。

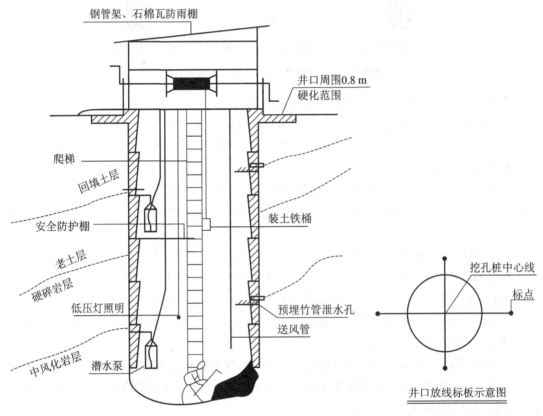

图 2.2.3-19 人工挖孔桩作业示意图

操作要点如下。

① 放线定桩位及高程。在场地三通一平的基础上,依据建筑物测量控制网的资料和基础平面布置图,测定桩位轴线方格控制网和高程基准点。确定好桩位中心,以中心为圆心,以桩身半径加护壁厚度为半径画出上部(即第一步)的圆周,撒石灰线作为桩孔开挖尺寸线。桩位线定好之后,必须经有关部门进行复查,办好预检手续后开挖。

② 开挖第一节桩孔土方。开挖桩孔应从上到下逐层进行,先挖中间部分的土方,然后扩及周边,有效地控制开挖桩孔的截面尺寸。每节的高度应根据土质好坏、操作条件而定,一般以 0.9~1.2 m 为宜。每挖完一节,必须根据桩孔口上的轴线吊直、修边、使孔壁圆弧保持上下顺直。

③ 绑扎钢筋、支护壁模板。为防止桩孔壁塌方,确保安全施工,成孔应设置井圈,其种

类有素混凝土和钢筋混凝土两种。以现浇钢筋混凝土井圈为好,配直径 6~10 mm 光圆钢筋,与土壁能紧密结合,稳定性和整体性能均佳,且受力均匀,可以优先选用。当桩孔直径不大,深度较浅而土质又好,地下水位较低的情况下,也可以采用喷射混凝土护壁。护壁的厚度和混凝土强度等级必须满足设计要求。护壁模板采用拆上节、支下节重复周转使用。模板之间用卡具、扣件连接固定,也可以在每节模板的上下端各设一道圆弧形的、用槽钢或角钢做成内钢圈作为内侧支撑,防止内模因受涨力而变形。不设水平支撑,以方便操作。第一节护壁以高出地坪 150~200 mm 为宜,便于挡土、挡水。桩位轴线和高程均应标定在第一节护壁上口。

④ 浇筑第一节护壁混凝土。桩孔护壁混凝土每挖完一节以后应立即浇筑混凝土。人工浇筑,人工捣实,坍落度控制在 100 mm 以内,确保孔壁的稳定性。护壁混凝土应根据气候条件,浇灌后须经过 12~24 h 后方可拆模。

⑤ 检查桩位(中心)轴线及标高。每节桩孔护壁做好以后,必须将桩位十字轴线和标高测设在护壁的上口,然后用十字线对中,吊线坠向井底投设,以半径尺杆检查孔壁的垂直平整度。随之进行修整,井深必须以基准点为依据,逐根进行引测。保证桩孔轴线位置、标高、截面尺寸满足设计要求。

⑥ 架设垂直运输架。第一节桩孔成孔以后,即着手在桩孔上口架设垂直运输支架。支架有木搭、钢管吊架、木吊架或工字钢导轨支架几种形式。要求搭设稳定、牢固。

⑦ 安装电动葫芦或卷扬机。在垂直运输架上安装滑轮组和电动葫芦或穿卷扬机的钢丝绳,选择适当位置安装卷扬机。如果是试桩和小型桩孔,也可以用木吊架、木辘或人工直接借助粗麻绳作提升工具。地面运土用手推车或翻斗车。

⑧ 安装吊桶、照明、活动盖板、水泵和通风机。在安装滑轮组及吊桶时,注意使吊桶与桩孔中心位置重合,作为挖土时直观上控制桩位中心和护壁支模的中心线。井底照明必须用低压电源(36 V, 100 W)、防水带罩的安全灯具。桩口上设围护栏。当桩孔深大于 20 m 时,应向井下通风,加强空气对流。必要时输送氧气,防止有毒气体的危害。操作时上下人员轮换作业,桩孔上人员密切注视观察桩孔下人员的情况,互相呼应,切实预防安全事故的发生。当地下水量不大时,随挖随将泥水用吊筒运出。地下渗水量较大时,吊桶已满足不了排水要求,先在桩孔底挖集水坑,用高扬程水泵沉入抽水,边降水边挖土,水泵的扬程、规格按抽水量确定。应日夜三班抽水,使水位保持稳定。地下水位较高时,应先采用统一降水的措施,再进行开挖。桩孔口安装水平推移的活动安全盖板,当桩孔内有人挖土时,应掩好安全盖板,防止杂物掉下砸伤人。无关人员不得靠近桩孔口边。吊运土时,再打开安全盖板。

⑨ 开挖吊运第二节桩孔土方(修边)。从第二节开始,利用提升设备运土,桩孔内人员应戴好安全帽,地面人员应拴好安全带。吊桶离开孔上方 1.5 m 时,推动活动安全盖板,掩蔽孔口,防止卸土的土块、石块等杂物坠落孔内伤人。吊桶在小推车内卸土后,再打开活动盖板,下放吊桶装土。桩孔挖至规定的深度后,用支杆检查桩孔的直径及井壁圆弧度,修整孔壁,使上下垂直平顺。

⑩ 先拆除第一节支第二节护壁模板,绑钢筋,护壁模板采用拆上节支下节依次周转使用。如往下孔径缩小,应配备小块模板进行调整。模板上口留出高度为 100 mm 的混凝土浇筑口,接口处应捣固密实。拆模后用混凝土或砌砖堵严,水泥砂浆抹平。混凝土强度达到 1 MPa 后方可拆模。

⑪ 浇筑第二节护壁混凝土。混凝土用串筒运送,人工浇筑、人工插捣密实。混凝土可由试验室确定掺入早强剂,以加速混凝土的硬化。

⑫ 检查桩位中心轴线及标高。以桩孔口的定位线为依据,逐节校测。

⑬ 循环作业。逐层往下循环作业,将桩孔挖至设计深度,清除虚土,检查土质情况,桩底应支承在设计所规定的持力层上。

⑭ 开挖扩底部分。桩底可分为扩底和不扩底两种情况。挖扩底桩应先将扩底部位桩身的圆柱体挖好,再按扩底部位的尺寸、形状自上而下削土扩充成设计图纸的要求;如设计无明确要求,扩底直径一般为 $1.5d \sim 3.0d$。扩底部位的变径尺寸为 $1:4$。

⑮ 检查验收。成孔以后必须对桩身直径、扩头尺寸、孔底标高、桩位中线、井壁垂直度、虚土厚度进行全面测定,做好施工记录,办理隐蔽验收手续,并经监理工程师或建设单位项目负责人组织勘察、设计单位检查签字后方可进行封底施工。

⑯ 吊放钢筋笼。钢筋笼按设计要求配置,运输及吊装应防止扭转弯曲变形,根据规定加焊内固定筋。钢筋笼放入前应先绑好保护层砂浆垫块,保护层厚度按设计要求,一般为 70 mm(亦可在钢筋笼四周的主筋上每隔 $3 \sim 4$ m 左右设一个 $\phi 20$ 耳环,作为定位垫块);吊放钢筋笼时,要对准孔位,吊直扶稳、缓慢下沉,避免碰撞孔壁。钢筋笼放到设计位置时,应立即固定。遇有两段钢筋笼连接时,应采用焊接(搭接焊或帮条焊),双面焊接,接头数按 50% 错开,以确保钢筋位置正确,保护层厚度符合要求。

⑰ 浇筑桩身混凝土。桩身混凝土可使用粒径不大于 50 mm 的石子,坍落度 $80 \sim 100$ mm,机械搅拌。用溜槽加串桶向桩孔内浇筑混凝土。浇筑混凝土应连续进行,分层振捣密实。分层厚度以捣固的工具而定,但不宜大于 1.5 m。小直径桩孔,人工下井振捣有困难时,可在混凝土中加入减水剂,使坍落度增至 $13 \sim 18$ cm,6 m 以下利用混凝土的大坍落度和下冲力使其密实;6 m 以内分层振捣密实;桩孔深度超过 12 m 时,宜采用混凝土导管浇筑。一般第一步宜浇筑到扩底部位的顶面,然后浇筑上部混凝土。水下浇灌应按水下浇灌混凝土的规定施工。

⑱ 混凝土浇筑到桩顶时,应适当超过桩顶设计标高,以保证在剔除浮浆后,桩顶标高符合设计要求。桩顶上的钢筋插铁一定要保持设计尺寸,垂直插入,并有足够的保护层。

2) 桩身混凝土灌注

(1) 采用导管法灌注水下混凝土。灌注水下混凝土时的混凝土拌和物供应能力,应满足桩孔在规定时间内灌注完毕;混凝土灌注时间不得长于首批混凝土初凝时间。

混凝土运输宜选用混凝土泵或混凝土搅拌运输车;在运距小于 200 m 时,可采用机动翻斗车或其他严密、不漏浆、不吸水、便于装卸的工具运输,需保证混凝土不离析,具有良好的和易性和流动性。

灌注水下混凝土一般采用钢制导管回顶法施工,导管内径为 $200 \sim 250$ mm,视桩径大小而定,壁厚不小于 3 mm;直径制作偏差不应超过 2 mm;导管接口之间采用丝扣或法兰连接,连接时必须加垫密封圈或橡胶垫,并上紧丝扣或螺栓。导管使用前应进行水密承压和接头抗拉试验(试水压力一般为 $0.6 \sim 1.0$ MPa),确保导管口密封性。导管安放前应计算孔深和导管的总长度,第一节导管的长度一般为 $4 \sim 6$ m,标准节一般为 $2 \sim 3$ m,在上部可放置 $2 \sim 3$ 根 $0.5 \sim 1.0$ m 的短节,用于调节导管的总长度。导管安放时应保证导管在孔中的位置居中,防止碰撞钢筋骨架。

(2) 水下混凝土配制有如下注意事项。

① 水下混凝土必须具备良好的和易性,在运输和灌注过程中应无显著离析、泌水现象,

灌注时应保持足够的流动性。配合比应通过试验,坍落度 180~220 mm。

② 混凝土配合比的含砂率宜采用 0.4~0.5,并宜采用中砂;粗骨料的最大粒径应 <40 mm;水灰比宜采用 0.5~0.6。

③ 水泥用量不少于 360 kg/m³,当掺有适宜数量的减少缓凝剂或粉煤灰时,可不小于 300 kg/m³。

④ 混凝土中应加入适宜数量的缓凝剂,使混凝土的初凝时间长于整根桩的灌注时间。

(3) 灌注水下混凝土的技术要求如下。

① 混凝土开始灌注时,漏斗下的封水塞可采用预制混凝土塞、木塞或充气球胆。

② 混凝土运至灌注地点时,应检查其均匀性和坍落度,如不符合要求应进行第二次拌和,二次拌和后仍不符合要求时不得使用。

③ 第二次清孔完毕,检查合格后应立即进行水下混凝土灌注,其时间间隔不宜大于 30 min。

④ 首批混凝土灌注后,混凝土应连续灌注,严禁中途停止。

⑤ 在灌注过程中,应经常测探井孔内混凝土面的位置,及时地调整导管埋深,导管埋深宜控制在 2~6 m。严禁导管提出混凝土面,应有专人测量导管埋深及管内外混凝土面的高差,填写水下混凝土灌注记录。

⑥ 在灌注过程中,应时刻注意观测孔内泥浆返出情况,倾听导管内混凝土下落声音,如有异常必须采取相应处理措施。

⑦ 在灌注过程中宜使导管在一定范围内上下窜动,防止混凝土凝固,增加灌注速度。

⑧ 为防止钢筋笼上浮,当灌注的混凝土顶面距钢筋笼底部 1 m 左右时,应降低混凝土的灌注速度,当混凝土拌和物上升到骨架底口 4 m 以上时,提升导管,使其底口高于钢筋笼底部 2 m 以上,即可恢复正常灌注速度。

(4) 非水下混凝土灌注的注意事项如下。

① 非水下混凝土坍落度:有配筋时为 80~100 mm;无配筋时为 60~80 mm。

② 非水下混凝土灌注可采用串筒和溜槽下料,分层下料分层振捣密实,分层厚度不大于 1.5 m。

③ 桩孔较深时,距桩孔口 6 m 以内用振捣器捣实;6 m 以下可适当加大混凝土的坍落度(宜为 130~180 mm,利用混凝土下落时的冲击和下沉力使之密实,但有钢筋的部位仍应用振捣器振捣密实。

④ 灌注的桩顶标高应比设计高出一定高度,一般为 0.5~1.0 m,以保证桩头混凝土强度,多余部分截桩前必须凿除,桩头应无松散层。

⑤ 在灌注将近结束时,应核对混凝土的灌入数量,混凝土灌注充盈系数不得小于1;一般土质为 1.1,软土、松散土可达 1.2~1.3。

3) 钻孔灌注桩施工注意事项

(1) 成孔质量问题。

① 塌孔。预防措施:根据不同地层,控制使用好泥浆指标。在回填土、松软层及流砂层钻进时,严格控制速度。地下水位过高,应升高护筒,加大水头。地下障碍物处理时,一定要将残留的砼块处理清除。孔壁坍塌严重时,应探明坍塌位置,用砂和黏土混合回填至坍塌孔段以上 1~2 m 处,捣实后重新钻进。

② 缩径。预防措施:选用带保径装置钻头,钻头直径应满足成孔直径要求,并应经常检查,及时修复。易缩径孔段钻进时,可适当提高泥浆的黏度。对易缩径部位也可采用上下反复扫孔的方法来扩大孔径。

③ 桩孔偏斜。预防措施:保证施工场地平整,钻机安装平稳,机架垂直,并注意在成孔过程中定时检查和校正。钻头、钻杆接头逐个检查调正,不能用弯曲的钻具。在坚硬土层中不强行加压,应吊住钻杆,控制钻进速度,用低速度进尺。对地下障碍行预先处理干净。对已偏斜的钻孔,控制钻速,慢速提升,下降往复扫孔纠偏。

(2) 钢筋笼安装质量问题。

① 钢筋笼安装与设计标高不符。预防措施:钢筋笼制作完成后,注意防止其扭曲变形,钢筋笼入孔安装时要保持垂直,砼保护层垫块设置间距不宜过大,吊筋长度精确计算,并在安装时反复核对检查(图 2.2.3-20)。

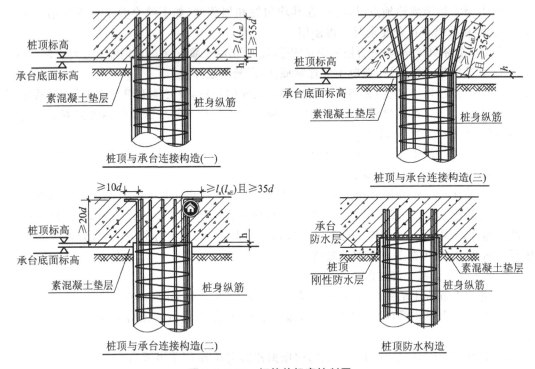

图 2.2.3-20 钢筋笼标高控制图

② 钢筋笼的上浮。预防措施:严格控制砼质量,坍落度控制在 180 ± 30 mm,砼和易性要好。砼进入钢筋笼后,砼上升不宜过快,导管在砼内埋深不宜过大,严格控制在 10 m 以下,提升导管时,不宜过快,防止导管钩钢筋笼,将其上带等。

(3) 水下砼灌注问题。

① 堵管。预防措施:商品砼必须由具有资质、质量保证有信誉的厂家供应,砼的级配与搅拌必须保证砼的和易性、水灰比、坍落度及初凝时间满足设计或规范要求,现场抽查每车砼的坍落度必须控制在钻孔灌注桩施工规范允许的范围以内。灌注用导管应平直,内壁光滑不漏水。

② 桩顶部位疏松。预防措施:首先保证一定高度的桩顶留长度。因受沉渣和稠泥浆的影响,极易产生误测。因此,可以用一个带钢管取样盒的探测,只有取样盒中捞起的取样物是砼而不是沉淀物时,才能确认终灌标高已经达到。

(4) 引起灌注砼过程钢筋笼上浮的原因主要有如下三个方面。

① 砼初凝和终凝时间太短,使孔内砼过早结块,当砼面上升至钢筋笼底时,砼结块托起钢筋笼。

② 清孔时孔内泥浆悬浮的砂粒太多,砼灌注过程中砂粒回沉在砼面上,形成较密实的砂层,并随孔内砼逐渐升高,当砂层上升至钢筋笼底部时便托起钢筋笼。

③ 砼灌注至钢筋笼底部时,灌注速度太快,造成钢筋笼上浮。

若发生钢筋笼上浮,应立即查明原因,采取相应措施,防止事故重复出现。

(5) 桩身砼强度低或砼离析。发生桩身砼强度低或砼离析的主要原因是施工现场砼配合比控制不严、搅拌时间不够和水泥质量差。严格把好进库水泥的质量关,控制好施工现场砼配合比,掌握好搅拌时间和砼的和易性,是防止桩身砼离析和强度偏低的有效措施。

(6) 桩身砼夹渣或断桩。引起桩身砼夹渣或断桩的原因主要有如下四个方面。

① 初灌砼量不够,造成初灌后埋管深度太小或导管根本就没有入砼内。

② 砼灌注过程拔管长度控制不准,导管拔出砼面。

③ 砼初凝和终凝时间太短,或灌注时间太长,使砼上部结块,造成桩身砼夹渣。

④ 清孔时孔内泥浆悬浮的砂粒太多,砼灌注过程中砂粒回沉在砼面上,形成沉积砂层,阻碍砼的正常上升,当砼冲破沉积砂层时,部分砂粒及浮渣被包入砼内。严重时可能造成堵管事故,导致砼灌注中断。

4. 地下连续墙

地下连续墙按其填筑的材料,分为土质墙、混凝土墙、钢筋混凝土墙(现浇和预制)和组合墙(预制钢筋混凝土墙板和现浇混凝土的组合,或预制钢筋混凝土墙板和自凝水泥膨润土泥浆的组合);按其成墙方式,分为桩排式、壁板式、桩壁组合式;其用途,分为临时挡土墙、防渗墙、用作主体结构兼作临时挡土墙的地下连续墙。地下连续墙可作为防渗墙、挡土墙、地下结构的边墙和建筑物的基础。地下连续墙施工过程如图2.2.3-21所示。

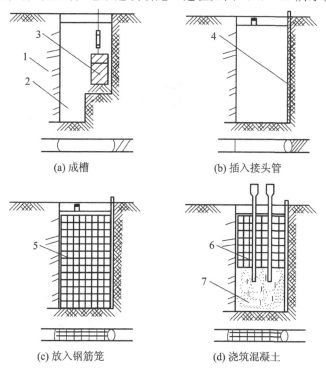

图 2.2.3-21 地下连续墙施工过程示意图
1—已完成的单元槽段;2—泥浆;3—成槽机;4—接头管;5—钢筋笼;6—导管;7—浇筑的混凝土

地下连续墙的施工工艺如下。

(1) 筑导墙:导墙的作用是挖槽导向、防止槽段上口塌方、存蓄泥浆和作为测量的基准。深度一般为1~2 m,顶面高出施工地面,防止地面水流入槽段,如图2.2.3-22所示。

(2) 挖槽:目前我国常用的挖槽设备为导杆抓斗和多头钻成槽机。

(3) 清槽:清槽的方法有沉淀法和置换法两种,清底方法如图2.2.3-23所示。

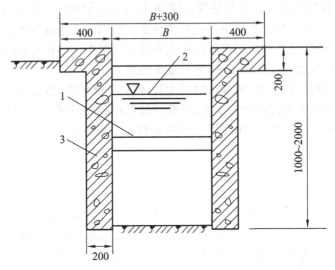

图 2.2.3-22 现浇钢筋混凝土导墙
1—支撑;2—泥浆;3—钢筋混凝土导墙

图 2.2.3-23 清槽方法
1—结合器;2—砂石吸力泵;3—导管;4—导管或排泥管;
5—压缩空气管;6—潜水泥浆泵;7—软管

(4) 钢筋笼吊放:钢筋笼的起吊应用横吊梁或吊架。吊点布置和起吊方式要防止起吊时引起钢筋笼变形。

(5) 接头施工:地下连续墙混凝土浇筑时,连接两相邻单元槽段之间地下连续墙的施工接头,最常用是接头管方式。圆形接头连接管施工顺序如图2.2.3-24所示。

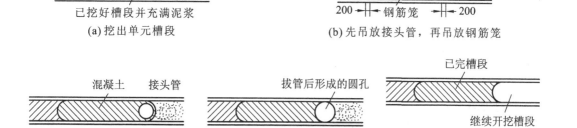

图 2.2.3-24 圆形接头管连接施工顺序

第 3 章 脚手架及垂直运输机械

3.1 脚 手 架

脚手架是建筑施工中重要的设施,是施工过程中堆放材料和工人进行操作的临时性设施,是施工现场为安全防护、工人操作以及解决楼层间少量垂直和水平运输而搭设的支架。

脚手架按照搭设位置分为外脚手架(外架)和里脚手架(内架);按其所用材料分为木脚手架、竹脚手架和金属脚手架;按其用途分为操作脚手架、防护脚手架、承重和支撑用脚手架;按其结构形式分为多立杆式、框式、吊挂式、悬挑式、升降式以及工具式(用于楼层间操作)等。

脚手架的基本要求包括满足使用的需要(工人操作、材料堆置和少量运输)、坚固稳定、安全可靠、搭拆简单、搬移方便、尽量节约材料、能多次周转使用等。

3.1.1 外脚手架

外脚手架沿建筑物外围搭设,既可用于外墙砌筑,又可用于外装饰施工。其主要形式有多立杆式、门式、桥式等。多立杆式脚手架在我国应用最广;门式脚手架是当今国际上应用较为普遍的脚手架之一。

1. 多立杆式外脚手架

1) 基本组成和一般构造

多立杆式外脚手架由立杆、大横杆、小横杆、斜撑、脚手板等组成(图 3.1.1-1)。其特点是每步架高可根据施工需要灵活布置,取材方便,钢、木、竹等均可应用,从安全的角度出发,目前比较常用的立杆和大横杆通常都选用钢制材料。

多立杆式脚手架分为双排式、单排式和满堂脚手架三种形式。

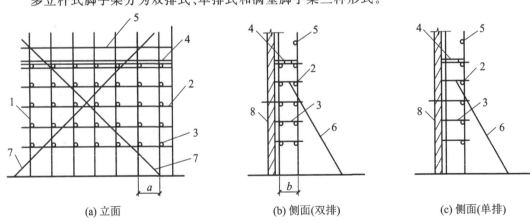

(a) 立面　　(b) 侧面(双排)　　(c) 侧面(单排)

图 3.1.1-1　多立杆式脚手架
1—立杆;2—大横杆;3—小横杆;4—脚手板;5—栏杆;6—抛撑;7—斜撑(剪刀撑);8—墙体

双排式是由内外两排立杆和水平杆等构成的脚手架,称为双排架,通常小横杆两端支承在内外二排立杆上,如图 3.1.1-2 所示。

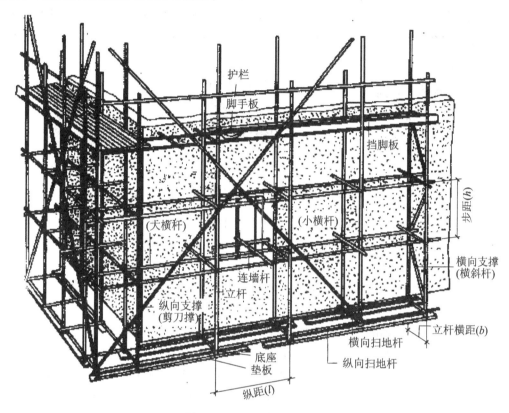

图 3.1.1-2 双排式脚手架

单排式只有一排立杆,横向水平杆的一端搁置固定在墙体上的脚手架,简称单排架。通常其小横杆另一端承在墙上,仅适用于荷载较小、高度较低、墙体有一定强度的多层房屋。目前,单排脚手架的使用已经很少,接近淘汰。

满堂脚手架定义为在纵、横方向由不少于三排立杆与水平杆、水平剪刀撑、竖向剪刀撑、扣件等构成的脚手架,如图 3.1.1-3 所示。该架体顶部作业层施工荷载通过水平杆传递给立杆,顶部立杆呈偏心受压状态。

在早期,外脚手架主要采用竹、木杆件搭设而成,后来,从施工安全及质量等方面考虑,当前的施工当中主要采用钢管或者特制的扣件来搭设,常见的有扣件式和碗扣式两种。

钢管扣件式脚手架由钢管和扣件组成;钢管一般采用外径 48 mm、壁厚 3.5 mm 的焊接钢管或无缝钢管,也有外径 50～51 mm、壁厚 3～4 mm 的焊接钢管或其他钢管。用于立杆、

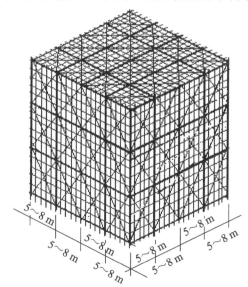

图 3.1.1-3 满堂脚手架示意图

大横杆、剪刀撑和斜杆的钢管最大长度为 4~6.5 m,最大质量不宜超过 250 N,以便人工操作。用于小横杆的钢管长度宜在 1.8~2.2 m,以适应脚手宽的需要。

常用扣件的形式有三种:用于两根任意角度相交钢管连接的回转扣件;供两根垂直相交钢管连接的直角扣件;供两根对接钢管连接的对接扣件,如图 3.1.1-4 所示。

图 3.1.1-4　钢管扣件式脚手架常用扣件的形式

碗扣式钢管脚手架是一种多功能的工具式脚手架,由主部件、辅助构件、专用构件三大类组成,除能作为一般单双排脚手架、支撑架外,还可用作支撑柱、物料提升架、悬挑脚手架、爬升脚手架等。

由于碗扣是固定在钢管上的,构件全部轴向连接,力学性能好,其连接可靠,组成的脚手架整体性好,不存在扣件丢失问题。

碗扣式钢管脚手架由钢管立杆、横杆、碗扣接头等组成。其基本构造和搭设要求与扣件式钢管脚手架类似,不同之处主要在于碗扣接头。

碗扣接头是该脚手架系统的核心部件,它由上碗扣、下碗扣、横杆接头和上碗扣的限位销等组成,如图 3.1.1-5 所示。上碗扣、上碗扣和限位销按 60 cm 间距设置在钢管立杆之上,其中下碗扣和限位销则直接焊在立杆上。组装时,将上碗扣的缺口对准限位销后,把横杆接头插入下碗扣内,压紧和旋转上碗扣,利用限位销固定上碗扣。碗扣接头可同时连接 4 根横杆,可以互相垂直或偏转一定角度,如图 3.1.1-6 所示。

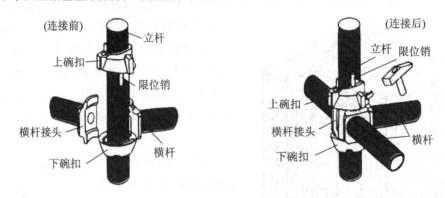

图 3.1.1-5　碗扣接头节点大样

2) 承力结构

脚手架的承力结构主要包括作业层、横向构架、纵向构架三个部分。作业层是直接承受施工荷载的结构部位,荷载由脚手板传给小横杆,再传给大横杆和立杆;横向构架由立杆和小横杆组成,是脚手架直接承受和传递垂直荷载的部位;纵向构架是由各个横向构架通过大横杆相互之间连成的一个整体,它最好能沿着建筑物的周围形成一个连续封闭的结构。

图 3.1.1-6 碗扣式脚手架的安装现场

3) 支撑体系

脚手架的支撑体系包括纵向支撑(剪刀撑)、横向支撑和水平支撑。设置支撑体系的主要目的是使得脚手架成为一个几何稳定的构架,加强它的整体刚度,以增大抵抗侧向力的能力,避免出现节点的可变状态和过大的位移,最终确保脚手架的安全。

4) 抛撑和连墙件

脚手架由于其横向构架本身是一个高跨比相差悬殊的单跨结构,仅依靠结构本身难以做到保持整体的稳定。为了防止倾覆和抵抗风力,需要根据工程的实际情况按照规范要求设置抛撑或者连墙件。

连墙构造对外脚手架的安全至关重要,因连墙件数量不足或构造不符合要求造成的事故屡有发生。连墙构造有刚性和柔性两种。刚性连墙件既能承受拉力和压力,又有一定的抗弯和抗扭能力。刚性较好的连墙构造既能抵抗脚手架里倒或外倾变形,又能形成对立杆纵向弯曲变形的约束,提高脚手架的抗失稳能力。常见刚性连墙构造有八种:

① 单杆穿墙夹固式是用单根小横杆穿过墙体,在墙体两侧用≥0.6 m 的短钢管塞以垫木固定;

② 双杆穿墙夹固式的方法同上,穿墙杆为上下或相邻一对小横杆;

③ 单杆窗口夹固式是用单根小横杆穿过门窗洞口,在洞口两侧用适长的(立放或平放均大于洞口尺寸 0.5 m)钢管塞以垫木固定;

④ 双杆窗口夹固式的方法同上,穿过洞口的小横杆为上下或相邻的一对;

⑤ 单杆箍柱式采用单根适长的小横杆紧贴结构柱,用两根短钢管将其固定于柱侧;

⑥ 双杆箍柱式是用两根适长的水平横杆和两根短钢管抱紧结构柱固定;

⑦ 埋件连固式是在砼墙体中埋设连墙件,用扣件与脚手架立杆或大横杆固定;

⑧ 绑捆连固式是采用绑或挂的方式固定螺栓套管连接件。

柔性连墙件只能承受拉力作用,不具有抗弯和抗扭能力,只能用于高度≤24 m的建筑中。常见柔性连墙构造有两种。

① 单拉式:前述的单杆或双杆穿墙夹固,只在墙的里侧设置挡杆;或在墙体内设置埋件,用双股8♯铅丝一端与埋件相连,另一端与立杆或大横杆绑扎连接。单拉式只适用于3层以下或高度不超过10 m的房屋建筑。

② 拉顶式:将脚手架的小横杆顶于外墙面,同时设双股8♯铅丝拉结。拉顶式适用于6层以下或高度不超过20 m的房屋建筑;7层以上高度大于20 m的房屋建筑应采用刚性连墙构造。

每个连墙件抗风荷载的最大面积应小于40 m²。连墙件需从底部第一根纵向水平杆处开始设置,连墙件与结构的连接应牢固,通常采用预埋件连接。连墙杆每3步5跨设置一根,其作用不仅能防止架子外倾,同时还可以增加立杆的纵向刚度。

扣件式钢管脚手架的搭设要求:扣件式钢管脚手架搭设范围内的地基要夯实找平,做好排水处理,防止积水浸泡地基;立杆中大横杆步距和小横杆间距可按表3.1.1-1选用,最下一层步距可放大到1.8 m,便于底层施工人员的通行和材料的运输。

表 3.1.1-1 扣件式钢管脚手架构造尺寸和施工要求

用途	构造形式	里立杆离墙面的距离/m	立杆间距/m		操作层小横杆间距/m	大横杆步距/m	小横杆挑向墙面的悬/m
			横向	纵向			
砌筑	单排	0.5	1.2~1.5	2	0.67	1.2~1.4	0.45
	双排		1.5	2	1	1.2~1.4	
装饰	单排	0.5	1.2~1.5	2.2	1.1	1.6~1.8	0.45
	双排		1.5	2.2	1.1	1.6~1.8	

5)外脚手架搭设的注意事项

(1)立杆底座须在底下垫以木板或垫块。杆件搭设时应注意立杆垂直,竖立第一节立柱时,每6跨应暂设一根抛撑(垂直于大横杆,一端支承在地面上),直至固定件架设好后方可根据情况拆除。

(2)脚手架立杆基础不在同一高度上时,必须将高处的纵向扫地杆向低处延长两跨与立杆固定,高低差不应大于1 m。靠边坡上方的立杆轴线到边坡的距离不应小于500 mm。

(3)高度在24 m及以上的双排脚手架应在外侧全立面连续设置剪刀撑;高度在24 m以下的单、双排脚手架,均必须在外侧两端、转角及中间间隔不超过15 m的立面上,各设置一道剪刀撑,并应由底至顶连续设置。

(4)剪刀撑设置在脚手架两端的双跨内和中间每隔30 m净距的双跨内,仅在架子外侧与地面呈45°布置。搭设时将一根斜杆扣在小横杆的伸出部分,同时随着墙体的砌筑,设置连墙杆与墙锚拉,扣件要拧紧。

(5)脚手架的拆除按由上而下逐层向下的顺序进行,严禁上下同时作业。严禁将整层或数层固定件拆除后再拆脚手架。严禁抛扔,卸下的材料应集中。严禁行人进入施工现场,要统一指挥,上下呼应,保证安全。

(6) 扣件式钢管脚手架安装与拆除人员必须是经考核合格的专业架子工,架子工应持证上岗。

(7) 作业层上的施工荷载应符合设计要求,不得超载。不得将模板支架、缆风绳、泵送混凝土和砂浆的输送管等固定在架体上;严禁悬挂起重设备,严禁拆除或移动架体上安全防护设施。

2. 门式脚手架

1) 门式脚手架的概述

门式脚手架又称"鹰架"、"框组式脚手架",是一种国际土木界普遍流行的脚手架形式,可搭设里外脚手架、满堂红架、支撑架、工作平台、井字架等。

门式脚手架搭设高度一般在 25 m 左右(一般限制在 45 m 以内),可满足多层同时作业(45 m 以下可二层同时作业,38 m 以下可三层同时作业,17 m 以下可四层同时作业),门式脚手架的搭设方便简单。

门式脚手架缺点:标准门架架宽 1.2 m,架高 1.7 m,作为砌筑架略显不适,施工中要求严格控制各类施工荷载。

门式脚手架由门式框架、剪刀撑和水平梁架、螺旋基脚构成基本单元,如图 3.1.1-7(a)所示。将基本单元连接起来即构成整片脚手架,如图 3.1.1-7(b)所示。

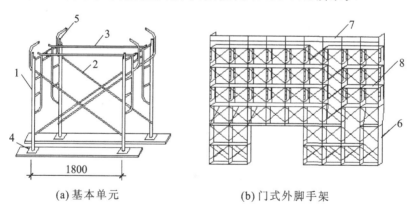

(a) 基本单元　　　(b) 门式外脚手架

图 3.1.1-7　门式钢管脚手架
1—门式框架;2—剪刀撑;3—水平梁架;4—螺旋基脚;
5—连接器;6—梯子;7—栏杆;8—脚手板

2) 门式脚手架的搭设

门式脚手架一般的搭设程序为:铺放垫木(板)→拉线、放底座→自一端起立门架并随即装剪刀撑→装水平梁架(或脚手板)→装梯子→需要时,装设通常的纵向水平杆→装设连墙杆→照上述步骤,逐层向上安装→装加强整体刚度的长剪刀撑→装设顶部栏杆。

搭设门式脚手架时,基底必须先平整夯实。外墙脚手架必须通过扣墙管与墙体拉结,并用扣件把钢管和处于相交方向的门架连接起来。整片脚手架必须适量放置水平加固杆(纵向水平杆),前三层要每层设置,三层以上则每隔三层设一道,在架子外侧面设置长剪刀撑。

使用连墙管或连墙器将脚手架与建筑物连接,高层脚手架应增加连墙点布设密度。

拆除架子时应自上而下进行,部件拆除顺序与安装顺序相反。

门式脚手架架设超过10层,应加设辅助支撑,一般在高8～11层门式框架之间、宽在5个门式框架之间加设一组,使部分荷载由墙体承受。

3.1.2 里脚手架

里脚手架一般指搭设在建筑物内部,用于内外墙的砌筑和室内装饰施工的脚手架。一般按照结构形式分为折叠式、立柱式和门架式等几种。

1. 折叠式里脚手架

折叠式里脚手架适用于民用建筑的内墙砌筑和内粉刷,如图3.1.2-1所示。根据材料不同,分为角钢、钢管和钢筋折叠式里脚手架。角钢折叠式里脚手架的架设间距,砌墙时不超过2 m,粉刷时不超过2.5 m。根据施工层高,沿高度可以搭设两步脚手,第一步高约1 m,第二步高约1.65 m。钢管和钢筋折叠式里脚手架的架设间距,砌墙时不超过1.8 m,粉刷时不超过2.2 m。

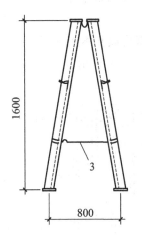
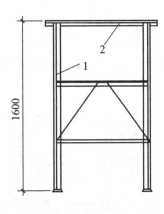

图 3.1.2-1 折叠式里脚手架
1—立柱;2—横楞;3—挂钩;4—铰链

2. 支柱式里脚手架

支柱式里脚手架由若干支柱和横杆组成,适用于砌墙和内粉刷。其搭设间距砌墙时不超过2 m,粉刷时不超过2.5 m。支柱式里脚手架的支柱有套管式和承插式两种形式。套管式支柱是将插管插入立管中,以销孔间距调节高度,在插管顶端的凹形支托内搁置方木横杆,横杆上铺设脚手架,如图3.1.2-2。架设高度为1.5～2.1 m。

3. 门架式里脚手架

门架式里脚手架由两片A形支架与门架组成,适用于砌墙和粉刷,如图3.1.2-3所示。支架间距砌墙时不超过2.2 m,粉刷时不超过2.5 m,其架设高度为1.5～2.4 m。

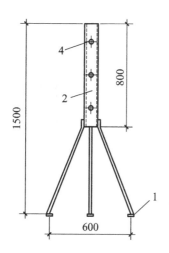
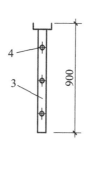

图 3.1.2-2　套管式支柱
1—支脚；2—立管；3—插管；4—销孔

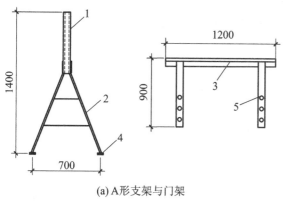
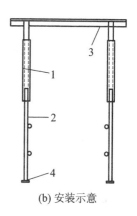

(a) A形支架与门架　　　　　　　　　　(b) 安装示意

图 3.1.2-3　门架式里脚手架
1—立管；2—支脚；3—门架；4—垫板；5—销孔

3.1.3　其他几种形式的脚手架

1. 悬挑式脚手架

悬挑脚手架是从建筑物外缘悬挑出承力构件，并在其上搭设脚手架，是高层建筑常用的一种脚手架。悬挑脚手架主要由支承架、钢底梁、脚手架支座、脚手架这几部分组成。

悬挑式脚手架搭设形式一般有两种：一种是每层一挑，将立杆底部顶在楼板、梁或墙体等建筑部位，向外倾斜固定后，在其上部搭设横杆、铺脚手板形成施工层，施工一个层高，待转入上层后，再重新搭设脚手架，提供上一层施工；另外一种是多层悬挑，将全高的脚手架分成若干段，每段搭设高度不超过 20 m，利用悬挑梁或悬挑架作脚手架基础分段悬挑分段搭设脚手架，利用此种方法可以搭设超过 50 m 以上的脚手架，悬挑脚手架外立面须满设剪刀撑。

(悬挑梁)　　　(悬挑三角桁架)　　　(杆件支挑结构)

图 3.1.3-1　悬挑脚手架的挑支方式

悬挑脚手架的挑支方式(图 3.1.3-1)：
① 架设于专用悬挑梁上；
② 架设于专用悬挑三角桁架上；
③ 采用斜撑式、斜拉式、拉撑式或顶固式等撑拉杆件组合的支挑结构。

悬挑脚手架常用支承架为重型工字型钢或槽钢。每段悬挑式脚手架高度一般约 12 步架，以每步 1.8 m 计，总高不超过 21.6 m。脚手架距外墙 20 cm，每三步设置一道，附着于建筑物拉结。悬挑式脚手架首层应铺厚木脚手板。

2. 吊挂式脚手架

吊挂式脚手架在主体结构施工阶段为外挂脚手架，随主体结构逐层向上施工，用塔吊吊升，悬挂在结构上。在装饰施工阶段，该脚手架改为从屋顶吊挂，逐层下降。吊挂式脚手架的吊升单元(吊篮架子)宽度宜控制在 5～6 m，高度为一个或一个半楼层，每一吊升单元的自重宜在 1 t 以内。该形式脚手架适用于高层框架和剪力墙结构施工，其主要组成部分为吊架、支承设施、吊索升降装置。吊架必须牢固固定，脚手架可利用扳葫芦、卷扬机等进行升降。

3. 升降式脚手架

附着升降脚手架是一种用于高层和超高层的外脚手架。它只需搭设 4～5 层的脚手架，随主体结构施工逐层爬升，也可随装修作业逐层下降。附着升降脚手架的基本原理是利用建筑物已浇筑混凝土的承载力将脚手架和专门设计的升降机构分别固定在建筑结构上，当升降时解开脚手架同建筑物的约束而将其固定在升降机构上，通过升降动力设备实现脚手架的升降，升降到位后，再将脚手架固定在建筑物上，解除脚手架同升降机构的约束。

升降式脚手架与落地式脚手架和悬挑脚手架相比具有以下特点。
(1) 安全性好，多重附着于建筑外墙，设置多重水平防护，操作人员始终处于架体防护范围以内，可有效防止落物打击和人员坠落。
(2) 与落地架相比可以大量节约搭设材料、节省费用。
(3) 外架综合成本降低约一半。

3.1.4 脚手架工程的安全防护

1. 一般性要求

(1) 事先应确定构造方案,并经有关方面审查批准方可施工,搭设应严格按规定的方案进行。
(2) 严格按搭接顺序和工艺要求进行杆件的搭设。
(3) 搭设过程中应注意采取临时支顶或与建筑物拉结。
(4) 搭设过程中应采取措施禁止非操作人员进入搭设区域。
(5) 扣件应扣紧,并注意拧紧程度要适当。
(6) 搭设中及时剔除、杜绝使用变形过大的杆件和不合格的扣件。
(7) 搭设工人应系好安全带,确保安全。
(8) 随时校正杆件的垂直偏差和水平偏差,使偏差限制在规定范围之内。
(9) 在搭设过程中,如因临时停工,应当采取临时措施保证架子的安全稳定性,防止倒塌。

2. 扣件安装注意的问题

(1) 安装扣件时,应注意开口朝向要合理,大横杆所用的对接扣件开口应朝内侧,避免开口朝上,以免雨水流入。
(2) 扣件拧紧程度要均匀、适当,扭矩控制在39～49 N·m为宜。
(3) 立杆与大横杆、立杆与小横杆相接点(即中心节点)距离扣件中心应不大于150 mm。
(4) 杆件端头伸出扣件的长度应不小于100 mm,底部斜杆与立杆的连接扣件离地面不大于500 mm。
(5) 大横杆应采用直角扣件扣紧在立杆内侧,或上下各步交错扣紧于立杆的内侧和外侧;小横杆应使用直角扣件固定大横杆上方;剪刀撑中的一根斜杆用旋转扣件固定于立杆上,另一根斜杆立扣在小横杆伸出的部分上,避免斜杆弯曲;横向斜撑应用旋转扣件扣在立杆或大横杆上。

3. 安装连墙杆应注意的问题

脚手架是否安全可靠,在很大程度上取决于连墙杆。连墙杆的使用应注意以下问题。
(1) 连墙杆的设置以及它的间距必须遵照有关规定,水平距离不大于6.0 m,垂直距离不大于4.0 m(架高50 m以上)或6.0 m(架高50 m以内)。
(2) 采用钢管作为连墙杆时,要用扣件扣紧,防止滑脱。
(3) 连墙杆应尽量与脚手架纵向平面保持垂直。
(4) 连墙杆应尽量设置在立杆与大横杆的交叉部位。
(5) 对有特殊设施和特殊荷载作用的部位,以及脚手架的高度超出建筑物的上层部位,应加密连墙杆。

4. 脚手架拆除应注意的问题

脚手架拆除时,地面应留1人负责指挥、捡料分类和管理安全,上面不少于2人进行拆除工作,整个拆除工作应不少于3人。拆除程序与安装程序相反,一般先拆除栏杆、脚手板、剪刀撑,再拆除小横杆、大横杆和立杆。先递下作业层的大部分脚手板,将一块转到下步内,以便操作者站立其上。拆除杆件的人站在这块脚手板上将上部可拆杆件全部拆除掉。再下移一步,自上而下逐步拆除。除抛撑留在最后拆除外,其余各杆件:小横杆、连墙杆、大横杆、立杆、剪刀撑、横向斜撑等均一并拆除。拆除时应注意下列问题。

(1) 划出工作区,并做出明显标志,严禁非工作人员入内。

(2) 严格地执行拆除程序,遵守自上而下、先装后拆的原则,要做到一步一清,杜绝上下同时进行拆除的现象发生。

(3) 拆除工作应有统一指挥,在指挥者的统一安排下,做到上下一致、动作协调、相互呼应,以防止构件坠落或伤及人员。

(4) 拆下的杆件及脚手板应传递或用滑轮和绳索运送而下,严禁从高空抛下,以防止伤人和损害材料;扣件拆下应集中于随身的工具袋中,待装满后吊送下来,禁止从上面丢下。

5. 脚手架工程的一般要求

脚手架虽然是临时设施,但对其安全性应给予足够的重视,脚手架不安全因素一般有:不重视脚手架施工方案设计,对超常规的脚手架仍按经验搭设;不重视外脚手架的连墙件的设置及地基基础的处理;对脚手架的承载力了解不够,施工荷载过大。脚手架的搭设应该严格遵守下面的安全技术要求。

(1) 具有足够的强度、刚度和稳定性,确保施工期间在规定荷载作用下不发生破坏。

(2) 具有良好的结构整体性和稳定性,保证使用过程中不发生晃动、倾斜、变形,以保障使用者的人身安全和操作的可靠性。

(3) 应设置防止操作者高空坠落和零散材料掉落的防护措施。

(4) 架子工作业时,必须戴安全帽、系安全带、穿安全鞋。脚手材料应堆放平稳,工具应放入工具袋内,上下传递物件不得抛掷。

(5) 使用脚手架时必须沿外墙设置安全网,以防材料下落伤人和高空操作人员坠落。

(6) 不得使用腐朽和严重开裂的竹、木脚手板,或虫蛀、枯脆、劈裂的材料。

(7) 在雨、雪、冰冻的天气施工,架子上要有防滑措施,并在施工前将积雪、冰渣清除干净。

(8) 复工工程应对脚手架进行仔细检查,发现立杆沉陷、悬空、节点松动、架子歪斜等情况,应及时处理。

3.2 垂直运输机械

在建筑施工中,垂直运输机械往往属于使用频率非常高的施工机械,所以它是建筑施工技术措施中最重要的环节之一。选择的垂直运输机械是否合适,不但直接影响施工工作的开展和安全,同时也关系到工程的进度和施工的成本。

3.2.1 常见的垂直运输机械

垂直运输机械的类型有塔式起重机、汽车式起重机、轮胎式起重机、履带式起重机、桥式起重机、施工升降机、物料提升机、混凝土泵等。

常见的建筑垂直运输机械包括塔式起重机、施工升降机、物料提升机、混凝土泵。

1. 塔式起重机

塔式起重机简称塔吊,由钢结构、工作机构、电气设备及安全装置组成。塔式起重机在建筑工程中应用非常广泛,主要承担垂直运输和水平运输的任务,由于它的起重量大,工作范围比较广,所以特别适用于高层和超高层建筑的施工。

塔式起重机由金属结构部分、机械传动部分、电气控制与安全保护部分以及与外部支承设施组成。

2. 井字架

在垂直运输过程中,井字架的特点是稳定性好,运输量大,可以搭设较大的高度,是施工中最常用、最简便的垂直运输设施。除用型钢或钢管加工的定型井架外(如图 3.2.1-1),还有用脚手架材料搭设而成的井架。

井架多为单孔井架,但也可构成两孔或多孔井架。

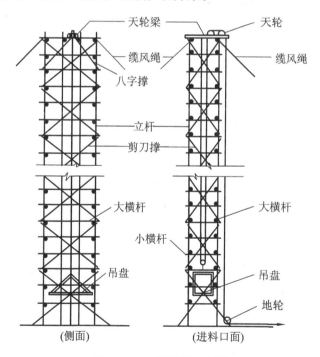

图 3.2.1-1 钢管井架立面

3. 龙门架

龙门架是由立杆、天轮梁构成的门式架。在龙门架上加设滑轮(天轮、地轮)、导轨、吊盘、安全装置及起重索、缆风绳等即构成完整的垂直运输体系,如图 3.2.1-2 所示。

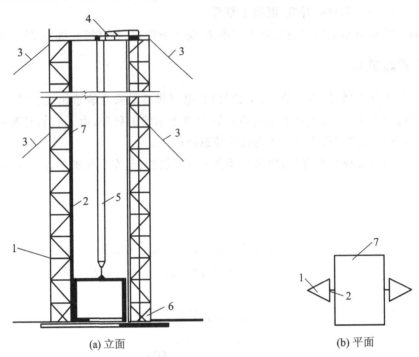

图 3.2.1-2 龙门架的基本构造形式
1—立杆;2—导轨;3—缆风绳;4—天轮;5—钢丝绳;6—地轮;7—吊盘停车安全装置

4. 建筑施工电梯

目前,在高层建筑施工中常采用人货两用的建筑施工电梯,它的吊笼装在井架外侧,沿齿条式轨道升降,附着在外墙或其他建筑物结构上,可载重货物 1.0～1.2 t,亦可容纳 12～15 人,如图 3.2.1-3 所示。其高度随着建筑物主体结构施工而接高,可达 100 m。它特别适用于高层建筑,也可用于高大建筑、多层厂房和一般楼房施工中的垂直运输。

5. 混凝土输送泵

混凝土输送泵可一次完成水平及垂直输送,将混凝土直接输送至浇筑地点,是一种高效的砼运输和浇筑机具。我国目前主要采用活塞泵,用液压驱动,由料斗、液压缸和活塞、砼缸、分配阀、Y 型输送管、冲洗系统和动力系统等组成,如图 3.2.1-4 所示。

混凝土输送泵可分为拖式泵(固定式泵)和车载泵(移动式泵)二大类。

砼拖式输送泵亦称固定泵,最大水平输送距离 1500 m,垂直高度 400 m,砼输送能力为 75(高压)～120 m³/h(低压),适合高层建(构)筑物的砼水平及垂直输送。

车载式砼输送泵转场方便快捷、占地面积小、有效减轻施工人员的劳动强度、提高生产效率,尤其适合设备租赁企业使用。

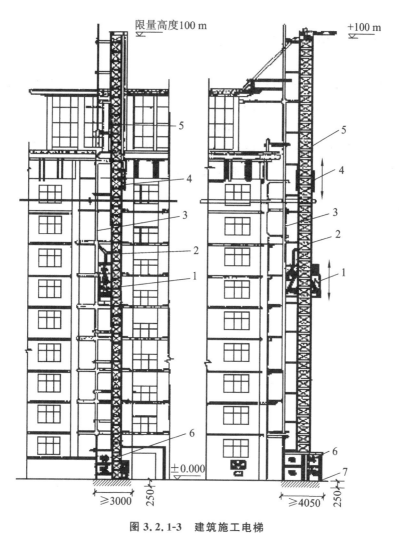

图 3.2.1-3 建筑施工电梯

1—吊笼；2—小吊杆；3—架设安装杆；4—平衡安装杆；
5—导航架；6—底笼；7—混凝土基础

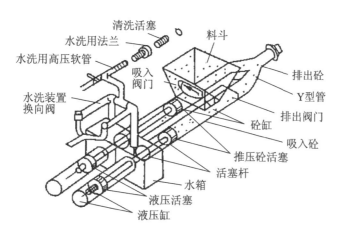

图 3.2.1-4 液压活塞式混凝土泵工作原理图

3.2.2　垂直运输机械布置的注意事项

垂直运输机械的布置应在现场施工之前,在编制施工组织设计或者施工方案时就应做好规划,并应作为施工方案首要考虑的核心内容。

垂直运输机械的布置要考虑以下几个方面:

① 如塔式起重机布置首先要考虑选择安装位置、是否有利于机械的安装与拆卸,如果是选择单塔机,一般应布置在建筑物中轴线的位置,尽可能的覆盖施工作业现场;

② 起吊半径和最大起重量;

③ 多塔机作业之间的距离;

④ 多塔机作业安全技术交底。

外挂电梯、卷扬机应考虑起重高度、起重量,根据覆盖面积和运输量配备数量。

混凝土输送泵应根据泵送高度与泵送量来配备。

第4章 钢筋混凝土工程

4.1 钢筋工程

4.1.1 钢筋工程原材料

1. 钢筋

钢筋是指钢筋混凝土用和预应力钢筋混凝土用钢材,包括光圆钢筋、带肋钢筋、扭转钢筋。钢筋种类很多,通常按化学成分、生产工艺、轧制外形、供应形式、直径大小,以及在结构中的用途来进行分类。

1) 热轧钢筋

根据《钢筋混凝土用钢 GB 1499.2—2007》第 2 部分热轧带肋钢筋的规定,热轧钢筋分四个强度等级:Ⅰ、Ⅱ、Ⅲ、Ⅳ级。目前,在建筑工程施工中常用钢筋等级为Ⅰ、Ⅱ、Ⅲ级的钢筋,在工程应用中以钢筋符号后跟钢筋直径(以 mm 为计量单位)来表示,例如 Φ16 表示直径为 16 mm 的Ⅱ级钢筋。

Ⅰ、Ⅱ、Ⅲ级钢筋的强度等级表示符号如表 4.1.1-1 所示。

表 4.1.1-1 钢筋强度符号表

钢筋强度级别	Ⅰ	Ⅱ	Ⅲ
钢筋符号	Φ	Φ	Φ

钢筋混凝土用热轧钢筋根据其表面特征又分为光圆钢筋和带肋钢筋。

钢筋混凝土用热轧光圆钢筋是由低碳钢轧制为光面圆形截面的钢筋,其塑性及焊接性好,便于各种冷加工,广泛用作钢筋混凝土构件的受力筋和构造筋。当前,施工中应用最广泛的是牌号为 HPB300 的光圆钢筋,也就是我们常说的Ⅰ级钢。

钢筋混凝土用热轧带肋钢筋是轧制成带有月牙形、人字形等高肋的钢筋。在钢筋混凝土结构施工中应用的是 HRB335、HRB400 热轧带肋钢筋,也就是我们常说的Ⅱ级钢和Ⅲ级钢;热轧带肋钢筋强度高,广泛用作大、中型钢筋混凝土结构的纵向受力钢筋。抗震要求较高的结构,按照规范要求使用 HRB335E、HRB400E、HRB500E、HRBF335E、HRBF400E 或 HRBF500E 钢筋。

2) 冷拉钢筋

为了提高钢筋的强度以及节约钢筋,工地上常按施工规程控制一定的冷拉应力或冷拉率对热轧钢筋进行冷拉。冷拉后不得有裂纹、起皮等现象。

冷拉Ⅰ级钢筋适用于钢筋混凝土结构中的受拉筋,冷拉Ⅱ、Ⅲ、Ⅳ级钢筋可用作预应力混凝土结构的预应力筋。

3) 余热处理钢筋

余热处理钢筋是经热轧后立即穿水,进行表面控制冷却,然后利用芯部余热自身完成回火处理所得的成品钢筋。余热处理钢筋应符合《钢筋混凝土用余热处理钢筋》(GB 13014—2013)的规定。余热处理钢筋的表面形状同热轧带肋钢筋,按强度等级分为RRB400、RRB500,按用途分为可焊和非可焊。

4) 冷轧带肋钢筋

冷轧带肋钢筋是采用由普通低碳钢或低合金钢热轧的圆盘条为母材,经冷轧减径后在其表面冷轧成二面或三面有肋的钢筋。

规范《冷轧带肋钢筋》(GB 13788—2008)规定:冷轧带肋钢筋按抗拉强度分为五级,其代号分别为 CRB550、CRB650、CRB800、CRB970、CRB1170。

冷轧带肋钢筋的公称直径范围为 4~12 mm,同时,当进行冷弯试验时,受弯曲部位表面不得产生裂纹。钢筋的强屈比 $\sigma_b/\sigma_{0.2}$ 应不小于 1.03。

冷轧带肋钢筋将逐步取代冷拔低碳钢丝,其中 CRB550 级钢筋宜用作钢筋混凝土结构构件的受力主筋、架立筋和构造钢筋。其他牌号钢筋宜用作预应力钢筋混凝土结构构件的受力主筋。

5) 预应力混凝土用钢丝及钢绞线

大型预应力混凝土构件由于受力很大,常采用高强度钢丝或钢绞线作为主要受力钢筋。预应力高强度钢丝是用优质碳素结构钢盘条,经酸洗、冷拉或经回火处理等工艺制成。钢绞线是由 2、3、7 根直径为 2.5~5.0 mm 的高强度钢丝,绞捻后经一定热处理清除内应力而制成。绞捻方向一般为左捻。

根据《预应力混凝土用钢丝》(GB/T 5223—2014)的相关规定,钢丝按加工状态分为冷拉钢丝和消除应力钢丝两类。冷拉钢丝代号为 WCD,低松弛钢丝代号为 WLR;按外形分为光圆钢丝(P)、螺旋肋钢丝(H)、刻痕钢丝(I)。

预应力混凝土用钢丝具有强度高、柔性好、无接头等优点,施工简便,不需冷拉、焊接接头等加工,而且质量稳定、安全可靠。它主要用作大跨度吊车梁、桥梁、电杆、轨枕等的预应力钢筋。

钢绞线主要用作大跨度、大负荷的后张法预应力屋架、桥梁和薄腹梁等结构的预应力筋。

6) 冷轧扭钢筋

冷轧扭钢筋是以低碳钢热轧圆盘条为原料,经专用钢筋冷轧扭机调直、冷轧并冷扭(或冷滚)一次成型,具有规定截面形式和相应节距的连续螺旋状钢筋。

冷轧扭钢筋按截面形状的不同分为三类:近似矩形截面为Ⅰ型;近似正方形截面为Ⅱ型;近似圆形截面为Ⅲ型。按强度等级的不同可分为两级:CTB 550 和 CTB 650。

2. 绑扎用钢丝

钢筋绑扎用的铁丝,简称扎丝,用于把钢筋绑扎成钢筋混凝土构件的钢筋骨架。通常采用 18~22 号钢丝,其中 22 号扎丝宜用于绑扎直径 12 mm 以下的钢筋;钢筋直径在 12~25 mm 时,宜用 20 号扎丝,在 25 mm 以上时,宜用 18 号扎丝。

3. 机械连接接头用套筒

为了更有效地保证钢筋接头质量,当前在对接头质量要求比较高、受力荷载比较大的混凝土结构施工中广泛使用钢筋机械连接接头,钢筋机械连接用套筒一般由厂家提供,其规格型号必须与其所连接的钢筋相对应,满足《钢筋机械连接用套筒》(JG/T 163—2013)的规定。

4.1.2 原材料进场检验

1. 一般规定

原材料进入施工现场,使用前均要对原材料进行检验并形成验收记录。

(1) 当前建筑工程施工用一级钢进场时卷成盘,而二级、三级等钢筋则是直条钢筋绑成捆,各种规格、级别的钢筋每捆(盘)上都挂有标牌(注明生产厂家、生产日期、钢号、炉罐号、钢筋级别、直径等标记),并附有质量证明书。带肋钢筋表面还轧有牌号标志,进场后须核对标牌、钢筋表面上轧制的标志和质量证明书的信息是否一致,然后经外观检查、质量偏差检验、按规定抽样进行力学性能检验,对于进口钢筋增加化学检验;经检验合格后方能使用。

(2) 钢筋在进场检验时,检验批的容量可按下列情况确定:

① 当一次进场的数量大于该产品的出厂检验批量时,应划分为若干个出厂检验批量,然后按出厂检验的抽样方案执行;

② 当一次进场的数量小于或等于该产品的出厂检验批量时,应作为一个检验批量,然后按出厂检验的抽样方案执行;

③ 对连续进场的同批钢筋,当有可靠依据时,可按一次进场的钢筋处理。

(3) 当满足下列条件之一时,其检验批容量可扩大一倍:

① 获得认证的钢筋、成型钢筋;

② 同一厂家、同一牌号、同一规格的钢筋,连续三批均一次检验合格;

③ 同一厂家、同一类型、统一钢筋来源的成型钢筋,连续三批均一次检验合格。

(4) 在钢筋加工厂加工成型的钢筋进场时,应抽取试件做屈服强度、抗拉强度、伸长率和质量偏差检验,检验结果应符合国家现行有关标准的规定。

对由热轧钢筋制成的成型钢筋,当有施工单位或监理单位的代表驻厂监督生产过程,并提供原材钢筋力学性能第三方检测报告时,可仅进行质量偏差检验。

检查数量:同一厂家、同一类型、同一钢筋来源的成型钢筋应至少抽取1个钢筋试件,总数不应小于3个。

(5) 对有抗震设防要求的框架结构,其纵向受力钢筋的强度应满足设计要求;当设计无具体要求时,对一、二级抗震等级,检验所得的强度实测值应符合下列规定:①钢筋的抗拉强度实测值与屈服强度实测值的比值不应小于1.25;②钢筋的屈服强度实测值与强度标准值的比值不应大于1.3。

2. 热轧钢筋检验

热轧钢筋应按每批不大于60 t,由同牌号、同炉罐号、同规格、同交货状态的钢筋进行检验。

1)外观检查

钢筋进场时和使用前均应对外观质量进行检查。从每批钢筋中抽取5%进行外观检查,要求钢筋表面不得有裂纹、结疤和折叠,每1 m弯曲度不大于4 mm;弯折钢筋不得敲直后作为受力钢筋使用,钢筋表面不应有颗粒状或片状老锈。

2)质量偏差检验

(1)规定每批从不同的钢筋上切取5个试件进行质量偏差检验,每个试样长度不少于500 mm,试件切口应平滑且与试件长度方向垂直。

(2)逐个试件测量长度与质量,长度应精确到1 mm,质量精确到不大于总质量的1%。

(3)钢筋实际质量与理论质量的偏差(%)按下式计算:

$$\Delta=\frac{W_\mathrm{d}-W_0}{W_0}\times 100 \qquad (4.1.2\text{-}1)$$

式中 Δ——质量偏差(%);

W_d——3个调直钢筋试件的实际质量之和(kg);

W_0——钢筋理论质量(kg),取每米理论质量(kg/m)与3个调直钢筋试件长度之和(m)的乘积。

质量偏差有正负值,结果为正,表示钢筋实际质量比理论质量大;结果为负,表示实际质量比理论质量小。盘卷钢筋调直后的断后伸长率和质量偏差要求应符合表4.1.2-1的规定。

表 4.1.2-1 盘卷钢筋调直后的断后伸长率、质量偏差要求

钢筋牌号	断后伸长率 A/(%)	重量偏差/(%)	
		直径 6~12 mm	直径 14~16 mm
HPB300	≥21	≥−10	—
HRB335、HRBF335	≥16	≥−8	≥−6
HRB400、HRBF400	≥15		
RRB400	≥13		
HRB500、HRBF500	≥14		

注:断后伸长率A的量测标距为5倍钢筋直径。

3)力学性能复试

从每批钢筋中任选两根,每根按规定取两个试样,分别进行拉伸(包括屈服点、抗拉强度和伸长率)和冷弯试验,并保证合格。

3. 冷轧带肋钢筋检验

冷轧带肋钢筋应按每批不大于50 t,由同牌号、同炉罐号、同规格、同交货状态的钢筋进行检验。

(1)外观检查:从每批钢筋中抽取5%(但不少于5捆或盘)进行表面质量检查,检查结果应符合规定要求。

(2)外形尺寸、质量偏差检验,检查结果应符合规定要求。

(3)力学性能检验:按规定逐盘逐捆各取2个试样,分别进行拉伸、冷弯试验合格,且冷

弯后受弯曲表面不得产生裂纹。

4. 冷轧扭钢筋检验

冷轧扭钢筋应按每批不大于10 t,由同牌号、同炉罐号、同规格、同交货状态的钢筋进行检验。

(1) 外观检查:从每批钢筋中抽取5%进行表面质量检查,加工生产的冷轧扭钢筋应为连续的螺旋形、表面应光滑,不得有裂缝、折叠夹层等,亦不得有深度超过0.2 mm的压痕或凹坑。

(2) 外形尺寸和质量偏差检查,检查结果应符合规定要求。

(3) 力学性能检验:从每批钢筋中随机抽取3根钢筋,各取1个试件,其中2个做拉伸试验,一个做冷弯试验,结果均应合格,试件长度应取偶数倍节距,不小于4倍节距,且不小于500 mm。

5. 机械连接接头用套筒检验

套筒应有产品合格证;套筒进场时要用目测和尺量检查外观质量和尺寸误差;套筒和钢筋连接后按规定的数量进行连接形式检验。

4.1.3 钢筋存放

钢筋运进综合加工厂后,必须严格按照进场的批次,分等级、牌号、直径、长度挂牌存放保管,并注明进场数量与检验状态,不得混淆。为确保工程质量及工程进度,避免人为浪费,在钢筋的堆放、保管中应注意以下几点。

(1) 钢筋应堆放在仓库或料棚内;地面宜为混凝土或进行硬化处理的地面,且排水良好、无积水。如条件不具备,可露天堆放,但必须选择地势较高、土质坚实、较平坦的场地,露天堆放场地或仓库等四周应挖排水沟以利泄水。堆放钢筋时,下面应用混凝土墩、砖或垫木垫起,使钢筋离地面200 mm以上,以便通风,防止钢筋锈蚀和污染。

(2) 原材料应按进场批次分别堆放并设置标牌,标牌上注明厂家、牌号、规格、进场数量、进场日期、检验状态等;加工好的钢筋应按规格、型号分别挂牌堆放,牌上应注明构件名称、配置部位、钢筋型号、尺寸、钢号、直径和根数。

(3) 钢筋堆垛之间应留出通道,以利于查找、取运和存放。

(4) 钢筋不得与酸、盐、油等物品存放在一起。堆放钢筋地点附近不得有有害气体源,以防腐蚀钢筋。

(5) 钢筋应设专人管理,建立严格的验收、保管和领取的管理制度。

(6) 库存期限不得过长,原则上先进场的先使用。

4.1.4 钢筋加工设备

1. 钢筋除锈设备

手工除锈需准备钢丝刷、砂盘;电动除锈需准备电动除锈机;此外,钢筋还可以在冷拉或调直过程中除锈。

2. 钢筋调直设备

钢筋调直可采用卷扬机调直或钢筋调直切断机调直切断,常用钢筋调直机技术性能见表 4.1.4-1。

表 4.1.4-1 钢筋调直机技术性能

机械型号	钢筋直径 /mm	调直速度 /(m/min)	断料长度 /mm	电机功率 /kW	外形尺寸 (长×宽×高)/mm	机重 /kg
GT3/8	3~8	40、65	300~6500	9.25	1854×741×1400	1280
GT6/12	6~12	36、54、72	300~6500	12.6	1770×535×1457	1230

3. 钢筋切断设备

细钢筋可采用手动切断器或钢筋切断机,粗钢筋切断可采用钢筋切断机,常用钢筋切断机技术性能见表 4.1.4-2。

表 4.1.4-2 钢筋切断机技术性能

机械型号	钢筋直径 /mm	每分钟切断次数	切断力 /kN	工作压力 /(N/mm²)	电机功率 /kW	外形尺寸 (长×宽×高)/mm	质量 /kg
GQ40	6~40	40	—	—	3.0	1150×430×750	600
GQ40B	6~40	40	—	—	3.0	1200×490×570	450
GQ50	6~50	30	—	—	5.5	1600×690×915	950
DYQ32B	6~32	—	320	45.5	3.0	900×340×380	145

4. 钢筋弯曲设备

(1) 弯制钢筋主要使用钢筋弯曲机,常用钢筋弯曲机技术性能见表 4.1.4-3。GW-40 型钢筋弯曲机每次弯曲根数见表 4.1.4-4。

表 4.1.4-3 钢筋弯曲机技术性能

弯曲机类型	钢筋直径 /mm	弯曲速度 /(r/min)	电机功率 /kW	外形尺寸 (长×宽×高)/mm	质量 /kg
GW32	6~32	10/20	2.2	875×615×945	340
GW40	6~40	5	3.0	1360×740×865	400
GW40A	6~40	0	3.0	1050×760×828	450
GW50	25~50	2.5	4.0	1450×760×800	580

表 4.1.4-4 GW-40 型钢筋弯曲机每次弯曲根数

钢筋直径/mm	10~12	14~16	18~20	22~40
每次弯曲根数	4~6	3~4	2~3	1

(2) 在缺乏机具设备条件下,也可采用手摇扳手弯制细钢筋、卡筋与扳头弯制粗钢筋。

4.1.5 钢筋骨架绑扎用工具

(1) 钢筋绑扎用钳子或钢筋钩子,用钳子可以节约一些铁丝,但不如钩子灵活。

(2) 混凝土楼板采用双层钢筋网时,在上层钢筋网下面应设置钢筋撑脚(也称马凳)或混凝土撑脚,以保证钢筋位置正确。

钢筋撑脚(也称马凳)的形式与尺寸如图 4.1.5-1 所示,钢筋撑脚(马凳)钢筋直径:当板厚 $h \leqslant 30$ cm 时为 $8 \sim 10$ mm;当板厚 $h = 30 \sim 50$ cm 时为 $12 \sim 14$ mm;当板厚 $h > 50$ cm 时为 $16 \sim 18$ mm。

(a) 钢筋撑脚(马凳)　　(b) 钢筋撑脚(马凳)位置

图 4.1.5-1　钢筋撑脚(马凳)

1—上层钢筋网;2—下层钢筋网;3—钢筋撑脚(马凳);4—钢筋垫块

钢筋撑脚(马凳)一般每隔 $1 \sim 1.5$ m 放置一个,放置间距应视钢筋品种、规格、位置适当加密,上层钢筋网片的角部、梁根部、负弯矩筋端部、后浇带模板两侧等,都需专门设置马凳。

(3) 钢筋加工安装过程中为了保证加工安装尺寸,常需要在钢筋、模板上标出需要加工的尺寸、需要安装的位置,因此需要准备粉笔(石笔)等用来划线。

4.1.6 钢筋配料

钢筋加工前,需要进行钢筋下料计算,根据施工图画出钢筋加工大样图,计算出钢筋使用量,按照大样图进行钢筋加工。一般由施工员或钢筋班组技术人员识读平法施工图,然后将每个构件中的钢筋分别编号,画出构件中每个编号的钢筋大样图,汇总到钢筋加工表上。钢筋大样图中的尺寸,受力筋的尺寸按外皮尺寸标注,箍筋的尺寸按内包尺寸标注,如图 4.1.6-1所示。

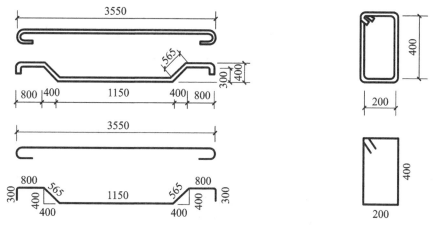

图 4.1.6-1　钢筋的尺寸标注示意图

钢筋加工时,钢筋都按直线长度下料。但实际构件中的钢筋形状多种多样,弯曲或弯钩都会使钢筋长度发生变化,因此在钢筋配料计算中,不能直接按施工图中的钢筋度量尺寸下料,而应考虑混凝土保护层厚度、钢筋弯曲长度变化、钢筋弯钩的规定等,再根据图中钢筋度量尺寸计算其下料长度。

1. 钢筋下料长度

钢筋的下料长度必须与结构施工图中构件的钢筋长度相等,各种形状的钢筋下料长度由下列公式求得。

(1) 直钢筋下料长度计算公式

下料长度＝构件长度－保护层厚度＋端部弯钩增加长度。

(2) 弯起钢筋下料长度计算公式

下料长度＝直段长度＋斜段长度＋端部弯钩增加长度－弯曲调整值。

(3) 箍筋下料长度计算公式

下料长度＝直段长度＋弯钩增加长度－弯曲调整值

或　下料长度＝箍筋周长＋箍筋调整值。

2. 钢筋弯钩的增加长度

钢筋的末端在根据构造要求做成弯钩时,需在度量出来的钢筋外包尺寸以外增加由弯钩引起的钢筋增加长度,而钢筋增加长度的多少,又与钢筋级别、弯钩形状、弯曲角度以及钢筋直径 d 等内容有关。除此之外,还需要根据弯曲直径 D 值的大小,共同确定钢筋的增加长度值。

(1) 钢筋末端弯钩的形状如图 4.1.6-2 所示。

(2) 钢筋弯曲直径 D 的最小取值见表 4.1.6-1。

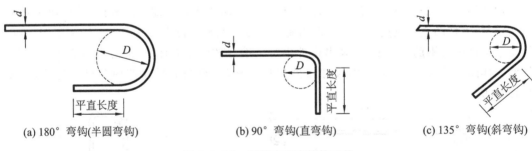

(a) 180°弯钩(半圆弯钩)　　(b) 90°弯钩(直弯钩)　　(c) 135°弯钩(斜弯钩)

图 4.1.6-2　钢筋末端弯钩的形状

表 4.1.6-1　弯曲直径的最小取值规定

钢筋级别	Ⅰ级	Ⅱ级	Ⅲ级
弯钩形式	180°	90°或 135°	90°或 135°
弯曲直径(D)	≥2.5d	≥4d	≥5d

(3) 钢筋末端各种形式弯钩的增加长度计算如下:

① 180°半圆弯钩计算公式:$l_z = 1.071D + 0.571d + L_P$

② 90°直弯钩计算公式:$l_z = 0.285D - 0.215d + L_P$

③ 135°斜弯钩计算公式：$l_Z = 0.678D + 0.178d + L_P$

式中 l_Z——弯钩增加长度值(mm)；

D——弯曲直径(mm)(按表 4.1.6-1 中取值)；

d——钢筋直径(mm)；

L_P——弯钩的平直部分长度(mm)。

表 4.1.6-2　纵向钢筋弯钩增加长度(钢筋直径 d)

钢筋类别	弯钩增加长度/mm		
	180°	135°	90°
HPB300	6.25d	4.9d	3.5d
HRB335	无	X+2.9d	X+0.93d
备注	X 为平直段长度，按设计要求取值		

3. 钢筋弯曲调整值

钢筋弯曲时，外皮延伸，内皮收缩，中心尺寸不变，所以钢筋下料长度就是钢筋的中心线尺寸。由于钢筋弯曲处成弧线，而钢筋成型后量度尺寸一般指钢筋外皮尺寸(如图 4.1.6-3 所示)，因此，造成弯曲钢筋的量度尺寸大于钢筋下料尺寸。量度尺寸减去下料长度的差值，称为钢筋弯曲调整值。

钢筋不同弯曲角度的调整值见表 4.1.6-3。

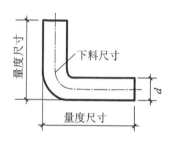

图 4.1.6-3　钢筋弯曲时的量度方法

表 4.1.6-3　钢筋不同弯曲角度的调整值

钢筋直径 d/mm	弯曲角度 弯曲直径	30°	45°	60°	90°	135°
		0.35d	0.50d	0.85d	2.00d	2.50d
6		—	—	—	12	15
8		—	—	—	16	20
10		3.5	5	8.5	20	25
12		4	6	10	24	30
14		5	7	12	28	30
16		5.5	8	13.5	32	35
18		6.5	9	15.5	36	45
20		7	10	17	40	50
22		8	11	19	44	55
25		9	12.5	21.5	50	62.5
28		10	14	24	56	70
32		11	16	27	64	80
36		12.5	18	30.5	72	90

4. 弯起钢筋的斜段长度

弯起钢筋的斜段长度可根据钢筋不同的弯起角度计算(如图 4.1.6-4 所示)。

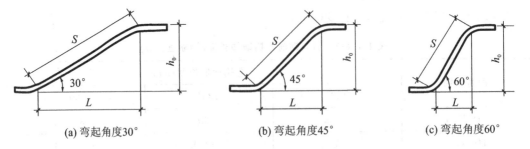

图 4.1.6-4　弯起钢筋斜段长度计算简图

查表 4.1.6-4 得弯起钢筋的斜边系数;计算该斜段长度时,乘以该斜边系数即可。

表 4.1.6-4　弯起钢筋斜长计算系数表

弯起角度	30°	45°	60°
斜边长度 S	$2h_0$	$1.41h_0$	$1.15h_0$
底边长度 L	$1.732h_0$	h_0	$0.575h_0$
增加长度 $S-L$	$0.268h_0$	$0.41h_0$	$0.58h_0$

注:h_0 为弯起钢筋的弯起净高。

5. 箍筋下料长度

(1) 箍筋形式。常用的箍筋形式有三种,即:半圆弯钩(90°/180°)形、直弯钩(90°)形、斜弯钩(135°)形,如图 4.1.6-5(a)、(b)、(c)所示。半圆弯钩、直弯钩形目前应用较少;斜弯钩形是有抗震要求的受扭构件的箍筋,是目前应用最广泛的箍筋形式。

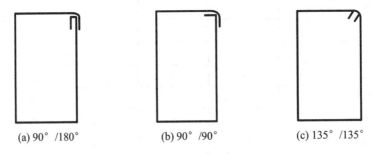

图 4.1.6-5　箍筋弯钩示意图

(2) 箍筋弯钩长度增加值的计算。这里只介绍斜弯钩(135°)箍筋的弯钩长度增加值的计算过程,如图 4.1.6-6 所示。斜弯钩(135°)箍筋弯钩增加长度的计算如下:

弯钩增加长度:$l_z = AF - AB$

根据计算图有:$AF = \overparen{A°C°} + l_p$

$\quad\quad\quad = 135\pi(D+d)/360 + l_p = 1.178(D+d) + l_p$

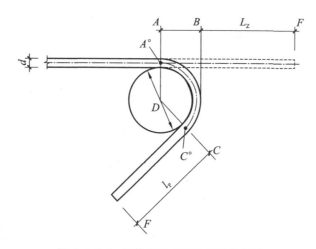

图 4.1.6-6　箍筋端部 135°弯钩计算简图

$$AB \approx D/2 + d$$

所以：$l_z = AF - AB$
$= 1.178(D+d) + l_p - (D/2+d) = 0.678D + 0.178d + l_p$

式中　D——弯钩的弯曲直径(mm)；

　　　d——箍筋直径(mm)；

　　　l_p——箍筋弯钩平直段的长度(mm)。

同理，可计算出箍筋半圆弯钩(180°)、直弯钩(90°)的弯钩长度增加值，当 l_p 取值不同时，弯钩增加长度 l_z 的计算结果见表 4.1.6-5。

表 4.1.6-5　箍筋弯钩增加长度 l_z 计算表

弯钩形式	弯钩增加长度计算公式(l_z)	l_p取值	HPB300级钢筋 l_z 值	HRB335级钢筋 l_z 值
半圆弯钩(180°)	$l_z = 1.071D + 0.571d + l_p$	$5d$	$8.25d$	—
直弯钩(90°)	$l_z = 0.285D + 0.215d + l_p$	$5d$	$6.2d$	$6.2d$
斜弯钩(135°)	$l_z = 0.678D + 0.178d + l_p$	$10d$	$12d$	—

注：表中 90°弯钩：HPB300 级、HRB335 级钢筋均取 $D=5d$；135°、180°弯钩 HPB300 级钢筋取 $D=2.5d$。

(3) 箍筋的下料长度计算。箍筋尺寸的标注一般有外包尺寸、内皮尺寸两种，如图 4.1.6-7 所示。

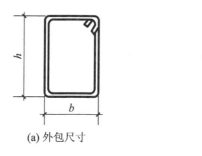

(a) 外包尺寸　　　　(b) 内皮尺寸

图 4.1.6-7　箍筋标注方法

箍筋下料长度＝外包直段长度＋弯钩增加长度－弯曲调整值。

故若标注的是内皮尺寸，则每边加上 $2d$ 即可转换成外包尺寸，根据前面的公式，可以得到各种类型箍筋的下料长度 l_x，见表 4.1.6-6。

表 4.1.6-6　各种类型箍筋下料长度计算式

序号	简图	钢筋级别	弯钩类型	下料长度计算式 l_x
1		HPB300 级	180°/180°	$l_x = a + 2b + (6 - 2\times 2.29 + 2\times 8.25)d$ 或 $l_x = a + 2b + 17.9d$
2			90°/180°	$l_x = 2a + 2b + (8 - 3\times 2.29 + 8.25 + 6.2)d$ 或 $l_x = 2a + 2b + 15.6d$
3			90°/90°	$l_x = 2a + 2b + (8 - 3\times 2.29 + 2\times 6.2)d$ 或 $l_x = 2a + 2b + 13.5d$
4			135°/135°	$l_x = 2a + 2b + (8 - 3\times 2.29 + 2\times 12)d$ 或 $l_x = 2a + 2b + 25.1d$
5		HRPB335 级		$l_x = (a + 2b) + (4 - 2\times 2.29)d$ 或 $l_x = a + 2b + 0.6d$
6			90°/90°	$l_x = 2a + 2b + (8 - 3\times 2.29 + 2\times 6.2)d$ 或 $l_x = 2a + 2b + 13.5d$

注：表中 a、b 为箍筋内皮尺寸。

6. 钢筋配料单与料牌

钢筋下料长度的确定是钢筋配料中的一项重要工作，但配料凭证的制备也是钢筋配料中不可缺少的内容之一。配料凭证的制备包括配料单和料牌两个项目，要求在钢筋下料长度确定之后编制和制作。

钢筋配料单的内容包括工程及构件名称、钢筋编号、钢筋简图及尺寸、钢筋规格、下料长度、钢筋根数等。其编制方法是以表格的形式，将钢筋下料长度由配料人员按要求计算正确后填写，切不可采用设计人员在材料表上标注的下料长度尺寸。

钢筋料牌是采用木板或纤维板制成料牌，将每一类编号钢筋的工程及构件名称、钢筋编号、数量、规格、钢筋简图及下料长度等内容分别注写于料牌的两面，以便随着工艺流程的传送，最后系在加工好的钢筋上，作为钢筋安装工作中区别各工程项目、各类构件和各种不同钢筋的标志。

7. 钢筋配料实例

【例 4-1】 已知某综合楼钢筋混凝土框架梁 KL1 的截面尺寸与配筋,如图 4.1.6-8 所示,共计 5 根。混凝土强度等级为 C25,结构抗震等级为四级,环境类别为一类。求各钢筋下料长度。

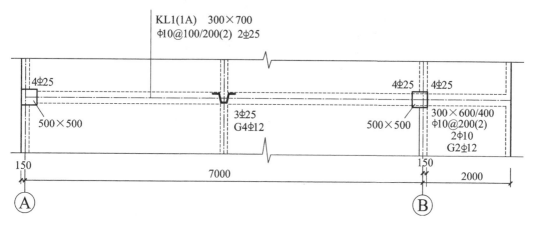

图 4.1.6-8 钢筋混凝土框架梁 KL1 平法施工图

【解】

1. 绘制钢筋翻样图

根据《混凝土结构施工图平面整体表示方法制图规则和构造详图》(03G101-1)的相关规定得出:

(1) C25 混凝土纵向受力钢筋端头的混凝土保护层为 25 mm;

(2) 框架梁纵向受力钢筋 $\phi 25$ 的锚固长度为 $34d$,即 $34\times25=850(mm)$,$\phi 10$ 的锚固长度为 $27d$,即 $27\times10=270(mm)$。为避开柱筋,取梁顶纵筋伸入柱内时距柱外侧 100 mm,即伸入柱内的长度为 $500-100=400(mm)$;梁底纵筋距柱外侧 150 mm,即伸入柱内的长度为 $500-150=350(mm)$;$0.4L_a=0.4\times850=340(mm)$,梁纵筋均满足弯锚时水平锚固长度大于 $0.4L_a$ 的要求;弯锚需要向上(下)弯 $15d$,即 $15\times25=375(mm)$,实取 380 mm;

(3) 吊筋底部宽度为次梁宽+2×50 mm,按 $45°$ 向上弯至梁顶部,再水平延伸 $20d$,即 $20\times18=360(mm)$;

(4) 箍筋及拉筋弯钩平直段为 $10d$,即 $10\times10=100(mm)$。

对照 KL1 尺寸与上述构造要求,绘制单根钢筋简图,如图 4.1.6-9、表 4.1.6-7 所示。

2. 计算钢筋下料长度

①号受力钢筋下料长度为:
$$7000+2\times380-2\times2\times25=7660(mm)$$

②号受力钢筋下料长度为:
$$9025+380+300-2\times2\times25=9605(mm)$$

③号受力钢筋下料长度为:
$$1975+380-2\times25=2305(mm)$$

④号受力钢筋下料长度为:
$$3550+495+250-2\times0.5\times25=4270(mm)$$

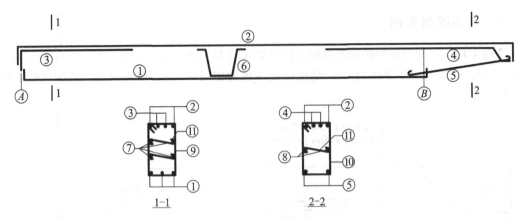

图 4.1.6-9 KL1 框架梁钢筋翻样简图

⑤号受力钢筋下料长度为：
$$2851+2\times6.25\times10=2976(\text{mm})$$

⑥号吊筋下料长度为：
$$(360+920)\times2+350-4\times0.5\times18=2874(\text{mm})$$

⑦号构造筋下料长度为：
$$7000-300=6700(\text{mm})$$

⑧号构造筋下料长度为：
$$2000-150+11-25=1836(\text{mm})$$

⑨号箍筋下料长度为：
$$(250+650)\times2+25.1\times10=2051(\text{mm})$$

⑩号箍筋下料长度，由于梁高变化，因此要先计算出箍筋高差△。

箍筋根数 $n=(1850-100)/200+1=10$，箍筋高差 $\triangle=(570-370)/(10-1)=22$ (mm)。参考⑨号箍筋计算方法，具体长度列于表 4.1.6-7。

⑪号拉筋下料长度为：
$$250+2\times10+2\times12\times8=462(\text{mm})$$

表 4.1.6-7 钢筋配料单

钢筋编号	简 图	钢筋符号	直径/mm	下料长度/mm	单位根数	合计根数	质量/kg
①	380 7000 380	Φ	25	7660	3	15	450
②	380 9025 300	Φ	25	9605	3	10	389
③	380 1975	Φ	25	2305	3	10	92
④	3550 495 250	Φ	25	4270	3	10	163
⑤	2851	Φ	10	2976	3	10	41
⑥	360 920 350 920 360 45° 45°	Φ	18	2874	4	20	126

续表

钢筋编号	简图	钢筋符号	直径/mm	下料长度/mm	单位根数	合计根数	质量/kg
⑦	6700	⊈	12	6700	4	20	153
⑧	1836	⊈	12	1836	2	10	25
⑨	650 × 250	Φ	10	2051	1	5	268
⑩₁	550 × 250	Φ	10	1851	1	5	
⑩₂	528×250	Φ	10	1807	1	5	
⑩₃	506×250	Φ	10	1763	1	5	
⑩₄	484×250	Φ	10	1719	1	5	
⑩₅	462×250	Φ	10	1675	1	5	51
⑩₆	440×250	Φ	10	1631	1	5	
⑩₇	417×250	Φ	10	1585	1	5	
⑩₈	395×250	Φ	10	1541	1	5	
⑩₉	373×250	Φ	10	1497	1	5	
⑩₁₀	350×250	Φ	10	1451	1	1	
⑪	250	Φ	8	462	28	140	18
总计							1867

注：表中箍筋均为内皮尺寸。

4.1.7 钢筋代换

在施工过程中，有时会出现钢筋供应不及时或工地备料的钢材品种、规格、数量与设计要求不符的问题，为确保工程质量和工程进度，往往需用其他钢筋代换。

钢筋代换的方法分为两种：

① 等强度代换，适用于不同种类钢筋之间，按抗拉强度设计值相等的方法进行代换；
② 等面积代换，适用于相同种类和级别的钢筋之间，按等面积方法进行代换。

无论用何种钢筋代换方法，均应符合下列规定：

① 钢筋代换时，应征得设计单位的同意；
② 钢筋代换后，应满足混凝土设计规范中所规定的钢筋间距、锚固长度、最小钢筋直径和根数的要求。

4.1.8 钢筋工程施工

钢筋工程施工内容主要包括钢筋制作加工成型、钢筋连接和安装。

钢筋加工有现场加工和场外加工两种方式。现场加工在施工现场设立钢筋加工棚(或加工区)加工成型;场外加工则是在施工场地以外的钢筋加工厂或钢筋加工车间加工成型,然后将半成品运输到施工现场进行钢筋安装。

钢筋制作加工过程一般包括调直、切断、除锈、弯曲成型等。

对于现浇钢筋混凝土结构施工,钢筋连接和安装则是把加工好的钢筋运到构件所在位置,在现场进行钢筋接长(焊接或机械连接)和绑扎,形成构件的钢筋骨架。

1. 钢筋制作加工成型

1) 钢筋除锈

新采购进场的钢筋表面洁净的,不用除锈。钢筋表面有少量薄锈时,采用钢丝刷、锤敲击除锈;钢筋锈的量多时,φ12以下的钢筋可在调直过程中除锈,φ14及以上的钢筋可采用电动除锈机除锈。

在除锈过程中发现钢筋表面的氧化铁皮鳞落现象严重并已损伤钢筋截面,或在除锈后钢筋表面有严重的麻坑、斑点伤蚀截面时,应降级使用或剔除不用。

(1) 人工除锈。人工除锈的常用方法一般是用钢丝刷、砂盘、麻袋布等轻擦或将钢筋在砂堆上来回拉动除锈,砂盘除锈示意图见图4.1.8-1。

(2) 机械除锈。机械除锈有除锈机除锈和喷砂法除锈。

① 除锈机除锈。对直径较细的盘条钢筋,通过冷拉和调直过程自动去锈;粗钢筋采用圆盘钢丝刷除锈机除锈。

钢筋除锈机有固定式和移动式两种,一般由钢筋加工单位自制,是由动力带动圆盘钢丝刷高速旋转来清刷钢筋上的铁锈。

固定式钢筋除锈机一般安装一个圆盘钢丝刷,见图4.1.8-2。为提高效率,也可将两台除锈机组合。

② 喷砂法除锈。喷砂法主要是利用空压机、储砂罐、喷砂管、喷头等设备,利用空压机产生的强大气流形成高压砂除锈,适用于大量除锈工作,除锈效果好。

(3) 酸洗法除锈。当钢筋需要进行冷拔加工时,用酸洗法除锈。酸洗除锈是将盘圆钢筋放入硫酸或盐酸溶液中,经化学反应去除铁锈;但在酸洗除锈前,通常先进行机械除锈,通过这样的程序可以缩短50%酸洗时间,节约80%以上的酸液。酸洗除锈流程和技术参数见表4.1.8-1。

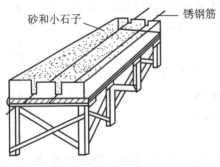

图 4.1.8-1 砂盘除锈示意图

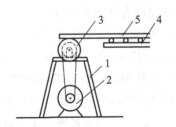

图 4.1.8-2 除锈机除锈示意图
1—支架;2—电动机;3—圆盘钢丝刷;
4—滚轴台;5—钢筋

表 4.1.8-1　酸洗除锈流程和技术参数

工序名称	时间/min	设备及技术参数
机械除锈	5	倒盘机，φ6 台班产量为 5～6 t
酸洗	20	1. 硫酸液浓度：循环酸洗法为 15% 左右； 2. 酸洗温度：50～240 ℃
清洗及除锈	30	压力水冲洗 3～5 min，清水淋洗 20～25 min
沾石灰肥皂浆	5	1. 石灰肥皂浆配制：石灰水 100 kg，动物油 15～20 kg，肥皂粉 3～4 kg，水 350～400 kg 2. 石灰肥皂浆温度，用蒸汽加热
干燥	120～240	阳光自然干燥

2）钢筋调直

（1）专用机械调直　应首先采用专用机械（如型号为 GT6/12 的钢筋调直机）进行 φ4～12 钢筋调直。

有条件时，应采用数控钢筋调直切断机进行 φ4～12 钢筋的调直切断。采用数控钢筋调直切断机调直钢筋时，要求钢丝表面光洁，截面均匀，以免钢丝移动时速度不均，影响切断长度的精确性。

（2）卷扬机拉直　一般在钢筋调直量较少的工地、加工厂采用。卷扬机拉直设备可按照图 4.1.8-3 所示设置。两端采用地锚承力，冷拉滑轮组回程采用荷重架，标尺量伸长。钢筋采用专用钢筋夹具连接后，开动卷扬机进行调直。

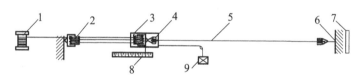

图 4.1.8-3　卷扬机拉直设备布置
1—卷扬机；2—滑轮组；3—冷拉小车；4—钢筋夹具；
5—钢筋；6—地锚；7—防护壁；8—标尺；9—荷重架

（3）钢筋调直工艺。

① 采用钢筋调直机调直。对冷拔钢丝和细钢筋调直时，要根据钢筋的直径选用调直模和传送压辊，并要正确掌握调直模的偏移量和压辊的压紧程度。

调直模的偏移量（如图 4.1.8-4），应根据其磨耗程度及钢筋品种通过试验确定；同时调直筒两端的调直模，使其前后的调直模在同一导孔的轴心线上。当钢筋未调直时，应及时调整调直模的偏移量和前后调直模的偏心量。

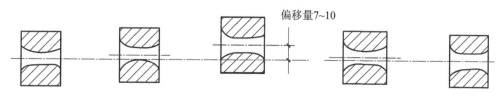

图 4.1.8-4　调直模的安装

压辊的槽宽,一般在钢筋穿入压辊之后上下压辊间宜有 3 mm 之内的间隙。压辊的压紧程度要做到既能保证钢筋顺利地被牵引前进,看不出钢筋有明显的转动,而在被切断的瞬时钢筋和压辊间又能允许发生打滑。

② 卷扬机冷拉调直。根据现场场地情况安装好卷扬机、地锚、滑轮和钢筋夹具,分别设好固定端和张拉端。安装时首先确定张拉距离 L_0(即钢筋张拉前的长度),在场地条件许可时 L_0 应尽量长,以提高工作效率。根据张拉距离和钢筋的冷拉率确定钢筋冷拉总长度 L(即钢筋冷拉后的长度),从而确定卷扬机、地锚、滑轮和钢筋夹具的位置。一般情况下:

$$L = L_0(1 + \Delta L)$$

ΔL—钢筋拉伸率,一般情况下 HPB300 级钢筋的冷拉率取 4%,HRB335 级、HRB400 级及 RRB400 级取 1%。

拉伸设备安装完成后,在钢筋张拉前和张拉后位置处分别做好明显标记及设置相应的标牌。

张拉时,先将整盘钢筋放在钢筋转盘上,用人工拽住钢筋端头拉至钢筋张拉端的钢筋夹具上(此夹具应事先放在张拉前的标志位置处),在固定端确定好位置,用大钳剪断钢筋并锁固在钢筋夹具上。然后启动卷扬机拉伸,当钢筋夹具到达张拉位置标牌时,停止拉伸、松开夹具取下钢筋,并将钢筋夹具退回到张拉前位置,进行下次张拉。

③ 手工调直。对直径大于等于 14 mm 钢筋的局部弯曲,一般采用人工调直。

(4) 操作注意事项。

① 冷拔钢丝和冷轧带肋钢筋经调直机调直后,其抗拉强度一般要降低 10%~15%。使用前应加强检验,按调直后的抗拉强度选用。如果钢丝抗拉强度降低过大,则可适当降低调直筒的转速和调直块的压紧程度。

② 采用卷扬机等冷拉方法进行钢筋调直时,HPB300 级钢筋的冷拉率不应大于 4%,HRB335 级、HRB400 级及 RRB400 级冷拉率不应大于 1%。

3) 钢筋切断

采用钢筋切断机切断钢筋,钢筋切断机一般采用的型号为 GQ40。安装刀片时,螺丝要紧固,刀口要密合(间隙不大于 0.5 mm);固定刀片与冲切刀片刀口的距离:对直径≤20 mm 的钢筋宜重叠 1~2 mm,对直径>20 mm 的钢筋宜留 5 mm 左右。钢筋切断工艺如下。

(1) 将同规格钢筋根据不同长度长短搭配,统筹排料;一般应先断长料,后断短料,减少短头,减少损耗。

(2) 断料时应避免用短尺量长料,防止在量料中产生累计误差。为此,宜在工作台上标出尺寸刻度线并设置控制断料尺寸用的挡板。

(3) 在钢筋切断机一次切断钢筋的根数,可参考表 4.1.8-2 采用。

表 4.1.8-2 钢筋切断机一次切断钢筋的根数

钢筋直径/mm	5.5~6.5	8~12	14~16	18~20	20 以上
可切断根数	7~12	4~6	3	2	1

注:实际可切断根数,应按照不同型号的切断机机械使用说明书的要求采用。

(4) 用于机械连接和模板用定位的钢筋,应采用砂轮切割机锯断,并保证端头平直。

(5) 钢筋有劈裂、缩头或严重的弯头等必须切除;在切断过程中,如发现钢筋的硬度与该钢种有较大的出入,应及时向有关人员反映,查明情况。

(6) 各种钢筋切断的断口端,不应有马蹄形或起弯等现象。

4) 钢筋弯曲操作程序

(1) 钢筋弯曲机选择。常用的 GW-40 型钢筋弯曲机每次弯曲根数见表 4.1.8-3。

表 4.1.8-3　GW-40 型钢筋弯曲机每次弯曲根数

钢筋直径/mm	10～12	14～16	18～20	22～40
每次弯曲根数	4～6	3～4	2～3	1

弯曲前应先安装钢筋弯曲机芯轴、成型轴和档轴。芯轴应根据钢筋直径、弯曲角度选择，芯轴直径应是钢筋直径的 2.5～5.0 倍。

Φ6～10 的钢筋在缺机具设备条件下，可采用手摇扳手弯制。

(2) 弯曲成型工艺。

① 划线，钢筋弯曲前，对形状复杂的钢筋（如弯起钢筋），应根据钢筋料牌上标明的尺寸，用石笔将各弯曲点位置划出。划线时应注意：根据不同的弯曲角度扣除弯曲调整值，其扣法是从相邻两段长度中各扣一半；钢筋端部带半圆弯钩时，该段长度划线时增加 0.5d（d 为钢筋直径）；划线工作宜从钢筋中线开始向两边进行；两边不对称的钢筋，也可从钢筋一端开始划线，如划到另一端有出入时，则应重新调整。

【例 4-2】 以下图中的①、⑤、⑥、⑨号钢筋为例，进行划线（注：划线计算时精确到 mm）。

①号钢筋需加工成型的形状和尺寸如图 4.1.8-5 所示，划线方法如下：

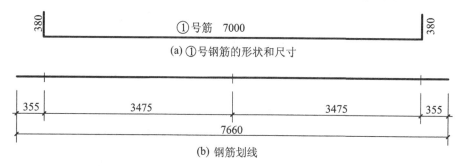

图 4.1.8-5　①号钢筋划线

第一步在钢筋中心线上划第一道线；

第二步自中线向端头位置量取 $7000/2 - 2d/2 = 3475(\text{mm})$，划第二道线；

⑤号钢筋需加工成型的形状和尺寸如图 4.1.8-6 所示。划线方法如下：

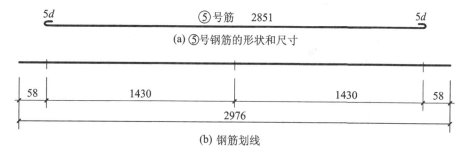

图 4.1.8-6　⑤号钢筋划线

第一步在钢筋中心线上划第一道线；

第二步自中线向端头位置量取 $2851/2 + 0.5d = 1430(\text{mm})$，划第二道线；

⑥号钢筋需加工成型的形状和尺寸如图 4.1.8-7 所示。划线方法如下：

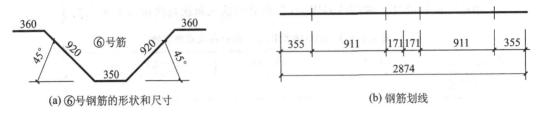

图 4.1.8-7　⑥号钢筋划线

第一步在钢筋中心线上划第一道线；

第二步自中线向端头位置量取 $350/2-0.5d/2=171(mm)$，划第二道线；

第三步取斜段 $920-2\times0.5d/2=911(mm)$，划第三道线；

⑨号钢筋需加工成型的形状和尺寸如图 4.1.8-8 所示。划线方法如下：

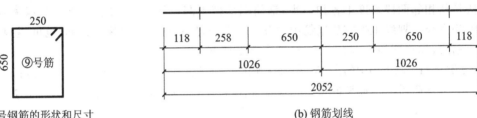

图 4.1.8-8　⑨号钢筋划线

第一步在钢筋中心线上划第一道线；

第二步：

一边自中线向端头量取 $270-2d=250(mm)$，划第二道线；

另一边自中线向端头位置量取 $670-2d=650(mm)$，划第二道线；

第三步：

一边自第二道线向端头量取 $670-d-0.2d=658(mm)$，划第三道线；

另一边自第二道线向端头量取 $270-d-0.2d=258(mm)$，划第三道线；

② 机械弯曲成型。采用钢筋在弯曲机上成型时，成型轴宜加偏心轴套（图 4.1.8-9），以便适应不同直径的钢筋弯曲需要。弯曲细钢筋时，为了使弯弧一侧的钢筋保持平直，挡铁轴宜做成可变挡架或固定挡架（加铁板调整）。

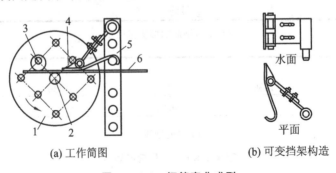

图 4.1.8-9　钢筋弯曲成型

1—工作盘；2—心轴；3—成型轴；4—可变挡架；5—插座；6—钢筋

钢筋弯曲点线和心轴的关系,如图 4.1.8-10 所示。由于成型轴和心轴同时在转动,就会带动钢筋向前滑移。因此,钢筋弯 90°时,弯曲点线约与心轴内边缘齐;弯 180°时,弯曲点线距心轴内边缘为 1.0~1.5d(钢筋硬时取大值)。

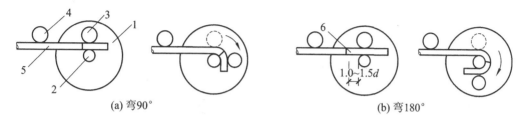

(a) 弯 90° (b) 弯 180°

图 4.1.8-10 弯曲点线与心轴关系
1—工作盘;2—心轴;3—成型轴;4—固定挡铁;5—钢筋;6—弯曲点线

弯曲时应注意,对 HRB335 与 HRB400 钢筋,不能弯过头再弯过来,以免钢筋弯曲点处发生裂纹。

③ 手工弯曲成型。

工具和设备:

a. 工作台:钢筋弯曲应在工作台上进行,工作台的宽度通常为 800 mm,长度视钢筋种类而定,弯细钢筋时一般为 4000 mm,弯粗钢筋时可为 8000 mm,台高一般为 900~1000 mm。

b. 手摇扳:手摇扳的外形,如图 4.1.8-11 所示,它由钢板底盘、扳柱、扳手组成,用来弯制直径在 12 mm 以下的钢筋,操作前应将底盘固定在工作台上,其底盘表面应与工作台面平直。图 4.1.8-11(a)所示是弯单根钢筋的手摇扳,图 4.1.8-11(b)所示是可以同时弯制多根钢筋的手摇扳。

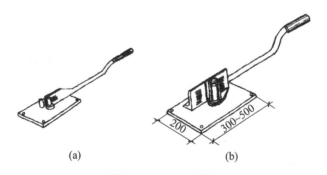

(a) (b)

图 4.1.8-11 手摇扳

c. 卡盘:卡盘用来弯制粗钢筋,它由钢板底盘和扳柱组成。扳柱焊在底盘上,底盘需固定在工作台上。图 4.1.8-12(a)所示为四扳柱的卡盘,扳柱水平净距约为 100 mm,垂直方向净距约为 34 mm,可弯曲直径为 32 mm 钢筋。图 4.1.8-12(b)所示为三扳柱的卡盘,扳柱的两斜边净距为 100 mm 左右,底边净距约为 80 mm。这种卡盘不需配钢套,扳柱的直径视所弯钢筋的粗细而定。一般弯曲直径为 20~25 mm 的钢筋,可用厚 12 mm 的钢板制作卡盘底板。

d. 钢筋扳子:钢筋扳子是弯制钢筋的工具,它主要与卡盘配合使用,分为横口扳子和顺口扳子两种,如图 4.1.8-12(c)、(d)所示。横口扳子又有平头和弯头之分,弯头横口扳子仅在绑扎钢筋时作为纠正钢筋位置用。钢筋扳子的扳口尺寸比弯制的钢筋直径大 2 mm 较为合适。

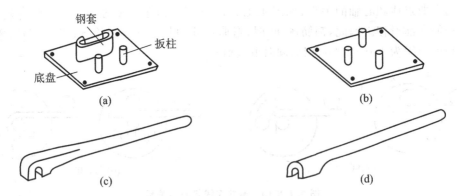

图 4.1.8-12 卡盘与钢筋扳子

钢筋弯曲成型工艺：

不同钢筋的弯曲步骤基本相同，下面以箍筋为例介绍钢筋的弯曲步骤。

箍筋弯曲成型步骤，分为五步，如图 4.1.8-13 所示。在操作前，首先要在手摇扳的左侧工作台上标出钢筋 1/2 长、箍筋长边内侧长和短边内侧长（也可以标长边外侧长和短边外侧长）三个标志。

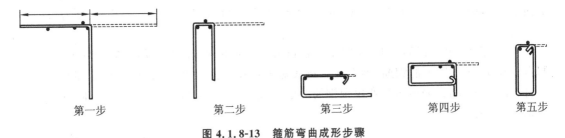

图 4.1.8-13 箍筋弯曲成形步骤

第一步在钢筋长 1/2 处弯折 90°；第二步弯折短边 90°；第三步弯长边 135°弯钩；第四步弯短边 90°弯折；第五步弯短边 135°弯钩。因为第三、五步的弯钩角度大，所以要比第二、四步操作时多预留一些长度，以免箍筋不方正。

④ 曲线形钢筋成型。

弯制曲线形的钢筋时，应在原有钢筋弯曲机的工作盘中央放置一个十字架和钢套放置一个十字架和钢套；另外，在工作盘四个孔内插上短轴和成型钢套（和中央钢套相切）。插座板上的挡轴钢套尺寸，可根据钢筋曲线形状选用。

⑤ 螺旋形钢筋成型。

螺旋形钢筋，一般可用手摇滚筒成型（图 4.1.8-14）。由于钢筋有弹性，滚筒直径应比螺旋筋内径略小，可参考表 4.1.8-4。

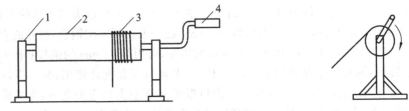

图 4.1.8-14 螺旋形钢筋成型
1—支架；2—卷筒；3—钢筋；4—摇把

表 4.1.8-4　滚筒直径与螺旋筋直径关系

螺旋筋内径/mm	φ6	288	360	418	485	575	630	700	760	845	—	—	—
	φ8	270	325	390	440	500	565	640	690	765	820	885	965
滚筒外径/mm		260	310	365	410	460	510	555	600	660	710	760	810

5) 钢筋自检、标识与码放

(1) 制作成型的钢筋，由钢筋制作组长按照规定进行制作工序自检，合格后进行钢筋标识。钢筋的几何尺寸量度，除箍筋量度内皮尺寸，其余量度外包尺寸，如图 4.1.8-15 所示。

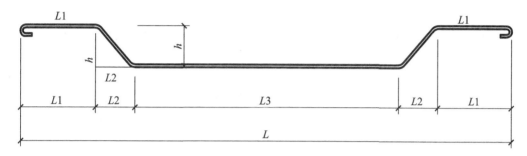

图 4.1.8-15　钢筋尺寸量度

(2) 依据钢筋配料单，将每一编号的钢筋制作一块料牌，作为钢筋加工的依据与钢筋安装的标志。钢筋配料单和料牌，应严格校核，必须准确无误，以免返工浪费。料牌上应有成型钢筋的构件部位、构件编号，钢筋规格(级别、直径)、形状简图、尺寸、数量等内容。料牌可采用薄镀锌铁皮或水泥袋类的牛皮纸或不易损坏的纸张制作，料牌宜防水、牢固。

(3) 成型合格的钢筋，在其适当位置用绑扎丝挂上或绑上钢筋料牌进行成品钢筋标识，并按照构件编号、钢筋编号和按照构件施工的先后顺序，进行分类、有序地整齐码放，以利于钢筋吊运。

6) 成品保护

(1) 加工好的半成品，应按照指定地点堆放，不得直接堆放在泥土上；成品钢筋堆底部应堆放整齐、支垫稳固和防水，并标明规格、尺寸使用部位、简图数量等内容。

(2) 应按工程名称、构件部位、钢筋编号、需用先后的顺序堆放，防止先用的被压在下面，使用时因翻垛而造成钢筋变形。

(3) 钢筋长时间未安装，出现较多水锈时，应立即采用防雨布覆盖，防止日晒、雨淋等造成锈蚀或其他污染。

(4) 加工好的半成品钢筋在安装吊运前，在班长的组织下，加工组长向安装组长进行必要交接，互检合格后才可吊运到施工作业面。

2. 钢筋连接操作程序

钢筋现场连接的方式有绑扎连接、焊接连接、机械连接。

1) 钢筋绑扎连接

钢筋绑扎连接即用绑扎钢丝把要连接的钢筋绑扎在一起。当纵向受力钢筋采用绑扎搭

接接头时,接头的设置应符合下列规定:

(1) 接头的横向净间距不应小于钢筋直径,且不应小于 25 mm;

(2) 同一连接区段内,纵向受拉钢筋的接头百分率应符合设计要求;当设计无具体要求时,纵向受拉钢筋的接头百分率应符合下列规定:梁类、板类及墙类构件,不宜超过 25%;基础筏板,不宜超过 50%;柱类构件,不宜超过 50%;当工程中确有必要增大接头面积百分率时,对梁类构件,不宜大于 50%。

检查数量:在同一检验批内,对梁、柱和独立基础,应抽查构件数量的 10%,且不应少于 3 件;对墙和板,应按有代表性的自然间抽查 10%且不应少于 3 间;对大空间结构,墙可按相邻轴线高度 5 m 左右划分检验面,板可按纵横轴线划分检验面,抽查 10%,且均不应少于 3 面。

注:(1) 接头连接区段是指长度为 1.3 倍搭接长度的区段,搭接长度取相互连接两根钢筋中较小直径计算。

(2) 同一连接区段内纵向受力筋接头面积百分率为接头中点位于该连接区段长度内的纵向受力钢筋截面面积与全部纵向受力钢筋截面面积的比值。

梁、柱类构件的纵向受力钢筋搭接长度范围内箍筋的设置应符合设计要求;当设计无具体要求时,应符合下列规定:

① 箍筋直径不应小于搭接钢筋较大直径的 1/4;

② 受拉搭接区段的箍筋间距不应大于搭接钢筋较小直径的 5 倍,且不应大于 100 mm;

③ 受压搭接区段的箍筋间距不应大于搭接钢筋较小直径的 10 倍,且不应大于 200 mm;

④ 当柱中纵向受力钢筋直径大于 25 mm 时,应在搭接接头两个断面外 100 mm 范围内各设置两道箍筋,其间距宜为 50 mm。

2) 钢筋焊接连接

钢筋焊接连接必须由取得焊工操作上岗证的人员进行,具体工艺过程属于焊工作业范围,下面仅介绍用于竖向钢筋连接的电渣压力焊。

电渣压力焊是利用电流通过渣池产生的电阻热将钢筋端部熔化,然后施加压力使钢筋焊合。该法主要适用于竖向或斜向(倾斜角度在 4∶1 范围内)钢筋的连接。

(1) 施工准备。主要机具:电渣压力焊机具主要包括电源、控制箱、焊接夹具、焊剂盒,自动电渣压力焊的设备还包括控制系统及操作箱。

主要材料包括钢筋和焊剂。钢筋的级别、直径必须符合设计要求,有出厂证明书及复试报告单。进口钢筋还应有化学复试单,其化学成分应满足焊接要求,并应有可焊性试验;焊剂的性能应符合《碳素钢埋弧焊用焊剂》(GB 5293)的规定。焊剂型号为 HJ401,常用的为熔炼型高锰高硅低氟焊剂或中锰高硅低氟焊剂。焊剂应存放在干燥的库房内,防止受潮,如受潮,使用前必须经过 250~300 ℃烘焙 2 h。使用中回收的焊剂应除去熔渣和杂物,并应与新焊剂混合均匀后使用。焊剂应有出厂合格证。

作业条件:焊工必须持有有效的焊工考试合格证;设备应符合要求;焊接夹具应有足够的刚度,在最大允许荷载下应移动灵活,操作方便,焊剂罐的直径与所焊钢筋直径相适应,不致在焊接过程中烧坏。电压表、时间显示器应配备齐全,以便操作者准确掌握各项焊接参数;电源应符合要求:当电源电压下降大于 5%,则不宜进行焊接;作业场地应有安全防护措施,制定和执行安全技术措施,加强焊工的劳动保护,防止发生烧伤、触电、火灾、爆炸以及烧坏机器等事故;注意接头位置,注意同一区段内有接头钢筋截面面积的百分比不符合《混凝土结构工程施工及验收规范》有关条款的规定时,要调整接头位置后才能施焊。

(2) 操作工艺。

① 检查设备、电源,确保随时处于正常状态,严禁超负荷工作。

② 钢筋端头制备。钢筋安装之前,焊接部位和电极钳口接触的(150 mm 区段内)钢筋表面上的锈斑、油污、杂物等应清除干净,钢筋端部若有弯折、扭曲,应予以矫直或切除,但不得用锤击矫直。

③ 选择焊接参数。钢筋电渣压力焊的焊接参数主要包括:焊接电流、焊接电压和焊接通电时间。不同直径钢筋焊接时,按较小钢筋直径选择参数,焊接通电时间延长约 10%。

④ 安装焊接夹具和钢筋。夹具的下钳口应夹紧于下钢筋端部的适当位置,一般为 1/2 焊剂罐高度偏下 5~10 mm 处,以确保焊接处的焊剂有足够的掩埋深度。上钢筋放入夹具钳口后,调准动夹头的起始点,使上下钢筋的焊接部位位于同轴状态,方可夹紧钢筋。钢筋一经夹紧,严防晃动,以免上下钢筋错位和夹具变形。

⑤ 安放引弧用的钢丝球(也可省去)。安放焊剂罐、填装焊剂。

⑥ 焊接工艺试验。在工程开工正式焊接之前,参与该项施焊的焊工应进行现场条件下的焊接工艺试验,并经试验合格后,方可正式生产。试验结果应符合质量检验与验收时的要求。

⑦ 施焊操作要点如下。

闭合回路、引弧:通过操纵杆或操纵盒上的开关,先后接通焊机的焊接电流回路和电源的输入回路,在钢筋端面之间引燃电弧,开始焊接。

电弧过程:引燃电弧后,应控制电压值。借助操纵杆使上下钢筋端面之间保持一定的间距,进行电弧过程的延时,使焊剂不断熔化而形成一定深度的渣池。

电渣过程:随后逐渐下送钢筋,使上钢筋端部插入渣池,电弧熄灭,进入电渣过程的延时,使钢筋全断面加速熔化。

挤压断电:电渣过程结束,迅速下送上钢筋,使其端面与下钢筋端面相互接触,趁热排除熔渣和熔化金属,同时切断焊接电源。

接头焊毕,应停歇 20~30 s 后(在寒冷地区施焊时,停歇时间应适当延长),才可回收焊剂和卸下焊接夹具。

⑧ 质量检查。在钢筋电渣压力焊的焊接生产中,焊工应认真进行自检,若发现偏心、弯折、烧伤、焊包不饱满等焊接缺陷,应切除接头重焊,并查找原因,及时消除。切除接头时,应切除热影响区的钢筋,即离焊缝中心约为 1.1 倍钢筋直径的长度范围内的部分应切除。

(3) 质量标准。主控项目如下。

① 钢筋的牌号和质量,必须符合设计要求和有关标准的规定。进口钢筋需先经过化学成分检验和焊接试验,符合有关规定后方可焊接。

检验方法:检查出厂质量证明书和试验报告单。

② 钢筋的规格,焊接接头的位置,同一区段内有接头钢筋面积的百分比,必须符合设计要求和施工规范的规定。

检验方法:观察或尺量检查。

③ 电渣压力焊接头的质量检验,应分批进行外观检查和力学性能检验,并应按下列规定作为一个检验批。

在现浇钢筋混凝土结构中,应以 300 个同牌号钢筋接头作为一批;在房屋结构中,应在不超过两个楼层中 300 个同牌号钢筋接头作为一批;当不足 300 个接头时,仍应作为一批。每批随机切取 3 个接头做拉伸试验,其结果应符合下列要求:3 个热轧钢筋接头试件的抗拉强度均不得小于该牌号钢筋规定的抗拉强度;至少应有 2 个试件断于焊缝之外,并应呈延性断裂;当达到上述 2 项要求时,应评定该批接头为抗拉强度合格。

当试验结果有 2 个试件抗拉强度小于钢筋规定的抗接强度,或 3 个试件均在焊缝或热影响区发生脆性断裂时,则一次判定该批接头为不合格品。

当试验结果有 1 个试件的抗拉强度小于规定值,或 2 个试件在焊缝或热影响区发生脆性断裂,其抗拉强度均小于钢筋规定抗拉强度的 1.10 倍时,应进行复验。

复验时应切取 6 个试件。复验结果,当仍有 1 个试件的抗拉强度小于规定值,或有 3 个试件断于焊缝或热影响区,呈脆性断裂,其抗拉强度小于钢筋规定抗拉强度的 1.10 倍时,应判定该批接头为不合格品。

检验方法:检查焊接试件试验报告单。

一般项目:

① 钢筋电渣压力焊接头应逐个进行外观检查,结果应符合要求;

② 四周焊包应均匀,凸出钢筋表面的高度不得小于 4 mm;钢筋与电极接触处,应无烧伤缺陷;

③ 接头处的弯折角不大于 4°;

④ 接头处的轴线偏移不得大于钢筋直径 0.1 倍,且不得大于 2 mm。

检验方法:目测或尺量检查。

(4) 成品保护。接头焊毕,应停歇 20~30 s 后才能卸下夹具,以免接头弯折。

(5) 应注意以下的质量问题。

① 在钢筋电渣压力焊生产中,应重视焊接全过程中的每一个环节。接头部位应清理干净;钢筋安装应上下同心;夹具紧固,严防晃动;引弧过程,力求可靠;电弧过程,延时充分;电渣过程,短而稳定;挤压过程,压力适当。

② 电渣压力焊可在负温度条件下进行,但当环境温度低于 -20 ℃ 时,则不宜进行施焊。雨天、雪天不宜进行施焊,必须施焊时,应采取有效的遮蔽措施,焊后未冷却的接头应避免碰到冰雪。

(6) 质量记录。钢筋质量记录应包括:钢筋出厂质量证明书或试验报告单;焊剂合格证;钢筋机械性能复试报告;进口钢筋应有化学成分检验报告和可焊性试验报告,国产钢筋在加工过程中发生脆断、焊接性能不良和机械性能明显不正常的,应有化学成分检验报告;钢筋接头的拉伸试验报告。

3) 钢筋机械连接

钢筋机械连接有套筒挤压连接和直螺纹套筒连接,目前直螺纹套筒连接采用比较广泛。下面以直螺纹套筒连接为例,介绍钢筋机械连接的施工工艺流程。

(1) 施工准备。

主要机具:切割机、钢筋滚压直螺纹成型机、普通扳手及量规(牙形规、环规、塞规)。

主要材料:材料的规格、型号以及品种必须符合设计要求,钢筋应符合国家标准《钢筋混凝土用热轧带肋钢筋》(GB 1499)和《钢筋混凝土用余热处理钢筋》(GB 13014)的要求,有原材质报告、复试报告和出厂合格证,钢筋应先调直再下料,并宜用切断机和砂轮片切断,切口端面应与钢筋轴线垂直,不得有马蹄形或挠曲,不得用气割下料;套筒材料应采用优质碳素结构钢或合金结构钢,其材质应符合(GB 699)《优质碳素结构钢》规定,成品螺纹连接套筒应有产品合格证;两端螺纹孔应有保护盖;套筒表面应有规格标记。

作业条件:钢筋端头螺纹已加工完毕,检查合格,且已具备现场钢筋连接条件;钢筋连接用的套筒已检查合格,进入现场挂牌整齐码放;布筋图及施工穿筋顺序等已进行技术交底。

(2) 操作工艺。

工艺流程如下。

钢筋丝头加工:钢筋端面平头→镦粗试验确定最佳参数→端头镦粗→钢筋套丝→丝头质量检查→戴帽保护→存放待用。

钢筋连接:钢筋就位→拧下钢筋保护帽和套筒保护塞→接头拧紧→对已拧紧的接头作标记→施工检验→回收钢筋保护帽和套筒保护塞。

钢筋丝头加工的一般要求。

① 加工钢筋的丝头必须与连接套筒一致,且经配套的量规检验合格。

② 加工钢筋丝头时,应采用水溶性切削润滑液;当气温低于 0 ℃时,应掺入 15%～20% 亚硝酸钠,不得用机油作润滑液或不加润滑液套丝。

③ 操作工人应逐个检查钢筋丝头的外观质量并做出操作者标记。

④ 经自检合格的钢筋丝头,应对每种规格加工批量随机抽检 10%,且不少于 10 个,并参照表 4.1.8-5 填写钢筋螺纹加工检验记录,如有一个丝头不合格,即应对该加工批全数检查,不合格丝头应重新加工,经再次检验合格方可使用。

表 4.1.8-5 钢筋直螺纹加工检验记录

工程名称			结构所在层数	
接头数量		抽检数量	构件种类	
序号	钢筋规格	螺纹牙形检验	公差尺寸合格标准	检验结论

注:按每批加工钢筋直螺纹丝头数的 10%检验。

⑤ 已检验合格的丝头,应加以保护戴上保护帽,并按规格分类堆放整齐待用。

钢筋连接的注意事项如下。

① 连接钢筋时,钢筋规格和连接套的规格应一致,钢筋螺纹的型号、螺距、螺纹外径应与连接套匹配。并确保钢筋和连接套的丝扣干净,完好无损。

② 连接钢筋时应对准轴线将钢筋拧入连接套,连接接头应使用管钳或专用扳手拧紧。

③ 当使用加锁母型钢筋丝头时(连接不便转动的钢筋),先将锁母和标准套筒按顺序全部拧入加长丝头钢筋一侧,然后将待连接钢筋的标准丝头靠紧,再将套筒拧到标准丝头一侧,用扳手拧紧,将锁母与套筒拧紧锁定,则钢筋连接完成。

④ 接头拼接完成后,应使两个丝头在套筒中央位置互相顶紧,套筒每端不得有一扣以上的完整丝扣外露,加长型接头的外露丝扣数不受限制,但应有明显标记,以检查进入套筒的丝头长度是否满足要求。

(3) 质量标准。主控项目如下。

① 钢筋的品种、规格必须符合设计要求,实行《钢筋混凝土用热轧带肋钢筋》(GB 1499)、《钢筋混凝土用余热处理钢筋》(GB 13014)标准的要求。

② 钢套筒原材料选用优质碳素结构钢,符合《优质碳素结构钢》(GB/T 699—1999)标准的要求。套筒表面没有裂纹,表面及内螺纹没有严重的锈蚀。套筒材料用45#钢或其他低合金钢,材料性能、质量应符合有关规范的规定。

③ 连接钢筋时,应检查螺纹加工检验记录。

④ 钢筋接头形式检验:钢筋螺纹接头的形式检验应符合行业标准《钢筋机械连接通用技术规程》(JGJ 107)中的各项规定。

⑤ 钢筋连接工程开始前及施工过程中,应对每批进场钢筋和接头进行工艺检验:每种规格钢筋接头试件不应少于3根;钢筋母材抗拉强度试件不应少于3根,且应取自接头试件的同一根钢筋;接头试件应达到现行的行业标准《钢筋机械连接通用技术规程》(JGJ 107)中相应等级的强度要求,计算钢筋实际抗拉强度时,应采用钢筋的实际横截面积计算。

⑥ 钢筋接头强度必须达到同类型钢材强度值,接头的现场检验按验收批进行,同一施工条件下采用同一批材料的同等级、同形式、同规格接头,以500个为一个验收批进行检验与验收,不足500个也作为一个验收批。

一般项目如下。

① 加工质量检验:钢筋丝头质量要求见表4.1.8-6;套筒用专用塞规检验。

表 4.1.8-6 钢筋丝头质量检验的要求

序号	检验项目	检验工具	检验方法及要求
1	外观质量	目测	牙形饱满,牙顶宽超过0.6 mm,无断牙,秃牙部分累计长度不超过一个螺纹周长
2	外形尺寸	卡尺或专用量具	丝头长度应满足设计要求,标准型接头的丝头长度公差为+1P(P为螺距)
3	螺纹大径	光面轴用量规	通端量规应能通过螺纹的大径,而止端量规则不应通过螺纹的大径
4	螺纹中径及小径	通端螺纹环规	能顺利旋入螺纹并达到旋合长度
		止端螺纹环规	允许环规和端部螺纹部分旋合,旋入量大小应超过3P(P为螺距)

② 随机抽取同规格接头数的10%进行外观检查,应与钢筋连接套筒的规格相匹配,接头丝扣无完整丝扣外露。

③ 现场外观质检抽验数量:梁、柱构件按接头数的15%且每个构件的接头数抽验数不得少于一个接头;基础墙板构件按各自接头数,每100个接头作为一个验收批,不足100个

也作为一个验收批。每批检验3个接头，抽检的接头应全部合格，如有一个接头不合格，则应再检验3个接头，如全部合格，则该批接头为合格；若还有一个不合格，则该验收批接头应逐个检查，对查出的不合格接头应进行补强，如无法补强应弃置不用。

④ 对接头的抗拉强度试验每一验收批应在工程结构中随机抽取3个接头试件做抗拉强度试验。按设计要求的接头等级进行评定，如有1个试件的强度不符合要求，应再取6个试件进行复检，复检中如仍有一个试件的强度不符合要求，则该验收批评为不合格。

⑤ 在现场连续10个验收批抽样试件抗拉强度试验1次合格率为100％时，验收批接头数量可扩大一倍。

(4) 成品保护。钢筋机械连接的成品保护有如下要求：

① 各种规格和型号的套筒外表面必须有明显的钢筋级别及规格标记；
② 钢筋螺纹保护帽要堆放整齐，不准随意乱扔；
③ 连接钢筋的钢套筒必须用塑料盖封上，以保持内部洁净、干燥、防锈；
④ 钢筋直螺纹加工经检验合格后，应戴上保护帽或拧上套筒，以防碰伤和生锈；
⑤ 已连接好套筒的钢筋接头不得随意抛砸。

(5) 应注意的安全环保问题：

① 不准硬拉电线或高压油管；
② 高压油管不得打死弯；
③ 参加钢筋直螺纹连接施工的人员必须进行技术培训，经考核合格后方可持证上岗；
④ 作业人员必须遵守施工现场安全作业的有关规定。

(6) 质量记录。钢筋机械连接的质量记录应包括以下几项：

① 钢筋原材质及复试报告；
② 套筒和锁母原材质及复试报告；
③ 钢筋直螺纹加工检验记录；
④ 钢筋直螺纹接头质量检查记录；
⑤ 钢筋直螺纹接头拉伸试验报告。

3. 钢筋安装绑扎

在现浇钢筋混凝土结构中，钢筋安装主要是把已经加工成型的钢筋运输到构件所在位置，并现场绑扎成构件的钢筋骨架。

1) 基础钢筋绑扎

(1) 工艺流程：基础垫层通过验收→放样出基础的平面位置→钢筋半成品已加工完毕并运输到位→安线布放钢筋→放样出基础的平面位置→绑扎成型。

(2) 操作要点如下。

① 将基础垫层清扫干净，确保基础无积水、无污染。
② 用全站仪放出基础的四个角点，然后用石笔和墨斗在上面弹放钢筋位置线（包括基础位置线），标出基础顶面水平高程线及与墩柱等基础连接的结构位置。
③ 将已加工好的钢筋半成品按照绑扎的部位有序分类堆放在基坑边侧，如果钢筋加工场地在基础附近，则可不必进行该项操作。

④ 按钢筋位置线布放基础钢筋，先铺钢筋下层钢筋，根据图纸设计正确放置下层钢筋中长、短方向钢筋的位置，一般是短方向钢筋在下、长方向的钢筋在上，但独立柱基础为双向弯曲，其底面短向的钢筋应放在长向钢筋上面。

⑤ 摆放基础钢筋的保护层砂浆垫块，其厚度等于保护层厚度，按 1 m 左右的距离呈梅花形布置。如基础底板钢筋较厚及基础用钢量较大时，摆放距离可适当缩小。砂浆垫块也可以用塑料卡代替，但不允许用片石、碎石、金属块和木块作垫块。

⑥ 钢筋绑扎时，四周两行钢筋交叉点每点都必须绑扎，中间部分的相交点可以相隔交错绑扎。双方受力的钢筋必须将钢筋交叉点全部绑扎。绑扎时如果采用一面顺扣时应交错变换方向，也可采用八字扣。绑扎时必须保证钢筋不移位，网片不歪斜变形。

⑦ 如果受施工条件限制，基础钢筋也可以先在基坑外绑扎成型后再用吊车安装就位，但就位后必须检查绑扎固定处是否松脱和内架尺寸是否变形。基础钢筋一般采用就地绑扎成型的施工方法。

⑧ 基础底板采用双层钢筋网，绑扎完下层钢筋后，摆放钢筋撑脚（马凳）（间距以 1 m 左右一个为宜），在钢筋撑脚（马凳）上摆放纵横两个方向的定位钢筋，为防止钢筋移位，应绑扎固定，然后开始进行上层钢筋网的绑扎。同时，在上层钢筋网下面应设置钢筋撑脚（马凳）或混凝土撑脚，以保证钢筋位置正确。钢筋撑脚应垫在下片钢筋网上并绑扎，见图 4.1.8-16 所示。

图 4.1.8-16　钢筋撑脚图

注：图(a)所示类型撑脚每隔 1 m 放置 1 个。其直径选用：当基础厚度 $h \leqslant 300$ mm 时，撑脚钢筋直径为 $8 \sim 10$ mm；当基础厚度 $h = 300 \sim 500$ m 时，撑脚钢筋直径为 $12 \sim 14$ mm；当基础厚度 $h > 500$ mm 时，选用图(b)所示撑脚，钢筋直径为 $16 \sim 18$ mm。沿短向通长布置，间距以能保证钢筋位置为准。

⑨ 钢筋的弯钩应朝上，不要倒向一边；双层钢筋网的上层钢筋弯钩应朝下。

⑩ 现浇柱与基础连用的插筋，其箍筋长度应比柱的箍筋小一个柱筋直径，以便连接。箍筋的位置一定要绑扎固定牢靠，以免造成柱轴线偏移。

⑪ 基础中纵向受力钢筋的混凝土保护层厚度不应小于 40 mm，当无基础垫层时不应小于 70 mm。

⑫ 受力钢筋的接头宜设置在受力较小处，接头末端至钢筋弯起的距离不应小于钢筋直径的 10 倍；若采用绑扎搭接接头，则接头相邻纵向受力钢筋的绑扎接头宜相互错开。钢筋绑扎接头两接头间距不小于 1.3 倍搭接长度（L_1）。凡搭接接头中点位于该区段的，搭接接头均属于同一连接区段。位于同一区段内的受拉钢筋搭接接头面积百分率为 25%；当钢筋的直径 $\phi > 16$ mm 时，不宜采用绑扎接头；纵向受力钢筋采用机械连接接头或焊接接头时，连接区段的长度为 $35d$（d 为纵向受力钢筋的较大值）且不小于 500 mm。同一连接区段内，纵向受力钢筋的接头面积百分率应符合设计规定；当设计无规定时，应符合下列规定：

　　a. 在受拉区不宜大于 50%；

　　b. 直接承受动力荷载的基础中，不宜采用焊接接头；当采用机械连接接头时，不应大于 50%。

⑬ 基础钢筋的规定:当条形基础的宽度 $B \geqslant 1600$ mm 时,横向受力钢筋的长度可减至 $0.9B$,交错布置;当单独基础的边长 $B \geqslant 3000$ mm(除基础支承在桩上外)时,受力钢筋的长度可减至 $0.9B$ 交错布置。

(3) 质量标准:

① 施工前应对进场钢筋进行检查,并有合格检验记录。对施工程序、工艺流程、检测手段进行检查。

② 绑扎前应对钢筋的品种、质量、焊条、焊剂的牌号、性能及使用的钢板进行检查,必须符合设计要求和有关标准的规定。

③ 钢筋表面必须洁净、无伤痕,锈迹和油污必须清理干净;钢筋应平直无局部弯折,成盘的钢筋和弯曲钢筋均应调直。钢筋不应存在有害的缺陷,如裂纹及叠层等,用钢丝刷或其他方法除锈及去污后的钢筋,其尺寸、横截面和拉伸性能等应符合设计要求。带有颗粒状或片状老锈经除锈后仍有麻点的钢筋,严禁按原规格使用,应送有资质的检测机构检测后按实际强度使用,如不能满足要求应退场,更换经检验合格的钢筋。

④ 钢筋绑扎严格控制钢筋间距与位置,绑扎要求牢固,扎丝头应向内弯曲。

⑤ 绑扎钢筋的缺扣、松扣数量不得超过总绑扣数的 10%,且不应集中。

⑥ 主筋接头应采用焊接连接,焊接应优先采用闪光对焊法,焊接接头保证符合规范要求。闪光对焊的钢筋接头应无横向裂纹和烧伤,焊包均匀;电弧焊的钢筋接头焊缝应饱满、表面平整,无凹陷,接头处无气孔、灰渣、咬边,焊缝的宽度、长度、厚度以及焊条规格满足设计要求。

⑦ 所有的钢筋都应该冷弯,钢筋的弯折必须在 5 ℃ 以上的温度进行。

⑧ 钢筋下料要求准确,保证钢筋骨架尺寸符合设计规范要求。

⑨ 钢筋骨架的安装要求位置准确,钢筋骨架必须有足够多的钢筋支撑,以保证其施工强度。安装完毕严格按照技术规范要求检查钢筋骨架的轴线偏位、预埋钢筋位置、顶面高程,保证工程质量。

⑩ 浇筑混凝土前,应进行钢筋隐蔽工程自检验收,并由监理工程师验收合格后方可进行下一步施工。检查内容包括:

a. 受力钢筋的品种、规格、形状、数量、位置等;

b. 钢筋的连接方式、锚固长度、接头位置、接头数量、接头面积百分率等;

c. 箍筋、横向钢筋的品种、规格、数量、间距等;

d. 焊接接头的机械性能必须符合钢筋焊接规范的专门规定;

e. 预埋件的规格、数量、位置等。

⑪ 钢筋的材质、品种、级别和规格应和设计图纸相一致,需作变更时,应办理材料代用手续,征得设计、监理、甲方的同意。钢筋代用应符合以下几个条件:

a. 不得以多种不同直径的钢筋代替原图纸一种直径钢筋;

b. 光圆钢筋不得代替带肋钢筋;

c. 钢筋净距应符合设计的规定;

d. 替代钢筋层数不得多于原图纸的钢筋层数。

⑫ 基础钢筋的绑扎一定要牢固,脱扣、松扣数量一定要符合相关标准要求;基础钢筋绑扎的允许偏差和检验方法见表 4.1.8-7 所示。钢筋绑扎前要先弹出钢筋位置线,确保钢筋位置准确。

表 4.1.8-7 基础钢筋绑扎的允许偏差和检验方法

项 目		允许偏差/mm	检测频率和检测方法
受力钢筋	排距	±5	钢尺检查
	间距	±20	钢尺量两端、中间各检查一断面
	保护层厚度	±10	沿模板周边检查8处
绑扎钢筋骨架	长	±10	钢尺检查
	宽、高	±5	钢尺检查
	长	±10	钢尺检查5～10个间距
	宽、高	±5	钢尺检查
绑扎箍筋、横向钢筋间距		±10	钢尺和塞尺检查
预埋件	中心线位置	5	钢尺检查
	水平高差	+3,0	钢尺和塞尺检查
钢筋网	长、宽	±10	钢尺检查
	网眼尺寸	±10	钢尺抽查3个网眼
	对角线差	15	钢尺抽查4个网眼对角线
绑扎缺扣、松扣数量		不超过扣数的10%且不应集中	观察和扳手检查
弯钩和绑扎接头		弯钩朝向应正确,任意绑扎接头的搭接长度均不应小于规定值,且不应大于规定值的5%	观察和尺量检查
箍筋		数量符合设计要求,弯钩角度和平直长度符合规定	观察和尺量检查

a. 施工中要保证钢筋保护层厚度准确,若采用双排筋时要保证上下两排筋的距离。

b. 钢筋的接头位置及接头面积百分率要符合设计及施工验收规范要求,接头尽可能交替排列,接头的间距相互错开距离应不小于 $30d$(d 为钢筋直径),且不小于 500 mm;同一区段内($30d$ 长度范围内,但不小于 500 mm)的受拉钢筋接头其面积不得超过配筋总面积的 50%,受压区可不作限制。

c. 钢筋的布放位置要准确,绑扎要牢固。

⑬ 质量达到《混凝土结构工程施工质量验收规范》(GB 50204—2002)的要求,并符合设计图纸的要求。外观质量要求:

 a. 钢筋表面应洁净,无污泥、油渍、铁锈及焊渣等;

 b. 钢筋应平直,无局部弯折,成盘的钢筋和弯曲的钢筋均应调直;

 c. 上下层钢筋之间要有足够的钢筋支撑,保证骨架的施工刚度。

(4) 质量记录。钢筋安装绑扎的质量记录应包括:

① 钢筋出场质量证明书或检验报告单;

② 钢筋力学性能复试报告;

③ 钢筋焊接接头试验报告;

④ 焊条、焊剂出厂合格证;

⑤ 钢筋分项工程质量检验报告单;

⑥ 钢筋分项工程质量检验评定资料。

2) 现浇框架结构钢筋安装

(1) 柱钢筋绑扎。

工艺流程:弹柱子线→剔凿柱混凝土表面松动的石子和浮浆→修理柱子筋→套柱箍筋→搭接绑扎竖向受力筋→画箍筋间距线→绑箍筋。

施工要点如下。

① 套柱箍筋:按图纸要求的间距计算好每根柱箍筋数量,先将箍筋套在下层伸出的搭接筋上,然后立柱子钢筋,在搭接长度内,绑扣不少于3个,绑扣要向柱中心。如果柱主筋采用光圆钢筋搭接时,角部弯钩应与模板成45°角,中间钢筋的弯钩应与模板成90°角。

② 搭接绑扎竖向受力筋:柱子主筋立起后,绑扎接头的搭接长度、接头面积百分率应符合设计要求。

③ 箍筋绑扎:

a. 在立好的柱子竖向钢筋上,按图纸要求用粉笔划箍筋间距线;

b. 按已划好的箍筋位置线,将已套好的箍筋往上移动,由上往下绑扎,宜采用缠扣绑扎,如图 4.1.8-17 所示。

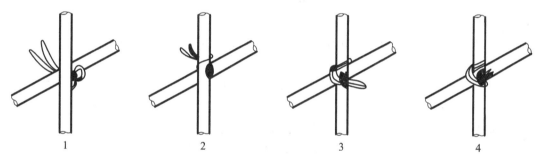

图 4.1.8-17 缠扣绑扎示意图

1、2、3、4—绑扎顺序

c. 箍筋与主筋要垂直,箍筋转角处与主筋交点均要绑扎,主筋与箍筋非转角部分的相交点成梅花交错绑扎。

d. 箍筋的弯钩叠合处应沿柱子竖筋交错布置,并绑扎牢固,见图 4.1.8-18。

e. 有抗震要求的地区,柱箍筋端头应弯成 135°,平直部分长度不小于 $10d$(d 为箍筋直径),见图 4.1.8-19。如箍筋采用 90°搭接,搭接处应焊接,焊缝长度对单面焊缝不小于 $10d$。

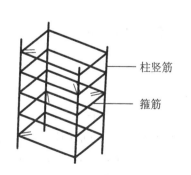

图 4.1.8-18 柱箍筋交错布置示意图

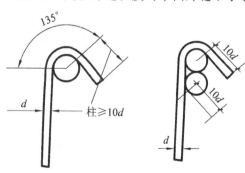

图 4.1.8-19 箍筋抗震要求示意图

f. 柱基、柱顶、梁柱交接处箍筋间距应按设计要求加密。柱上下两端箍筋应加密,加密区长度及加密区内箍筋间距应符合设计图纸要求。如设计要求箍筋设拉筋时,拉筋应钩住箍筋,见图 4.1.8-20。

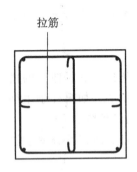 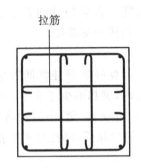 

图 4.1.8-20 拉筋布置示意图

g. 柱筋保护层厚度应符合规范要求,主筋外皮为 25 mm,垫块应绑在柱竖筋外皮上,间距一般为 1000 mm,或用塑料卡卡在外竖筋上,以保证主筋保护层厚度准确。当柱截面尺寸有变化时,柱应在板内弯折,弯折后的尺寸要符合设计要求。

(2) 墙钢筋绑扎。

工艺流程:立 2~4 根柱子→画水平筋间距→绑定位横筋→绑其余横主筋。

操作要点如下。

① 立 2~4 根主筋:将主筋与下层伸出的搭接筋绑扎,在主筋上画好水平筋分档标志,在下部及齐胸处绑两根横筋定位,并在横筋上画好主筋分档标志,接着绑其余主筋,最后再绑其余横筋。横筋在主筋里面或外面应符合设计要求。

② 主筋与伸出搭接筋的搭接处需绑 3 根水平筋,其搭接长度及位置均应符合设计要求。

③ 剪力墙筋应逐点绑扎,双排钢筋之间应绑拉筋或支撑筋,其纵横间距不大于600 mm,钢筋外皮绑扎垫块或用塑料卡(也可采用梯子筋来保证钢筋保护层厚度)。

④ 剪力墙与框架柱连接处:剪力墙的水平横筋应锚固到框架柱内,其锚固长度要符合设计要求。如先浇筑柱混凝土后绑扎剪力墙筋时,柱内要预留连接筋或柱内预埋铁件,待柱拆模绑墙筋时作为连接用。其预留长度应符合设计或规范的规定。

⑤ 剪力墙水平筋在两端头、转角、十字节点、联梁等部位的锚固长度以及洞口周围加固筋等,均应符合设计抗震要求。

⑥ 合模后对伸出的主向钢筋应进行修整,宜在搭接处绑一道横筋定位,浇筑混凝土时应有专人看管,浇筑后再次调整以保证钢筋位置的准确。

(3) 梁钢筋绑扎。

工艺流程如下。

模内绑扎:画主次梁箍筋间距→放主梁、次梁箍筋→穿主梁底层纵筋及弯起筋→固定→穿主梁上层纵向架立筋→按箍筋间距绑扎→穿次梁上层纵向钢筋→按箍筋间距绑扎。

模外绑扎(先在梁模板上口绑扎成型后再入模内):在纵向受力主筋上画箍筋间距→在主次梁模板上口铺横杆数根(或放置钢筋绑扎支架)→穿主梁下层纵筋→摆放箍筋→穿次梁下层钢筋→穿主梁上层钢筋→按箍筋间距绑扎→穿次梁上层纵筋→按箍筋间距绑扎→抽出

横杆(活钢筋绑扎支架)落骨架于模板内。

操作工艺如下。

① 在梁侧模板上画出箍筋间距,摆放箍筋。

② 先穿主梁的下部纵向受力钢筋及弯起钢筋,将箍筋按已画好的间距逐个分开;穿次梁的下部纵向受力钢筋及弯起钢筋,并套好箍筋;放主次梁的架立筋;隔一定间距将架立筋与箍筋绑扎牢固;调整箍筋间距使间距符合设计要求,绑架立筋,再绑主筋,主次梁同时配合进行。

③ 框架梁上部纵向钢筋应贯穿中间节点,梁下部纵向钢筋伸入中间节点锚固长度及伸过中心线的长度要符合设计要求。框架梁纵向钢筋在端节点内的锚固长度也要符合设计要求。

④ 绑梁上部纵向筋的箍筋,宜用套扣法绑扎,如图 4.1.8-21 所示。

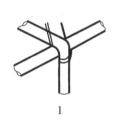   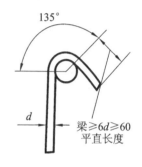

图 4.1.8-21　梁钢筋套扣法绑扎示意图
1、2、3—绑扎顺序

⑤ 箍筋在叠合处的弯钩,在梁中应交错绑扎,箍筋弯钩为 135°,平直部分长度为 10d,如做成封闭箍时,单面焊缝长度为 5d。

⑥ 梁端第一个箍筋应设置在距离柱节点边缘 50 mm 处。梁端与柱交接处箍筋应加密,其间距与加密区长度均要符合设计要求。

⑦ 在主、次梁受力筋下均应垫垫块(或塑料卡),保证保护层的厚度。受力筋为双排时,可用短钢筋垫在两层钢筋之间,钢筋排距应符合设计要求。

⑧ 梁钢筋的搭接:梁的受力钢筋直径等于或大于 22 mm 时,宜采用焊接接头;小于 22 mm 时,可采用绑扎接头,搭接长度要符合规范的规定,搭接长度末端与钢筋弯折处的距离不得小于钢筋直径的 10 倍。接头不宜位于构件最大弯矩处,受拉区域内 HPB300 级钢筋绑扎接头的末端应做弯钩(HRB335 级钢筋可不做弯钩),搭接处应在中心和两端扎牢。接头位置应相互错开,当采用绑扎搭接接头时,在规定搭接长度的任一区域内有接头的受力钢筋截面面积占受力钢筋总截面面积百分率,受拉区不大于 50%。

(4) 模板钢筋绑扎。

工艺流程:清理模板→模板上画线→绑板下受力筋→绑负弯矩钢筋。

操作要点如下。

① 清理模板上面的杂物,用粉笔在模板上划好主筋、分布筋间距。

② 按划好的间距,先摆放受力主筋、后放分布筋。预埋件、电线管、预留孔等及时配合安装。

③ 在现浇板中有板带梁时,应先绑板带梁钢筋,再摆放板钢筋。

④ 绑扎板筋时一般用顺扣(图 4.1.8-22 所示)或八字扣,除外围两根钢筋的相交点应全部绑扎外,其余各点可交错绑扎(双向板相交点需全部绑扎)。如板为双层钢筋,两层钢筋之间需加钢筋马凳,以确保上部钢筋的位置。负弯矩钢筋每个相交点均要绑扎。

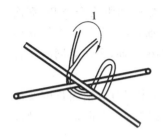 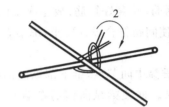 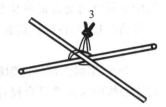

图 4.1.8-22 楼板钢筋绑扎示意图
1、2、3—绑扎顺序

⑤ 在钢筋的下面垫好砂浆垫块,间距 1.5 m。垫块的厚度等于保护层厚度,应满足设计要求,如设计无要求时,板的保护层厚度应为 15 mm。钢筋搭接长度与搭接位置的要求与前面所述梁相同。

(5) 楼梯钢筋绑扎。

工艺流程:画位置线→绑楼梯板主筋→绑楼梯板分布筋→绑踏步筋。

操作要点如下。

① 在楼梯底板上划主筋和分布筋的位置线。

② 根据设计图纸中主筋、分布筋的方向,先绑扎主筋后绑扎分布筋,每个交点均应绑扎。如有楼梯梁时,先绑梁后绑板筋,板筋要锚固到梁内。

③ 底板筋绑完,待踏步模板吊绑支好后,再绑扎踏步钢筋。主筋接头数量和位置均要符合设计和施工质量验收规范的规定。

3) 质量标准

(1) 主控项目的质量标准如下:

① 钢筋的品种和质量必须符合设计要求和有关标准的规定;

② 钢筋的表面必须清洁,带有颗粒状或片状老锈,经除锈后仍留有麻点的钢筋,严禁按原规格使用;

③ 钢筋规格、形状、尺寸、数量、锚固长度、接头位置,必须符合设计要求和施工规范的规定;

④ 钢筋焊接或机械连接接头的机械性能结果必须符合钢筋焊接及机械连接验收的专门规定。

(2) 一般项目的质量标准如下:

① 缺扣、松扣的数量不超过绑扣数的 10%,且不应集中;

② 弯钩的朝向应正确,绑扎接头应符合施工规范的规定,搭接长度不小于规定值;

③ 箍筋的间距数量应符合设计要求,有抗震要求时,弯钩角度为 135°,弯钩平直长度为 $10d$;

④ 绑扎钢筋时禁止碰动预埋件及洞口模板;

⑤ 允许偏差项目见表 4.1.8-8。

表 4.1.8-8 现浇框架钢筋绑扎允许偏差

项次	项 目		允许偏差/mm	检 验 方 法
1	网的长度、宽度		±10	尺量检查
2	网眼尺寸		±20	尺量连续三档,取其最大值
3	钢筋骨架的宽度、高度		±5	尺量检查
4	钢筋骨架的长度		±10	
5	受力钢筋	间距	±10	尺量两端、中间各一点,取其最大值
6		排距	±5	
7	绑扎箍筋、构造筋间距		±20	尺量连续三档,取其最大值
8	钢筋弯起点位移		20	尺量检查
9	预埋件	中心线位置	5	
		水平高差	+3,0	
10	受力钢筋	梁、柱	±3	尺量检查
		墙、板	±3	

(3)质量记录应包括如下内容。

① 钢筋出厂质量证明或实验报告单。

② 钢筋机械性能实验报告。

③ 进口钢筋应有化学成分检验报告。国产钢筋在加工过程中发生脆断、焊接性能不良和机械性能显著不正常的,应有化学成分检验报告。

④ 技术交底、钢筋隐蔽验收记录。

4.1.9 钢筋工程的验收

1. 钢筋工程验收的一般要求

(1)根据《混凝土结构工程施工质量验收规范》(GB 50204—2015)对钢筋分项工程质量检验的规定,钢筋分项分为钢筋工程原材料、钢筋加工检验批、钢筋工程钢筋连接检验批、钢筋工程钢筋安装检验批。对钢筋原材料、钢筋加工、钢筋连接、钢筋安装进行验收,验收检查过程中如发现质量不合格,需进行整改合格后再验。

(2)浇筑混凝土之前,应进行钢筋隐工程验收,隐蔽验收应包括以下主要内容:

① 纵向受力钢筋的牌号、规格、数量、位置;

② 钢筋的连接方式、接头位置、接头质量、接头面积百分率、搭接长度、锚固方式及锚固长度;

③ 箍筋、横向钢筋的牌号、规格、数量、间距、位置,箍筋弯钩的弯折角度及平直段长度;

④ 预埋件的规格、数量和位置。

4.1.10 成品保护

钢筋绑扎就位后,在浇筑混凝土前或浇筑混凝土施工中应注意成品保护,防止钢筋骨架变形移位从而危害结构安全。

(1) 如果采用场外绑扎时,钢筋骨架的吊装就位应采用多点吊装的方法,以防止骨架筋的变形;

(2) 钢筋绑扎完后,应采取保护措施,防止钢筋的变形、位移。柱子钢筋绑扎后,不准踩踏。楼板的弯起钢筋、负弯矩钢筋绑好后,不准在上面踩踏行走;

(3) 浇筑混凝土时派钢筋工跟班专门负责修理,保证负弯矩筋位置的正确性;

(4) 钢模板内面涂隔离剂时不要污染钢筋;

(5) 安装电线管、暖卫管线或其他设施时,不得任意切断和移动钢筋;

(6) 如果钢筋绑扎完后恰逢雨天时,应对钢筋骨架采取覆盖措施,避免雨淋生锈;

(7) 浇筑混凝土时,应搭设上人行和运输通道,通道应与钢筋隔离,禁止直接踩压钢筋。混凝土泵管应用支架撑好,不能直接接触钢筋;

(8) 浇筑混凝土时,严禁碰撞预埋件,如碰动应按设计位置重新固定牢靠;

(9) 各工种操作人员不准任意掰动、切割钢筋。

4.1.11 钢筋施工安全技术

1. 钢筋施工安全措施

(1) 进入现场应遵守安全生产纪律要求。

(2) 进入现场必须戴好安全帽,高空作业必须正确佩带安全带。

(3) 钢筋加工场地应由专人看管,各种加工机械在作业人员下班后拉闸断电,非钢筋加工制作人员不得擅自进入钢筋加工场地。

(4) 钢筋断料、配料、弯料等工作应在地面进行,不准在高空操作。

(5) 切割机使用前,须检查机械运转是否正常,是否有二级漏电保护;切割机后方不准堆放易燃物品,切割后钢筋头应及时清理。

(6) 钢材、半成品等应按规格、品种分别堆放整齐,制作场地要平整,钢筋工作棚照明灯必须加网罩。

(7) 高空作业时,不得将钢筋集中堆在模板和脚手板上,也不要把工具、箍筋、撑脚、短钢筋等随意放在脚手板上,以免滑下伤人。

(8) 在雷雨天气必须停止露天操作,预防雷击钢筋伤人。

(9) 人工断料,工具必须牢固。拿錾子和打锤要站成斜角,注意扔锤区域内的人和物体。切断小于 30 cm 的短钢筋,应用钳子夹牢,禁止用手把扶,并在外侧设置防护笼罩。

(10) 钢筋冷拉时,卡具要卡牢钢筋,地锚必须结实牢固,冷拉线两端必须装置防护设施。冷拉时严禁在冷拉线两端站人或跨越、触动正在冷拉的钢筋。

(11) 弯曲长钢筋时,应由专人扶住,并站在钢筋弯曲方向的外侧,互相配合,不得拖拉。

（12）钢筋焊接应注意以下几个方面：

① 焊机应接地，以保证操作人员安全；对于接焊导线及焊错接导线处，都应有可靠的绝缘；

② 大量焊接时，焊接变压器不得超负荷，变压器升温不得超过 60 ℃，为此，要特别注意遵守焊机额定功率规定，以避免焊机因过分发热而损坏；

③ 室内电弧焊时，应有排气通风装置，焊工操作地点相互之间应设挡板，以防止弧光刺伤眼睛；

④ 焊工应穿戴防护用具，电弧焊焊工要戴防护面罩，焊工应站立在干垫木或其他绝缘垫上；

⑤ 焊接过程中，如焊机发生不正常响声、变压器绝缘电阻过小导致破裂、漏电等，均应立即停止操作进行检修。

2. 钢筋运输与堆放安全要求

（1）人工搬运钢筋时，步伐要一致。当上下坡（桥）或转弯时，要前后呼应，步伐稳慢。注意钢筋头尾摆动，防止碰撞物体或打击人身，特别要防止碰挂周围和上下的电线。上肩或卸料时要互相打招呼，注意安全。

（2）人工垂直传递钢筋时，送料人应站立在牢固平整的地面或临时构筑物上，接料人应有护身栏杆或防止前倾的牢固物体，必要时挂好安全带。

（3）机械垂直吊运钢筋时，规格必须统一，不准长短参差不一，应捆扎牢固，吊点应设置在钢筋束的两端。起吊有困难时，才在该束钢筋的重心处设吊点，细长钢筋不准一点吊，钢筋要平稳上升，不得超重起吊。

（4）起吊钢筋或钢筋骨架时，下方禁止站人，待钢筋骨架降落至离楼地面或安装标高 1 m 以内，人员方准靠近操作，待就位放稳或支撑好后，方可摘钩。

（5）临时堆放钢筋，不得过分集中，应考虑模板支架的承载能力。在新浇筑楼板混凝土强度尚未达到 1.2 MPa 前，严禁堆放钢筋。

（6）钢筋在运输和储存时，必须保留标牌，并按批分别堆放整齐，避免锈蚀和污染。

（7）注意钢筋切勿碰触电源，严禁钢筋靠近高压线路，钢筋与电源线路的安全距离应符合要求。

3. 钢筋安装安全要求

（1）现场绑扎悬空大梁钢筋时，不得站在模板上操作，必须在脚手板上操作；绑扎 2 m 以上独立柱头钢筋时，必须搭设操作平台。不准站在箍筋上绑扎，也不准将木料、管子、钢模板穿在箍筋内作为立人板。

（2）钢筋骨架不论其固定与否，不得在上行走，禁止攀爬柱子的箍筋。

（3）在高空、深坑绑扎钢筋和安装骨架应搭设脚手架和马道。绑扎 3 m 以上的柱钢筋应搭设操作平台，已绑扎的柱骨架应采用临时支撑拉牢，以防倾倒。绑扎圈梁、挑檐、外墙、边柱钢筋时，应搭设外脚手架或悬挑架，并按规定挂好安全网。

4.2 模板工程

4.2.1 模板工程概述

模板施工是混凝土结构施工的重要关键工序,模板能保证混凝土结构构件按照设计要求的相互位置和几何尺寸成型,因此模板工程的施工质量直接影响混凝土结构的施工质量。

在现浇混凝土结构的施工过程中,模板工程约占混凝土结构工程总造价的20%~30%,占劳动量的30%~40%,占工期的50%左右,因此,控制好模板工程的安装施工过程,对于提高工程质量、加快施工速度、提高劳动生产率、降低工程成本和实现安全文明施工,具有十分重要的意义。

1. 模板的简介

(1)模板工程系统包括模板和支架两大部分,此外还有适量的紧固连接件。

(2)模板又称模型板或面板,是直接接触新浇混凝土的承力板,是使混凝土构件按所要求的几何尺寸成型的模型板。

(3)支承模板及作用在模板上荷载的楞梁(大楞(也称主楞)、小楞(也称次楞))、立柱、连接件、斜撑、剪刀撑和水平拉件等构件总称为支架。

(4)模板及其支架应根据工程结构形式、荷载大小、地基土类别、施工设备和材料供应等条件进行设计,确保现浇混凝土结构各个构件的形状尺寸和相互位置的正确性,确保混凝土浇筑施工的安全性。

2. 模板及其支架的要求

(1)有足够的承载力、刚度和稳定性,能可靠地承受浇筑混凝土的重力、侧压力以及施工荷载。

(2)保证工程结构和构件各部位形状尺寸和相互位置的正确。

(3)构造简单,装拆方便。

(4)便于后续工序的开展,满足钢筋的绑扎与安装、混凝土的浇筑与养护等后续工序的施工工艺要求。

(5)接(拼)缝严密,不得漏浆,以保证混凝土施工质量。

(6)经济节约,有利于降低工程造价。

3. 模板及其支架的分类

(1)按面板所用的材料不同可分为木模板、钢模板、钢木模板、钢竹模板、竹(木)胶合板模板、塑料模板、玻璃钢模板、铝合金模板、预应力混凝土模板等。

(2)按结构构件的类型不同可分为基础模板、柱模板、墙模板、梁模板、楼板模板、壳板和筒体模板等。

(3)按形式及施工工艺不同可分为组合式模板(如木模板、胶合板模板、组合钢模板)、工具模板(如大模板、滑模、爬模等)和永久性模板等。

(4) 按模板规格形式不同可分为定型模板(即定型组合模板,如小钢模)和非定型模板。

(5) 模板支架,按其使用材料不同可分为木支架、扣件式钢管支架、碗扣式钢管支架、框式(门式)钢管支架。

4.2.2 模板安装

1. 施工准备

(1) 模板工程选型:根据工程结构特点、工程体量大小、现场施工场地、施工机具设备、模板及其支架材料供应等条件,进行综合比较,选定适宜的模板及支架材料与结构体系。

(2) 根据混凝土结构体量大小(单层面积、长度、是否设缝)以及模板工程施工队组、周转材料准备等情况确定是否分段流水施工,如需要流水施工,确定各个流水段的施工顺序。

(3) 同一流水段模板安装顺序一般为:柱模板、墙模板→梁模板→楼板模板、楼梯模板。

(4) 制定模板工程专项施工方案指导现场施工;模板工程专项施工方案需按规定由相关技术管理人员审批,如属于高大模板工程,还需要按有关规定组织专家审查;模板工程专项施工方案中应有模板计算书,对主要结构构件的模板体系,必须进行强度和稳定性验算,以确保混凝土浇筑施工质量和施工安全。此外,还应有模板安装及拆除的工艺过程、技术安全措施等指导施工作业的内容。

(5) 进行技术交底,确保施工作业人员熟悉模板工程专项施工方案并按照方案施工。

(6) 备料:根据模板工程专项施工方案,结合流水段的划分与材料损耗等因素,综合考虑,确定模板、支架及连接紧固件的数量,组织材料进场并按规定进行检验;备齐操作所需的一切安全防护设施和器具。

(7) 测量放线:按照设计图纸放出建筑纵横向轴线和各个构件模板安装的控制边线,弹好墨线,测量放出标高控制线,定好标高控制点并做好标记,校核无误。

(8) 模板按照要求涂刷脱模剂,并按指定的位置分类、分尺寸堆放整齐。

(9) 为提高模板周转、安装效率,可事先按工程轴线位置、构件类型、尺寸将模板编号,以便定位循环使用;拆除后的模板按编号整理、堆放。

2. 模板安装的注意事项

模板安装的质量直接影响混凝土成型的质量,因此在模板安装过程中必须注意以下问题。

(1) 控制轴线位置。为确保现浇混凝土构件相互位置和几何尺寸的准确,模板必须按已经弹好的轴线或模板安装控制线就位。

(2) 控制竖向构件模板垂直度。严格控制竖向构件模板垂直度,模板安装就位时,必须吊线控制每一块模板的垂直度,确认无误后,方可固定模板。模板拼装配合时,现场施工人员逐一检查模板垂直度,确保垂直度不超过 3 mm。

(3) 控制横向构件模板标高。安装梁底模、楼板底模支架前复核测量标高控制点,根据层高及板厚,在柱、墙周边弹出梁、楼板的底标高线。

(4) 控制模板的变形。控制模板的变形有以下注意事项:

① 模板及其支架安装完成后,拉水平、竖向通线,以便于浇筑混凝土时观察模板是否发生变形;

② 混凝土浇筑前认真检查螺栓、顶撑及斜撑是否松动;

③ 模板及其支架安装完成后,禁止模板支架立柱与脚手架立杆拉结。

(5) 模板及其支架在安装过程中,必须设置有效防倾覆的临时固定设施。

(6) 模板的拼缝、接头。模板拼缝、接头处如果密封不严,在浇筑混凝土时会漏浆从而形成露石、蜂窝等缺陷,可用塑料、海绵密封条或粘贴封口胶堵塞,如果模板拼缝、接头处发生错位、变形,必须及时修整。

(7) 洞口模板。在大的洞口模板(如剪力墙上留设的窗台模板)下口中间可留置排气孔,以防混凝土浇筑时产生窝气,造成混凝土浇筑不密实。

(8) 留设清扫口。如果需要留设清扫口,柱模板清扫口留设在柱模底部,楼梯模板清扫口留设在平台梁下口,清扫口为50×100洞,杂物清理干净后,应将清扫口牢固封闭。

(9) 起拱。为防止浇筑混凝土的荷载造成大跨度梁、板下垂变形,跨度大于4 m的梁、板的底模应起拱,如设计无要求时,起拱高度宜为全跨长度的1/1000～3/1000。

(10) 柱、墙等竖向构件模板合模前应与钢筋、水、电安装等工种协调配合,确认各个工种所要求的作业全部完成后方可合模。

(11) 模板工程安装完成后,混凝土浇筑施工前,应进行模板工程检查验收。

(12) 混凝土浇筑施工时,需安排专人专职检查模板及其支架,发现问题及时解决。

3. 模板拆除

混凝土达到规范要求的强度后,方可拆除模板及其支架;进行拆除作业时不得猛锤硬撬,以免损伤混凝土或损坏模板。

4.2.3 常用模板材料及其质量要求

1. 模板材料的分类

目前,对现浇混凝土结构施工中常用的模板(面板)材料有木模板、组合钢模板、胶合板模板,均颁布有相应的质量标准。

1) 木模板

由于我国幅员辽阔,自然条件差异大,木材树种比较多,各地木材质量差异较大,为确保工程质量,《建筑施工模板安全技术规范》(JGJ 162—2008)规定:模板结构或构件的树种应根据各地区实际情况选择质量好的材料,不得使用有腐朽、霉变、虫蛀、折裂、枯节的木材;不得采用有脆性、严重扭曲和受潮后容易变形的木材。木材材质标准应符合现行国家标准《木结构设计规范》(GBJ 50005)的规定。材质不宜低于Ⅲ等材,木材含水率应符合下列规定:制作的原木、方木结构,不应大于25%;板材和规格材,不应大于20%;受拉构件的连接板,不应大于18%;连接件,不应大于15%。

木模板进场检验一般采用目测法观察检验,必要时对木材强度进行测试验证。

2) 定型组合钢模板

《组合钢模板技术规范》(GBJ 214—2001)规定了组合钢模板的制作和检验标准,对组合钢模板的制造材料、制作、检验、标志与包装具体标准,以及抽样检验与判定合格的标准等各个方面作出了比较详细的规定。

组合钢模板进场时应检查其产品合格证,观察检验外观质量,量测尺寸偏差,核对产品上的标志;如对产品质量有争议时,可按照规范规定的标准及检验方法进行复验。

3) 胶合板模板

《混凝土模板用胶合板》(GBT 17656—2008)规定了对胶合板模板的要求,包括尺寸和公差、板的结构、树种、胶黏剂、等级与允许缺陷、物理力学性能 6 个方面,并明确了试验方法、抽样检验规则以及标志、标签、包装、运输和储存要求。

胶合板模板进场时应通过收存、检查进场木胶合板出厂合格证和检测报告来确认其技术性能必须符合质量标准,并且目测观察检验其外观质量,用钢卷尺或楔形塞尺等工具按规范给出的方法量测其尺寸误差。

2. 模板支撑架

模板的支架多使用木材和钢材,近年来,一方面为了节约木材、保护环境;另一方面,为了增强支架承载力与稳定性,确保施工安全,不提倡使用木支架。《建筑施工模板安全技术规范》(JGJ 162-2008)规定:对模板的支架材料宜优先选用钢材。目前,支架立杆虽然仍有木立柱和钢立柱,但钢立柱越来越普及,而直接支撑面板的楞梁既有木楞也有钢楞。

1) 木立柱

一般采用剥皮(或不剥皮)杉(松)木杆,要求梢径不得小于 80 mm,材质不得有蛀眼、松脆等现象。材料进场时目测、尺量检验。

2) 楞木(木枋)

木枋直接支撑面板,应采用Ⅰ或Ⅱ等松木、杉木,材质标准应符合《木结构设计规范》(GB 50005)中的有关规定。材料进场时目测、尺量检验。

3) 钢管

立柱钢管应符合现行国家标准《直缝电焊钢管》(GB/T 13793)或《低压流体输送用焊接钢管》(GB/T 3092)中规定的 Q235 普通钢管的要求,并应符合现行国家标准《碳素结构钢》(GB/T 700)中 Q235A 级钢的规定。

钢管进场时观察检验外观质量,表面应平直光滑,有严重锈蚀、弯曲、压扁及裂纹的钢管不得使用。

新钢管要有出厂合格证,脚手架施工前必须将入场钢管取样,送有资质的试验单位进行钢管抗弯、抗拉等力学试验,试验结果满足设计要求后,方可在施工中使用。

3. 紧固连接件

1) 扣件

扣件应符合现行国家标准《钢管脚手架扣件标准》(GB 15831)的要求,由有扣件生产许可证的生产厂家提供,不得有裂纹、气孔、缩松、砂眼等锻造缺陷,扣件的规格应与钢管相匹配,贴和面应平整,活动部位灵活,夹紧钢管时开口处最小距离不小于 5 mm。钢管螺栓拧紧力矩达 70 N·m 时不得破坏。如使用旧扣件时,扣件必须取样送有资质的试验单位,进行扣件抗滑力等试验,试验结果满足设计要求后方可在施工中使用。

2) 螺栓

连接用的普通螺栓应符合现行国家标准《六角头螺栓 C 级》(GB/T 5780)和《六角头螺栓》(GB/T 5782)的规定,其机械性能还应符合现行国家标准《紧固件机械性能螺栓、螺钉和螺柱》(GB/T 3089.1)的规定。

4.2.4 木模板和胶合板模板

木模板是传统的模板材料,用原木锯截成板条组拼而成。自 80 年代以来,为了保护森林,节约木材,也由于现浇混凝土结构建筑层数增加,建筑开间、进深尺寸增大,促进各种新型模板材料的研发,胶合板模板就是其中的一种。近年来,随着我国人工林种植面积增加,木材原料由以天然林为主向以人工林为主转变。人工种植速生木材已成为我国胶合板生产用材的主要资源。随着木胶合板模板的胶合性能和表面覆膜处理等技术的不断进步,这种模板已成为应用最广泛、使用量最多的模板类型。混凝土模板用的胶合板有木胶合模板和竹胶合模板。

1. 木模板

木模板及其支架系统一般在加工厂或现场木工棚制成基本组件(拼板),然后再在现场拼装。图 4.2.4-1 所示为基本组件之一拼板的构造。

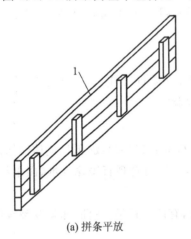 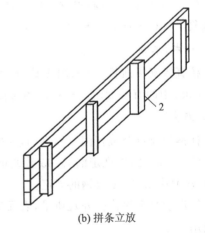

(a) 拼条平放　　　　　　　　　　(b) 拼条立放

图 4.2.4-1　拼板的构造

1—拼板;2—拼条

拼板由板条用拼条钉成,板条为木板,厚度一般为 25~50 mm,宽度一般不超过 200 mm (工具式模板不超过 150 mm),以保证在干缩时缝隙均匀,浇水后易于密缝,受潮后不易翘曲。梁底的拼板由于承受较大的荷载要加厚至 40~50 mm。拼板的拼条为不同尺寸的木楞,根据受力情况可以平放也可以立放,拼条的间距取决于新浇筑混凝土的侧压力大小和板条厚度,一般为 400~500 mm。

以木模板的基本组件——拼板为面板(模型板),辅以支撑件和紧固件,安装固定面板(模型板),以保证所浇筑的混凝土结构和构件按照设计所要求的几何尺寸成型。

2. 胶合板模板

1)胶合板模板的特性

(1)木胶合模板。常用木胶合模板通常由 5、7、9、11 层等奇数层单板经热压固化而胶合成形。相邻层的纹理方向相互垂直,通常最外层表板的纹理方向和胶合板板面的长向平行(图 4.2.4-2),因此,整张胶合板的长向为强方向,短向为弱方向,使用时必须加以注意。

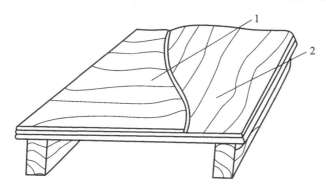

图 4.2.4-2 木胶合板纹理方向
1—表板;2—芯板

(2)竹胶合模板。我国竹材资源丰富,且竹材具有生长快、生产周期短(一般 2~3 年成材)的特点。另外,一般竹材顺纹抗拉强度为 18 N/mm²,为松木的 2.5 倍,红松的 1.5 倍;横纹抗压强度为 6~8 N/mm²,是杉木的 1.5 倍,红松的 2.5 倍;静弯曲强度为 15~16 N/mm²。因此,竹胶合板具有收缩率小、膨胀率和吸水率低,以及承载能力大的特点。

混凝土模板用竹胶合板,其面板与芯板所用材料既有不同,又有相同。不同的材料是芯板将竹子劈成竹条(称竹帘单板),宽 14~17 mm,厚 3~5 mm,在软化池中进行高温软化处理后,做烤青、烤黄、去竹衣及干燥等进一步处理。竹帘的编织可用人工或编织机编织。面板通常为编席单板,做法是将竹子劈成篾片,由编工编成竹席。表面板采用薄木胶合板。这样既可利用竹材资源,又兼有木胶合板的表面平整度。

另外,也有采用竹编席作面板的,这种板材表面平整度较差,且胶黏剂用量较多。

竹胶合板断面构造,见图 4.2.4-3。

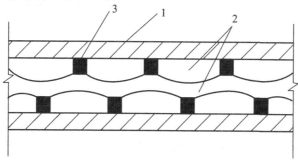

图 4.2.4-3 竹胶合板断面示意
1—竹席或薄木片面板;2—竹帘芯板;3—胶粘剂

为了提高竹胶合板的耐水性、耐磨性和耐碱性,经试验证明,竹胶合板表面进行环氧树脂涂面的耐碱性较好,进行瓷釉涂料涂面的综合效果最佳。

2) 胶合板模板的优点

胶合板用作混凝土模板具有以下优点。

(1) 板幅大,自重轻,板面平整。既可减少安装工作量,节省现场人工费用,又可减少混凝土外露表面的接缝,降低外露表面装饰及磨去接缝的费用。

(2) 承载能力大,特别是经表面处理后耐磨性好,能多次重复使用。

(3) 材质轻,模板的运输、堆放、使用和管理等都较为方便。

(4) 保温性能好,能防止温度变化过快,冬期施工有助于混凝土的保温。

(5) 锯截方便,易加工成各种形状的模板。

(6) 便于按工程的需要弯曲成型,用作曲面模板。

3) 胶合板模板配板

胶合板模板具有面积大,材质轻,可现场锯截等优点,因此可现场根据混凝土结构构件的尺寸加工,故拼接较少,但由于板幅限制,仍需进行模板配制。

(1) 配板要求。配模时应考虑模板能够周转灵活、拆装方便,而且在地上主体结构使用时,无须多做改动,以减少成本投入。能整张使用的尽量整张使用,锯截时要从大尺寸面板到小尺寸面板下料,尽量减少锯截,避免胶合板浪费,配制好的模板应在反面编号并写明规格,分别堆放保管,以免错用。

(2) 配板方法。胶合板模板配制有如下几种方式。

① 按设计图纸尺寸直接配制模板。形体简单的结构构件,可根据结构施工图纸直接按尺寸列出模板规格和数量进行配制。模板厚度、次楞和主楞的断面和间距,以及支撑系统的配置,都可按支承要求通过计算选用。

② 采用放大样方法配制模板。形体复杂的结构构件,如楼梯、圆形水池等,可在平整的地坪上,按结构图的尺寸画出结构构件的实样,量出各部分模板的准确尺寸或套制样板,同时确定模板及其安装的节点构造,进行模板的制作。

③ 用计算方法配制模板。形体复杂不易采用放大样方法,但有一定几何形体规律的构件,可用计算结合放大样的方法,进行模板的配制。

④ 采用结构表面展开法配制模板。一些由各种不同形体组成的复杂体型结构构件,如设备基础,其模板的配制,可先画出模板平面图和展开图,再进行配模设计和模板制作。

4) 胶合板模板使用注意事项

经表面处理的胶合板,在施工现场使用中一般应注意以下几个问题。

(1) 脱模后立即清洗板面浮浆,堆放整齐。

(2) 模板拆除时,严禁抛扔,以免损伤板面处理层。

(3) 胶合板边角应涂有封边胶,故应及时清除水泥浆。为了保护模板边角的封边胶,最好在支模时在模板拼缝处粘贴防水胶带或水泥纸袋,加以保护,防止漏浆。

(4) 胶合板板面尽量不钻孔洞。遇有预留孔洞,可用普通木板拼补。

(5) 现场应备有修补材料,以便对损伤的面板及时进行修补。

3. 木模板和胶合板模板体系

面板材料确定后,支架根据结构、构件特点选择,次楞、主楞、支架立柱的间距通过设计计算确定。

1) 木模板

面板采用木模板,目前常用支架体系为:次楞采用方木,主楞采用方木或钢管,支架立柱采用木立柱或扣件式钢管支架、碗扣式钢管支架、框式(门式)钢管支架。

2) 胶合板模板

面板采用胶合板,目前常用支架体系为:次楞采用方木,主楞采用方木或钢管,支架立柱采用扣件式钢管支架、碗扣式钢管支架、框式(门式)钢管支架。

4.2.5 定型组合钢模板

1. 定型组合钢模板的优点

定型组合钢模板通过各种连接件和支承件可组合成多种尺寸、结构和几何形状的模板,以适应各种类型建筑物的梁、柱、板、墙、基础和设备等施工的需要,组装灵活,通用性强,拆装方便;周转次数多,每套钢模可重复使用 50~100 次;加工精度高,浇筑混凝土的质量好,成型后的混凝土尺寸准确,棱角整齐。

除了采用人工散装散拆的施工方法,定型组合式钢模板还可事先按设计要求预组拼成梁、柱、墙、楼板的大型面板,也可用其拼装成大模板、滑模、隧道模和台模等,然后用机械整体吊装就位。预组拼又可分为分片组拼和整体组拼两种。采用预组拼方法,可以加快施工速度,提高工效和模板的安装质量,但必须具备相适应的吊装设备和有较大的拼装场地。

2. 定型组合钢模板的构件

1) 钢模板

钢模板有通用模板和专用模板两类,通用模板包括平面模板、阴角模板、阳角模板和连接角模,专用模板包括到棱模板、梁腋模板、搭接模板、可调模板及嵌补模板。这里主要介绍常用的通用模板。

钢模板采用模数制设计,宽度模数以 50 mm 进级(共有 100 mm、150 mm、200 mm、250 mm、300 mm、350 mm、400 mm、450 mm、500 mm、550 mm、600 mm 十一种规格),长度为 150 mm 进级(共有 450 mm、600 mm、750 mm、900 mm、1200 mm、1500 mm、1800 mm 七种规格),可以适应横竖拼装成以 50 mm 进级的任何尺寸的模板。

定型组合钢模板按照其肋高及面板钢材不同有不同型号,其中 55 型组合钢模板又称组合式定型小钢模,是目前使用较广泛的一种通用性组合模板。下面以 55 型组合钢模板为例介绍钢模板的用途和规格(表 4.2.5-1)。

表 4.2.5-1　钢模板的用途及规格

名称		图示	用途	宽度/mm	长度/mm	肋高/mm
平面模板		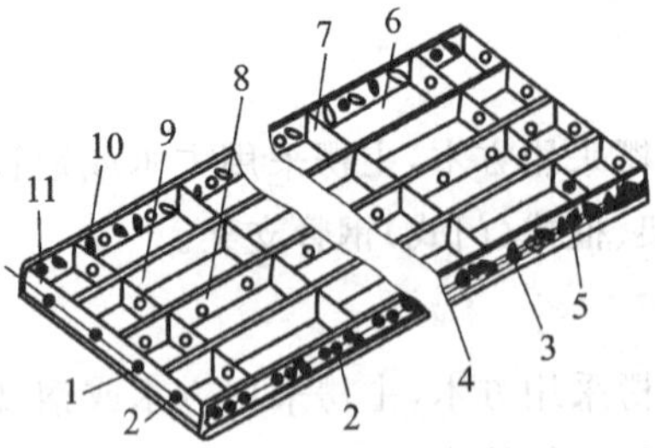 1—插销孔；2—U形卡孔；3—凸鼓；4—凸棱；5—边肋；6—主板；7—无孔横肋；8—有孔纵肋；9—无孔纵肋；10—有孔横肋；11—端肋	用于基础、墙体、梁、柱和板等多种结构的平面部位	600、550、500、450、400、350、300、250、200、150、100		
转角模板	阴角模板	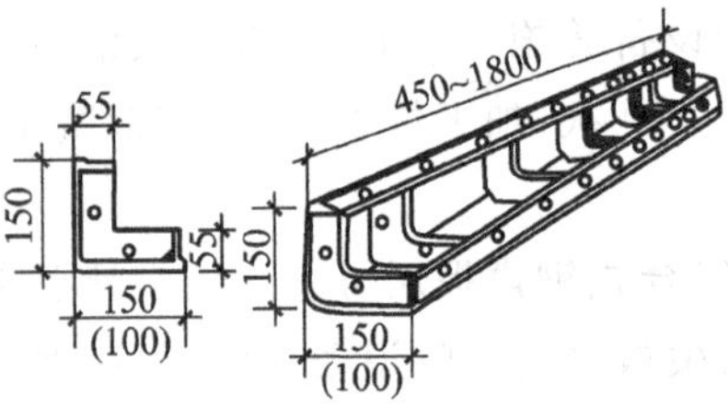	用于墙体和各种构件的内角及凹角的转角部位	150×150、100×150	1800、1500、1200、900、750、600、450	55
	阳角模板	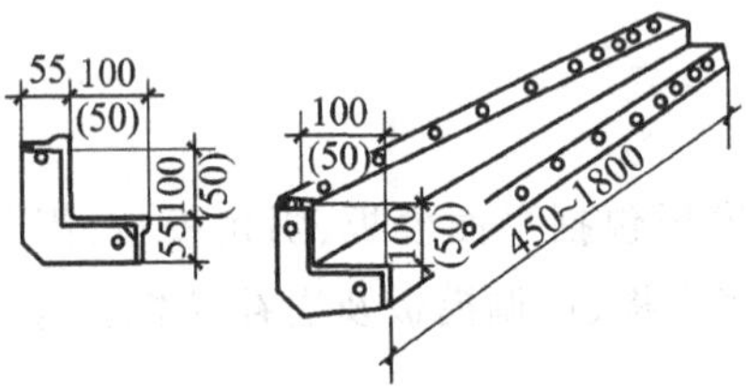	用于柱、梁及墙体等外角及凸角的转角部位	100×100、50×50		
	连接角模	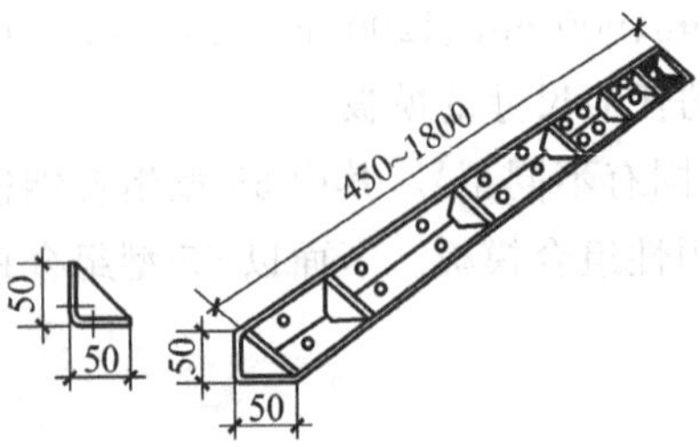	用于柱、梁及墙体等外角及凸角的转角部位	50×50		

续表

名称		图　示	用途	宽度/mm	长度/mm	肋高/mm
倒棱模板	角棱模板		用于柱、梁及墙体等阳角的倒棱部位	17、45	1500、1200、900、750、600、450	55
	圆棱模板			R20、R25		
梁腋模板			用于暗渠、明渠、沉箱及高架结构等梁腋部位	50×150、50×100		
柔性模板			用于圆形筒壁、曲面墙体等部位	100		

续表

名称		图示	用途	宽度/mm	长度/mm	肋高/mm
搭接模板		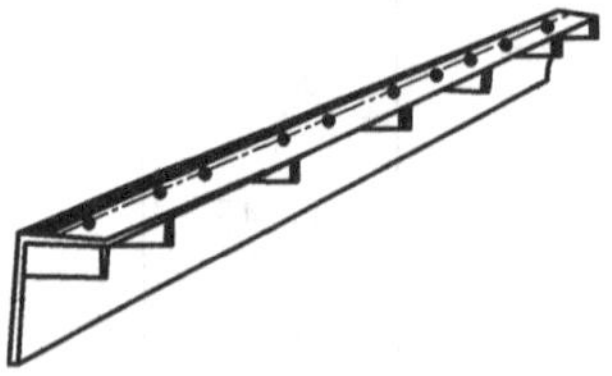	用于调节50 mm以内的拼装模板尺寸	75	1500、1200、900、750、600、450	
可调模板	双曲	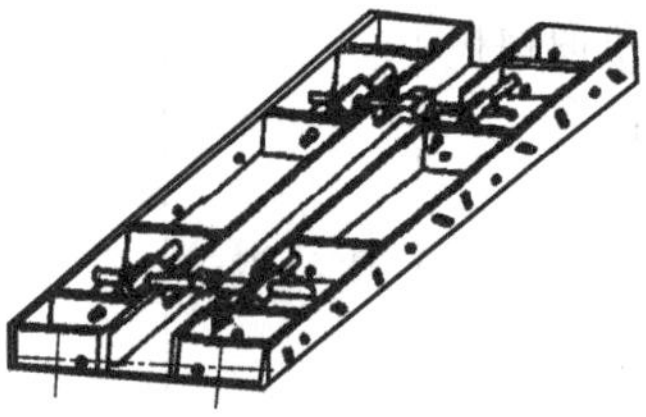	用于构筑物曲面部位	300 200	1500、900、600	55
	变角	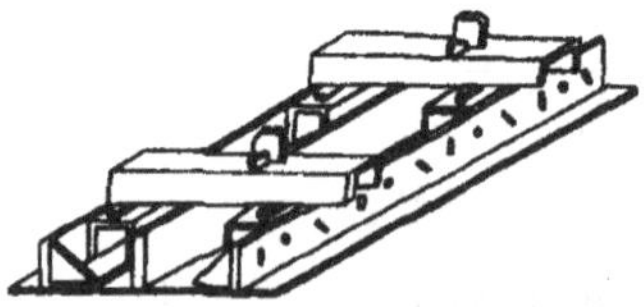	用于展开面为扇形或梯形的构筑物结构	200 160		
嵌补模板	平面嵌板	—	用于梁、柱、板、墙等结构接头部位	200、150、100	300、200、150	
	阴角嵌板			150×150 100×150		
	阳角嵌板			100×100 50×50		
	连接模板			50×50		

2) 连接件

定型组合钢模板的连接件包括U形卡、L形插销、钩头螺栓、对拉螺栓、紧固螺栓和扣件等,其组成和用途如表4.2.5-2所示。

表 4.2.5-2　连接件组成及用途

名称	图示	用途	规格	备注
U形卡	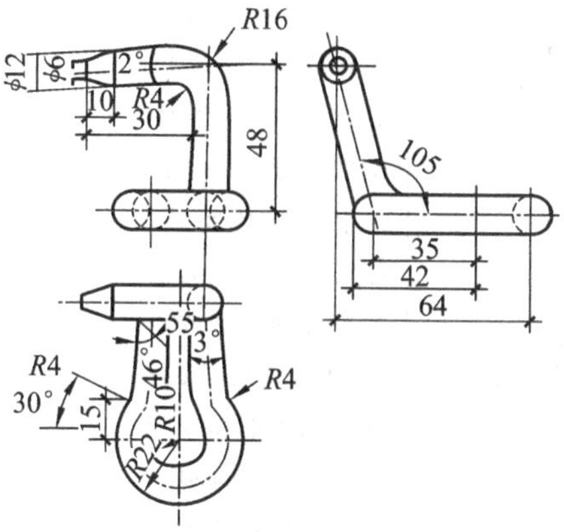	主要用于钢模板纵横向的自由拼接,将相邻钢模板夹紧固定	$\phi 12$	Q235圆钢
L形插销	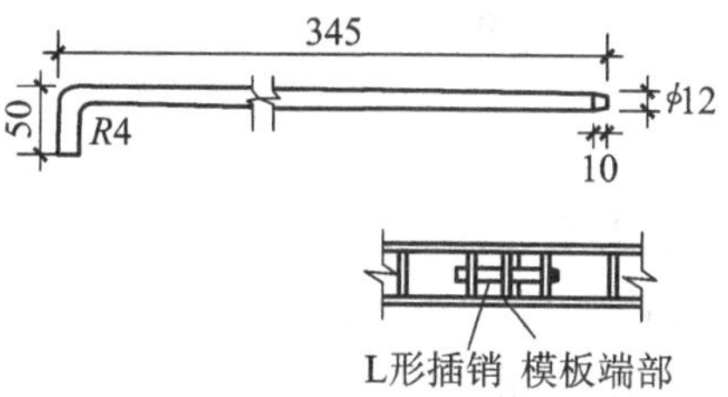	用来增强钢模板的纵向拼接刚度,保证接缝处板面平整	$\phi 12, l=345$	
钩头螺栓	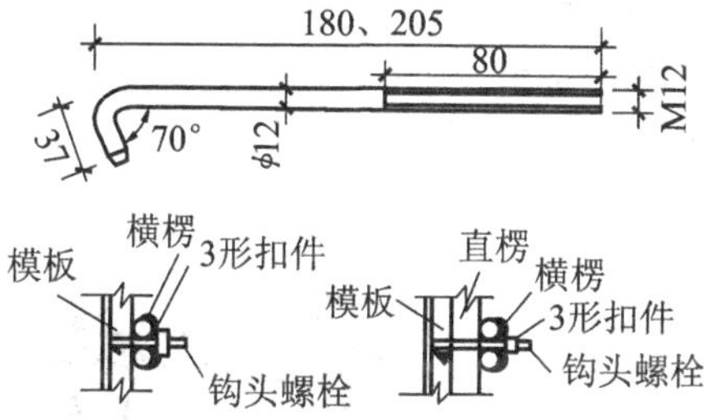	用于钢模板与内、外钢楞之间的连接固定	$\phi 12$, $l=205、180$	
紧固螺栓	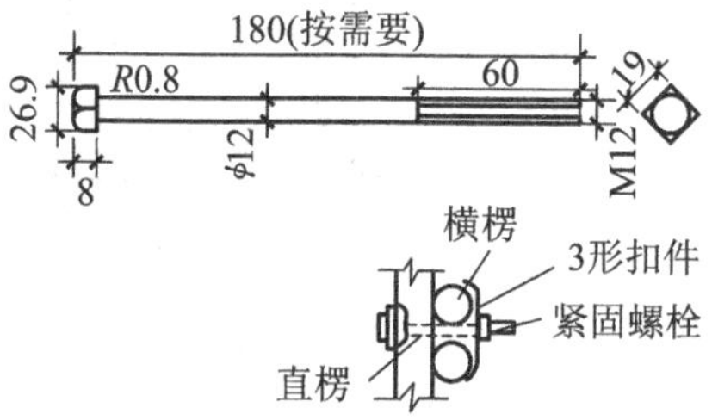	用于紧固内、外钢楞,增强拼接模板的整体性	$\phi 12, l=180$	
对拉螺栓	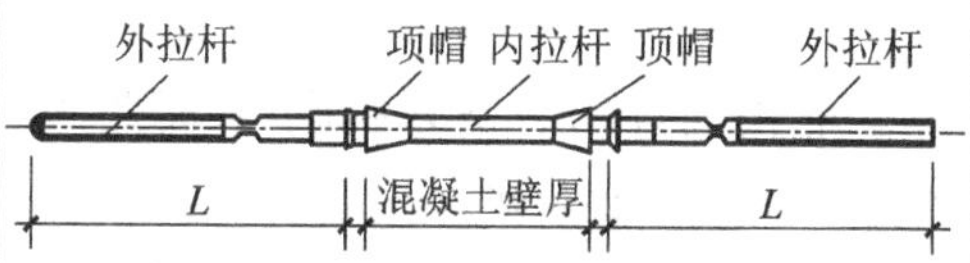	用于拉结两竖向侧模板,保持两侧模板的间距,承受混凝土侧压力和其他荷载,确保模板有足够的强度和刚度	M12、M14、M16、T12、T14、T16、T18、T20	

续表

名称		图 示	用 途	规 格	备 注
扣件	3形扣件		用于钢楞与钢模板或钢楞之间的紧固连接,与其他配件一起将钢模板拼装连接成整体,扣件应与相应的钢楞配套使用。按钢楞的不同形状,分别采用碟形和3形扣件,扣件的刚度与配套螺栓的强度相适应	26型、12型	Q235钢板
	碟形扣件			26型、18型	

3) 支承件

定型组合钢模板的支承件包括钢楞、柱箍、支架、斜撑及钢桁架等。

(1) 钢楞。钢楞即模板的横档和竖档,分内钢楞与外钢楞。内钢楞配置方向一般应与钢模板垂直,直接承受钢模板传来的荷载,其间距一般为700～900 mm。钢楞一般用圆钢管、矩形钢管、槽钢或内卷边槽钢,而以钢管用得较多。

(2) 柱箍。柱模板四角设角钢(型钢)柱箍。角钢(型钢)柱箍由两根互相焊成直角的角钢(型钢)组成,用弯角螺栓及螺母拉紧。如图4.2.5-1所示。

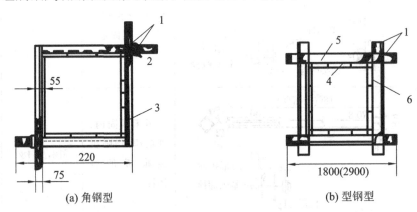

图 4.2.5-1 柱箍
1—插销;2—限位器;3—夹板;4—模板;5—型钢;6—钢型B

(3) 钢支架。钢支架主要有以下几种。

① 常用钢管支架如图4.2.5-2(a)所示。它由内外两节钢管制成,其高低调节距模数为100 mm;支架底部除垫板外,均用木楔调整标高,以利于拆卸。

② 另一种钢管支架本身装有调节螺杆,能调节一个孔距的高度,使用方便,但成本略高,如图4.2.5-2(b)所示。

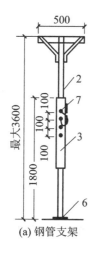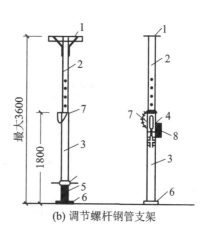

(a) 钢管支架   (b) 调节螺杆钢管支架

图 4.2.5-2 钢支架

1—顶板；2—插管；3—套管；4—转盘；5—螺杆；6—底板；7—插销；8—转动手柄

③ 当荷载较大、单根支架承载力不足时，可用组合钢支架或钢管井架，如图 4.2.5-3(a) 所示。还可用扣件式钢管脚手架、门型脚手架作支架，如图 4.2.5-3(b) 所示。

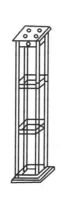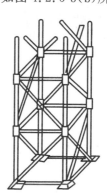

(a) 组合钢支架和钢管井架

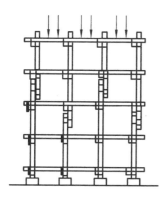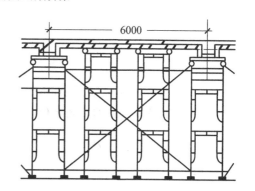

(b) 扣件式钢管和门型脚手架支架

图 4.2.5-3 钢支架

1—顶板；2—插管；3—套管；4—转盘；5—螺杆；6—底板；7—插销；8—转动手柄

（4）斜撑。由组合钢模板拼成的整片墙模或柱模，在吊装就位后，应由斜撑调整和固定其垂直位置，如图 4.2.5-4 所示。

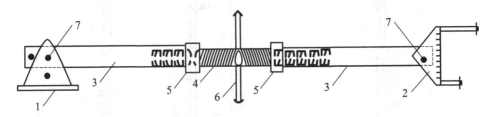

图 4.2.5-4　斜撑
1—底座；2—顶撑；3—钢管斜撑；4—花篮螺丝；5—螺母；6—旋杆；7—销钉

（5）钢桁架。如图 4.2.5-5 所示，其两端可支承在钢筋托具、墙、梁侧模板的横档以及柱顶梁底横档上，以支承梁或板的模板。有整榀式和组合式。

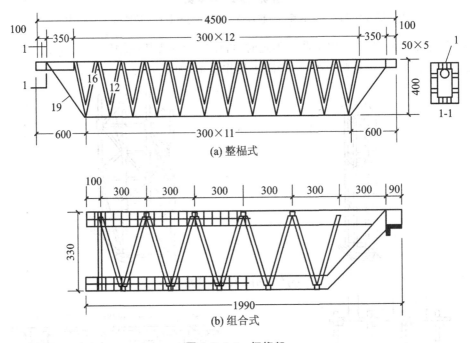

图 4.2.5-5　钢桁架

（6）梁卡具。梁卡具又称梁托架，用于固定矩形梁、圈梁等模板的侧模板，可节约斜撑等材料，也可用于侧模板上口的卡固定位，如图 4.2.5-6 所示。

3. 定型组合钢模板配板

1）配板要求

采用组合钢模板时，不同结构构件的面板可用不同规格的钢模作多种方式的组合排列，从而形成不同的配板方案。配板方案对支模效率、工程质量和经济效益都有一定的影响。因此，在施工前进行施工组织设计时必须进行配板设计，形成适用于本工程的配板方案，以满足钢模块数少，木模嵌补量少，并满足支承件布置简单，受力合理的要求。

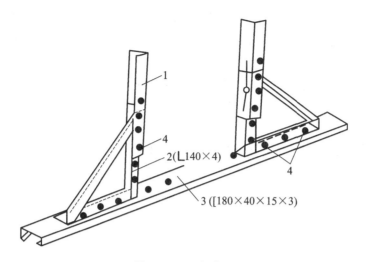

图 4.2.5-6 梁卡具
1—调节杆;2—三角架;3—底座;4—螺栓

2) 配板原则

(1) 优先采用通用规格及大规格的模板,使其种类和块数最小,木模镶拼量最少。设置对拉螺栓的模板,为了减少钢模板的钻孔损耗,可在螺栓部位改用 55 mm×100 mm 刨光方木代替,或使钻孔的模板能多次周转使用。

(2) 合理排列,模板长向拼接宜采用错开布置,以增加模板的整体刚度。

(3) 合理使用角模,柱、梁、墙、板的各种模板面的交接部分,应采用连接简便、结构牢固的专用模板。

(4) 为了便于模板支承系统(钢楞或桁架)的布置,配板的要求如下。

① 次楞应与钢模板的长度方向相垂直,直接承受钢模板传递的荷载;主楞应与次楞互相垂直,承受内钢楞传来的荷载,用以加强钢模板结构的整体刚度,其规格不得小于内钢楞。

② 模板端缝齐平布置时,一般每块钢模板应有两处次楞支承;错开布置时,其间距可不受端缝位置的限制。

3) 配板步骤

(1) 根据施工组织设计对施工区段的划分、施工工期和流水段的安排,明确需要配制模板的层段数量。

(2) 根据工程情况和现场施工条件,决定模板的组装方法。

(3) 根据已确定配模的层段数量,按照施工图纸中梁、柱、墙、板等构件尺寸,进行模板组配设计。

(4) 明确支撑系统的布置、连接和固定方法。

(5) 进行夹箍和支撑件等的设计计算和选配工作。

(6) 确定预埋件的固定方法、管线埋设方法以及特殊部位(如预留孔洞等)的处理方法。

(7) 根据所需钢模板、连接件、支撑及架设工具等列出统计表,以便备料。

4) 配板设计内容

(1) 画出各构件的模板展开图。

(2) 根据模板展开图绘制模板配板图,选用最适合的各种规格的钢模板布置在模板展开图上,如采用预组装大模板,应标绘出其分界线;预埋件和预留孔洞的位置,应在模板配板图上标明,并注明固定方法。

(3) 确定支模方案,进行支撑工具布置。根据结构类型及空间位置、荷载大小等确定支模方案,根据模板配板图布置支撑。

4.2.6 现浇混凝土结构模板的构造和安装

1. 木模板的构造和安装

1) 基础模板

(1) 基础模板的特点是高度不大而体积较大,一般上下分级且各级尺寸不同。如土质良好,阶梯形的最下一级可不用模板而进行原槽浇筑,如图 4.2.6-1 所示。

(2) 基础模板包括各步级的侧模和斜撑,侧模采用拼板支设,安装时应保证上、下各层模板位置不发生相对位移,一般用拼条(或方木)做斜撑固定,可利用地基或基槽(坑)进行支撑,如图 4.2.6-2。

(3) 基础模板安装的一般工序:平整基底至设计标高→施工砼垫层(如果设计有砼垫层时)→放出基础的轴线→弹出模板安装边线→按边线安装最下一阶基础侧模板→定位用后斜撑固定好侧模板→安装上一步阶基础侧模板→必要时用楞木将相邻模板连成整体保证稳定。

(4) 带有地基梁的条形基础,梁桥杠布置在基础侧模上口,用斜撑、吊木将梁侧模吊在桥杠上。

(5) 有杯口的基础,桥杠布置在基础侧模上口,用斜撑、吊木将杯口侧模吊在桥杠上。

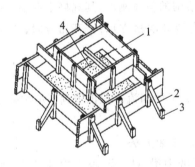

图 4.2.6-1　阶梯形基础模板
1—拼板;2—斜撑;3—木桩;4—铁丝

图 4.2.6-2　基础模板施工图片

2) 柱模板

(1) 柱子的特点是断面尺寸不大但比较高,安装施工时必须注意保证柱模板的竖向稳定。

(2) 如图 4.2.6-3 所示,柱模板是由两块内拼板夹在两块外拼板之内组成(注意:柱模的内拼板宽度与该方向柱截面尺寸相同,外拼板宽度为该方向柱截面尺寸加两倍内拼板厚度),亦可用短横板代替外拼板钉在内拼板上;柱模顶部根据需要开有与梁模板连接的缺口。

(3) 为承受混凝土的侧压力和保持模板形状,拼板外面要设柱箍,柱箍间距与柱截面大小和浇筑混凝土施工时侧压力大小有关,应通过计算确定;由于浇筑混凝土时,柱子底部混凝土侧压力较大,柱箍可以上疏下密;当柱高度、截面较大,砼侧压力较大时,还要在模板中加设对拉螺栓。柱箍具体间距、对拉螺栓规格型号及间距应根据计算确定。

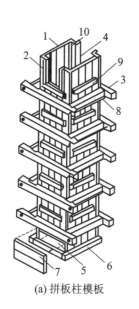 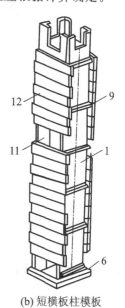

(a) 拼板柱模板　　　　　　(b) 短横板柱模板

图 4.2.6-3　柱模板

1—内拼板;2—外拼板;3—柱箍;4—梁缺口;5—清理孔;6—木框;
7—盖板;8—拉紧螺栓;9—拼条;10—三角木条;11—浇筑孔;12—短横板

(4) 柱模板安装的一般工序:放线(用墨斗弹出柱轴线和边线)→设置定位基准(根据边线和模板厚度钉柱脚边框,边框应牢固固定在基层上)→第一块模板安装就位→安装斜向支撑→邻侧第二块模板安装就位→连接两块模板并安装第二块模板斜向支撑→安装第三、四块模板及斜向支撑→调直纠偏→安装柱箍→全面检查校正→柱模群体固定→清除柱模内杂物、封闭清扫口。

(5) 如果柱模不设清扫口,则必须在模板安装前将基底冲洗干净,不得有浮浆及残渣。

(6) 在楼地面上放好柱轴线,用墨斗弹出柱边线,从柱边线向外量取一个面板厚度,钉好压脚板再安装柱模板,每块模板安装后,先临时斜向支顶,校正垂直度后,斜向顶紧,必要时,两相邻柱子间可用剪刀撑撑牢。柱模安装完成后,应全面复核模板的垂直度、对角线长度差及截面尺寸等项目。

(7) 柱箍的安装应自下而上进行,柱箍应根据柱模尺寸,柱高及侧压力的大小等因素进行设计选择(如木箍、钢箍、钢木箍等),柱箍使用材料及其规格、型号、间距等应进行设计计算,以确保浇筑混凝土施工时不会发生胀模变形。

(8) 柱模板必须支撑牢固,预埋件、预留孔洞严禁漏设且必须位置准确、安装稳固(图 4.2.6-4)。

(9) 柱截面较大时应设置柱中穿心螺栓,由计算确定螺栓的直径、间距,钻孔时注意定位,确保螺栓安装垂直于面板。

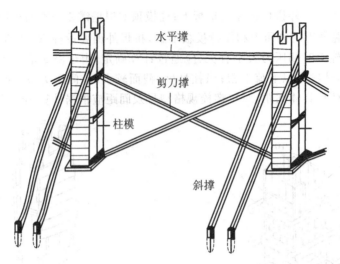

图 4.2.6-4 柱模的固定

3）墙模板

(1) 墙的特点：墙是竖向构件，墙厚度一般为 200～400 mm，而高度和长度的尺寸远远大于其厚度，因此必须保证其整体竖向稳定性并防止新浇筑混凝土侧压力导致的胀模。

(2) 墙模板：由两侧模板及其支撑体系构成。

(3) 墙模板安装一般工序：放出墙的轴线，弹出墙模安装控制线→检查基层→安装门窗洞口模板→安装就位一侧墙模→安装纵横木（钢）楞和斜撑→插入穿墙螺栓及塑料套管→清理杂物→安装就位另一侧墙模板→安装纵横木（钢）楞和斜撑→穿墙螺栓穿过另一侧墙模→检查调整模板位置→紧固穿墙螺栓→固定斜撑→与相邻模板连接。

(4) 模板安装前，基底应平整，不平处用水泥砂浆补平；用墨斗弹出墙的轴线（或中线）和边线。

(5) 从边线向外量一个模板厚度先立一侧模板，安放墙模板时要保持垂直，斜撑临时撑住，用线锤校正垂直；安装纵横木楞（钢楞）和墙体对拉螺栓，再用斜撑（或平撑）固定，如果地下室外墙施工时撑在基坑土壁上，应采用设垫板等措施确保撑牢。

(6) 清扫模内杂物；然后以同样方法安装就位另一侧墙模板，安装纵横木楞（钢楞），使穿墙螺栓穿过模板并在螺栓杆端戴上扣件和螺母，然后调整两块模板的位置和垂直度，与此同时调整斜撑角度，合格后，固定斜撑，紧固全部穿墙螺栓的螺母。

(7) 为增强墙体中对拉螺栓的使用率，可采用同墙厚的硬塑料管套住螺栓，拆模后抽出塑料管中的对拉螺栓，如是位于地下室的墙体，需在模板施工前按照规定埋设止水钢板（橡胶带），螺栓不设套管并加焊止水环。

(8) 模板安装完毕后，全面检查扣件、螺栓、斜撑是否紧固、稳定，模板拼缝及下口是否严密。

(9) 为保证墙厚度以及防止浇筑混凝土时变形，可采取以下措施：

① 墙模支设前，在竖向梯子筋上焊接顶模棍（墙厚每边减少 1 mm）；

② 浇筑混凝土时，做分层尺竿，并配好照明，分层浇筑，分层层高控制在 500 mm 以内，严防振捣不实或过振，使模板变形；

③ 浇筑混凝土时,门窗洞口处应对称下料。

4) 梁模板

(1) 梁的特点是跨度大而宽度不大,梁底一般是架空的。

(2) 梁模板主要由底模、侧模、夹木、斜撑及支架系统组成,如图 4.2.6-5 所示。

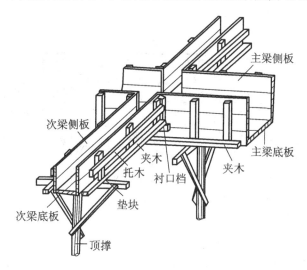

图 4.2.6-5　梁模板

(3) 梁底模和侧模的关系一般为侧模包底模,底模拼板宽度为梁宽度,侧模拼板高度为梁高－楼板厚度＋梁底模厚度。

(4) 梁模板安装一般工序:弹出梁轴线及标高控制线并复核→搭设梁模支架→安装梁底钢(木)楞或梁卡具→安装梁底模板→梁底起拱→安装侧梁模→安装另一侧梁模→安装梁侧模上下锁口楞、斜撑楞、腰楞和对拉螺栓→复核梁模尺寸、位置→与相邻模板连固。

(5) 安装梁模支架之前,首层为土壤地面时应平整夯实,支柱下脚要铺设垫板,并且上下楼层支柱应在一条直线上。

(6) 在柱模板顶部与梁模板连接处预留的缺口处钉衬口档,以便把梁底模板搁置在衬口档上。

(7) 先立起靠近柱或墙的梁模支柱,再根据计算确定的支柱间距将梁长度等分,立中间部分支柱,支柱可加可调底座或在底部打入木楔调整标高,支柱下部和中间加设横向拉结杆或纵横向剪刀撑,以保证支架的整体性和稳定性。

(8) 安装梁底模板:底模要求平直,标高正确;当梁的跨度等于或大于 4 m 时,应使梁底模板中部略起拱,防止由于混凝土的重力使跨中下垂。如设计无规定时,起拱高度宜为全跨长度的 1/1000～3/1000。

(9) 安装梁侧模板:安装时应将梁侧模板紧靠底模放在支柱顶的小楞上,两头钉于衬口档上,在侧板底外侧铺钉夹木,再钉上斜撑和水平拉条。侧模安装要求垂直并撑牢。若梁高超过 600 mm,为抵抗砼的侧压力,还应设对拉螺栓加强。

(10) 有主次梁时,要待主梁模板安装并校正后才能进行次梁模板安装,在主梁侧模相应位置处预留安装次梁的缺口。

(11) 梁模板安装后再次拉线检查、复核各梁模板中心线位置是否正确。

5）楼板模板

(1) 楼板的特点是面积大而厚度比较薄，侧向压力小，板底架空。

(2) 楼板模板包括板底模及其支架，主要承受钢筋、混凝土的自重及其施工荷载，保证模板不变形。

(3) 楼板模板一般与梁模板连成一体，如图 4.2.6-6 所示。

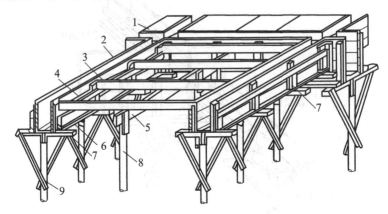

图 4.2.6-6 梁及楼板模板
1—楼板模板；2—梁侧模板；3—楞木；4—托木；5—杠木；6—夹木；7—短撑；8—杠木撑；9—琵琶撑

(4) 楼板模板安装一般工序：搭设模板支架→安装横、纵向钢（木）楞→调整模板下皮标高并且按规定要求起拱→铺设模板→检查模板上皮标高、平整度。

(5) 模板铺设前，应先在梁侧模外边钉立木及横档，在横档上安装楞木（次楞）。楞木安装要水平，不平时在楞木两侧加木楔调平。

(6) 楞木调平后即铺放平板模板。模板接缝应平直，楞木跨度大时，应在中间另加支柱，以避免受载荷后挠度过大。

(7) 支架的支柱可从边跨一侧开始，依次逐排安装，同时安装钢（木）楞（主楞）及横拉杆，其间距按模板设计计算确定。

(8) 支架搭设完毕后，要认真检查板下钢（木）楞（主楞）与支柱连接及支架安装的牢固与稳定，根据给定的水平线调节高度，将钢（木）楞找平。

(9) 铺设木模拼板：先铺跨边并与墙模或梁模连接，然后向跨中铺设平板模板，最后对于不够整块拼板的模板和窄条缝，采用拼缝模或木方嵌补，但拼缝应严密，接缝处用粘胶带盖缝防止漏浆。

(10) 楼板底模板模铺设完毕后，检查楼板模板的平整度与楼板模板的底标高，并进行校正。

6）楼梯模板

(1) 楼梯模板特点：楼梯模板的构造与楼板相似，不同点是楼梯模板要倾斜支设，且在楼梯板上还有踏步。

(2) 楼梯模板包括上下休息平台、楼梯梁、楼梯板模板及其支架系统，见图 4.2.6-7。

(3) 楼梯模板一般安装顺序：先安装上、下休息平台楼板模板及楼梯梁模板，然后安装楼梯板模板，如图 4.2.6-8 所示。

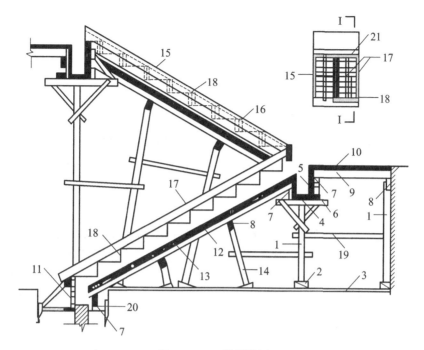

图 4.2.6-7 楼梯模板

1—支柱(顶撑);2—木楔;3—垫板;4—平台梁底板;5—侧板;6—夹木;7—托木;
8—杠木;9—楞木;10—平台底板;11—梯基侧板;12—斜楞木;13—楼梯底板;14—斜向顶撑;
15—外帮板;16—横档木;17—反三角板;18—踏步侧板;19—拉杆;20—木桩

图 4.2.6-8 楼梯模板施工图片

(4) 上下休息平台模板安装施工参见楼板模板安装。

(5) 楼梯梁模板安装施工参见梁模板安装。

(6) 安装楼梯板底模时,应将其两端与楼梯梁侧模相连,坡度按放样线,下部用钢(木)撑架设支架系统,由于楼梯板是斜板,其支架立柱要斜向顶撑,楼梯板的侧模用斜撑固定撑牢。

(7) 安装踏步侧模时,首先根据放样线在楼梯板侧模上画出梯级线,并钉上梯级踏步侧模板,侧模用斜撑固定并保持垂直,且梯级侧模下口伸进梯口 1~2 cm。

(8) 安装踏步模板时,踏步高度尺寸需一致,最下一步及最上一步踏步高度应考虑地面的装修层厚度。

2. 胶合板模板

采用胶合板模板,基础、柱、墙、梁、楼板、楼梯等结构构件模板的特点和构成与木模板是一致的,各种结构构件模板安装的一般工序及要点大同小异,不同之处在于面板、楞梁、立柱的材料不同而造成的工艺上的区别。

1) 基础模板

(1) 独立柱基础各步级侧模按步级高度下料,基础梁侧模板按梁高度下料。

(2) 独立柱基础各步级侧模、基础梁侧模需固定撑牢,可用钢管打斜撑,上口用钢管锁定断面,使其成为一个整体支撑体系,从而有效抵挡砼浇筑时的侧压力;支在土壁上的斜支撑应加设垫板以防变形,如图 4.2.6-9 所示。

图 4.2.6-9 基础模板

2) 柱模板

(1) 柱模配板时,一般为一柱四板,如柱子高度大,可分上下几段配板,四个表面模板宽度按两个不同的尺寸下料,一对模板宽度按该方向柱截面尺寸下料,另外一对模板宽度按柱截面尺寸加上 2 倍的模板厚度下料。

(2) 小楞一般选用木枋,柱箍可选用木枋、钢筋箍、钢管、螺栓等,材料、规格及间距应进行设计计算,确保混凝土施工时不涨模变形,并兼顾经济性和实用性;最下一道柱箍距基层一般不大于 300 mm。

(3) 模板安装施工时及时安装斜撑,以确保竖向稳定,斜撑与地面倾角宜为 60°。

(4) 柱模安装立面、剖面、斜撑可参见图 4.2.6-10、图 4.2.6-11。

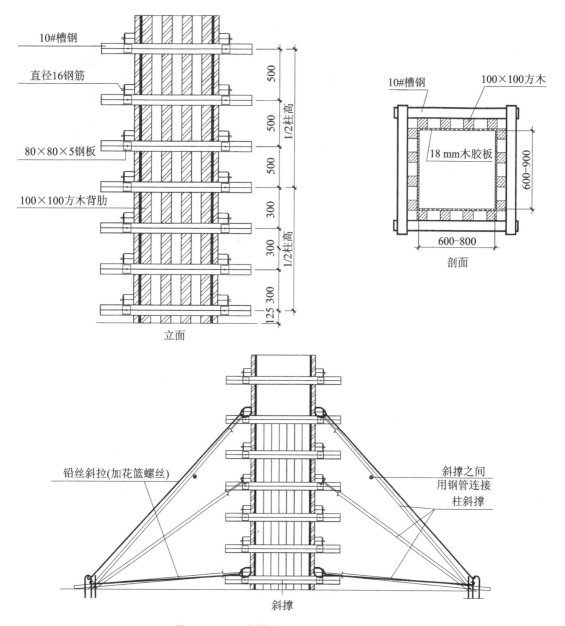

图 4.2.6-10 柱模施工立面图、剖面、斜撑

3) 墙模板

(1) 墙模板常用的支模方法:胶合板面板外侧用方木做小楞(立档),用钢管或方木做横档,两侧胶合板模板用穿墙螺栓拉结(图 4.2.6-12、图 4.2.6-13)。

(2) 模板安装工艺:墙模板安装时,根据边线先立一侧模板,临时用支撑撑住,用线锤校正模板的垂直度,然后固定牵杠,再用斜撑固定。大块侧模组拼时,上下竖向拼缝要互相错开,先立两端,后立中间部分。待钢筋绑扎后,按同样方法安装另一侧模板及斜撑等。

(3) 为了保证墙体的厚度正确,在两侧模板之间可用小方木撑头(小方木长度等于墙厚),防水混凝土墙要用有止水板的撑头。小方木要随着浇筑混凝土逐个取出。为了防止浇筑混凝土的墙身鼓胀,可用直径 12～16 mm 螺栓拉结两侧模板,螺栓要纵横排列,地上结构

图 4.2.6-11 柱模板

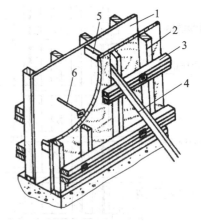

图 4.2.6-12 采用胶合板面板的墙体模板
1—胶合板；2—小楞（立档）；3—大楞（横档）；
4—斜撑；5—撑头；6—穿墙螺栓

可用套管套住螺栓，以便在混凝土凝结后取出螺栓重复使用，地下结构应采用加焊止水环的止水螺栓。

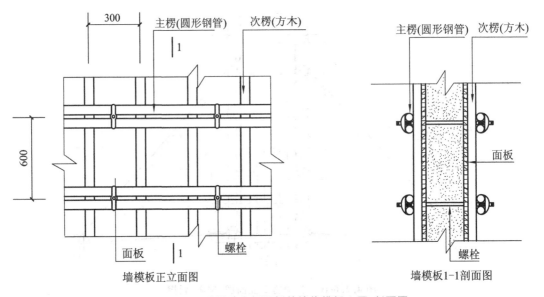

图 4.2.6-13 采用胶合板面板的墙体模板立面、剖面图

4）梁、楼板模板

(1) 梁、楼板模板常采用的支模方法是：用脚手钢管搭设排架，在排架上铺方木做小楞，在其上铺设梁底模或楼板模板，楞木及支架立杆间距等由设计计算确定。梁侧模安装上下锁口楞、斜撑，尺寸较大的梁安装腰楞，必要时设置对拉螺栓，楞木、对拉螺栓型号、间距等由设计计算确定，以确保模板支撑稳固（图 4.2.6-14）。

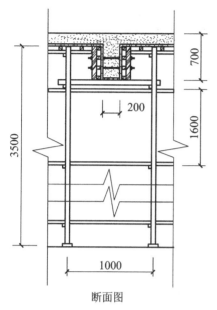
断面图

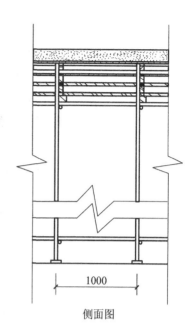
侧面图

方木支撑平行于梁截面

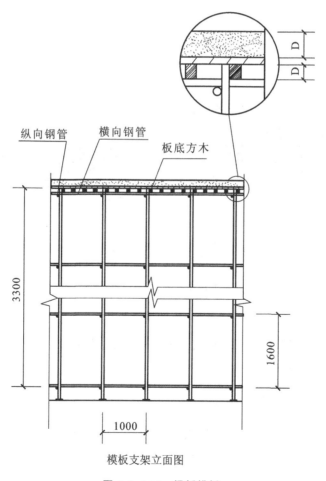

模板支架立面图

图 4.2.6-14　梁板模板

（2）梁板柱节点处理：梁与柱相交的节点处，柱模在相应位置处留梁口并在侧面钉锁口楞，梁底模板压在柱模板上，楼板与柱交接处，楼板底模板压在柱模板上，见图 4.2.6-15。

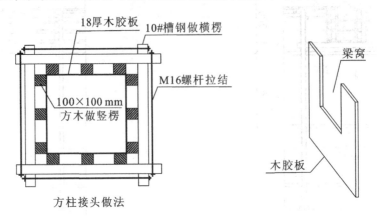

图 4.2.6-15　梁板柱节点处理

（3）主次梁交接处模板：主次梁交接处，在主梁侧模相应位置处留设次梁梁口，次梁的模板压在主梁上，见图 4.2.6-16。

图 4.2.6-16　主次梁交接处模板

5）楼梯模板

楼梯模板施工顺序同样是先安装上、下休息平台楼板模板及楼梯梁模板，然后安装楼梯板模板，一般支设构造见图 4.2.6-17。

3. 定型组合钢模板安装施工

采用定型组合钢模板，柱、墙、梁、楼板、楼梯等结构构件模板的特点和构成与其他类型的模板（如木模板）是一致的，各种结构构件模板安装的一般工序大同小异。

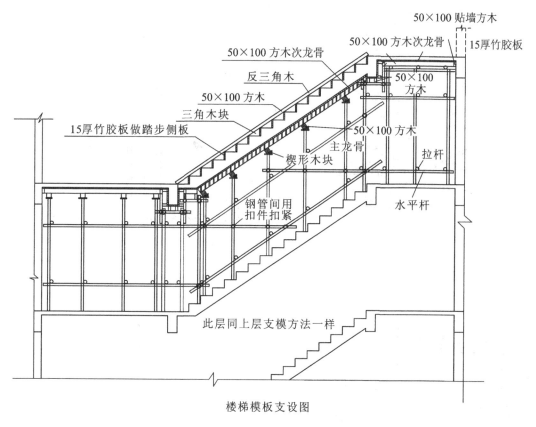

图 4.2.6-17 楼梯模板支设图

1) 柱模板

(1) 柱模板可按柱子大小,预拼成一面一片(每面的一边带一个角模)或两面一片,如柱子较高,每面可分为 2~3 段,从下到上一段一段地安装,每段模板就位后先用铅丝与主筋绑扎临时固定,用 U 形卡将两侧模板连接卡紧,安装完两面再安另外两面模板;柱模根部要用水泥砂浆堵严,防止跑浆;柱模的浇筑口和清扫口在配模时应一并考虑留出,见图 4.2.6-18。

(2) 保证柱模的长度符合模数,不符合部分放到节点部位处理;或以梁底标高为准,由上往下配模,不符合模数部分放到柱根部位处理;柱子高度在 4 m 和 4 m 以上时,一般应四面支撑。当柱高超过 6 m 时,不宜单根柱支撑,宜几根柱同时支撑连成构架。

(3) 梁、柱模板分两次支设,在柱子混凝土达到拆模强度时,最上一段柱模先保留不拆,以便于与梁模板连接。

(4) 柱模的清渣口应留置在柱脚一侧,如果柱子断面较大,为了便于清理,亦可两面留设。清理完毕后,立即封闭清渣口。

(5) 柱模安装就位后,立即用四根支撑或有张紧器花篮螺栓的缆风绳与柱顶四角拉结,并校正其中心线和偏斜(图 4.2.6-19),全面检查合格后,再群体固定。

2) 墙模板

(1) 墙钢模板构造见图 4.2.6-20。

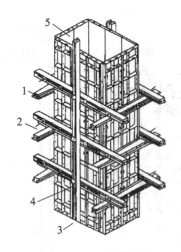

图 4.2.6-18 柱钢模板
1—横楞;2—拉杆;3—竖楞;4—穿柱螺栓;5—钢模板

图 4.2.6-19 校正柱模板

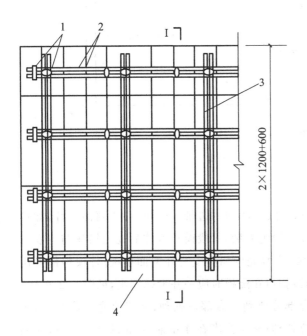

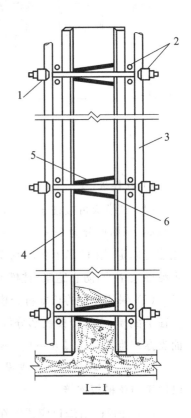

图 4.2.6-20 墙钢模板构造图
1—形扣件;2—内钢楞;3—外钢楞;4—钢模板;5—套管;6—对拉螺栓

(2) 组装模板时,墙两侧对拉螺栓孔应平直相对,确保孔洞对准,以使穿墙螺栓与墙模板保持垂直,穿插螺栓时不得斜拉硬顶。

(3) 相邻模板边肋用 U 形卡连接的间距,不得大于 300 mm,预组拼模板接缝处宜满上 U 形卡。

(4) 采用预组装的大块模板必须要有良好的刚度,以便于整体的装、拆、运。

(5) 墙模板上口必须在同一水平面上,严防墙顶标高不一。

(6) 预留门窗洞口的模板应有锥度,安装要牢固,既不变形,又便于拆除。

(7) 墙模板上预留的小型设备孔洞,当遇到钢筋时,应设法确保钢筋位置正确,不得将钢筋移向一侧(图 4.2.6-21)。

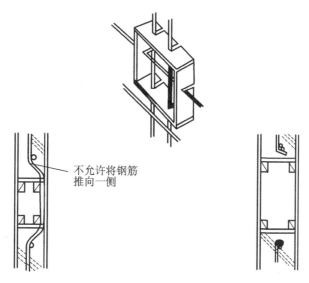

图 4.2.6-21 墙模板上设备孔洞模板做法

3) 梁模板

(1) 在支柱上定标高时预留梁底模板的厚度,符合设计要求后,拉线安装梁底模板并找直,底模上应拼上连接角模,两侧模板与底板连接角模用 U 形卡连接。用梁卡具或安装上下锁口楞、腰楞及外竖楞,辅以斜撑或对拉螺栓,确保模板支撑牢固。

(2) 梁模安装完成,复核检查梁模尺寸无误后,与相邻梁柱模板连接固定,有楼板模板时,在梁上连接阴角模,与板模拼接固定。

(3) 梁柱接头模板的连接特别重要,一般可按图 4.2.6-22 处理或用专门加工的梁柱接头模板。

(4) 梁底模采用桁架支撑时,要按事先设计的要求设置,要考虑桁架的横向刚度,上下弦要设水平连接,拼接桁架的螺栓要拧紧,数量要满足要求。

4) 楼板模板

(1) 采用立柱作支架时,从边跨一侧开始逐排安装立柱,并同时安装外钢楞(大龙骨)。

(2) 采用桁架作支承结构时,一般应预先支好梁、墙模板,然后将桁架按模板设计要求支设在梁侧模通长的型钢或方木上,调平固定后再铺设模板(图 4.2.6-23)。

(3) 楼板模板当采用单块就位组拼时,每个节间宜在四周先用阴角模板与墙、梁模板连接,然后向中央铺设。相邻模板边肋应按设计要求用 U 形卡连接,也可用钩头螺栓与钢楞连接。亦可采用 U 形卡预拼大块再吊装铺设。

5) 楼梯模板

楼梯模板一般比较复杂,常见的有板式和梁式楼梯,其支模工艺基本相同。

施工前应根据实际层高放样,先安装休息平台梁模板,再安装楼梯模板斜楞,然后铺设楼梯底模、安装外帮侧模和踏步模板。安装模板时要特别注意斜向支柱(斜撑)的固定,防止浇筑混凝土时模板移动。

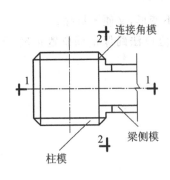
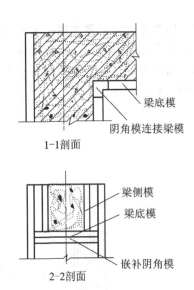

图 4.2.6-22 柱顶梁口采用嵌补模板

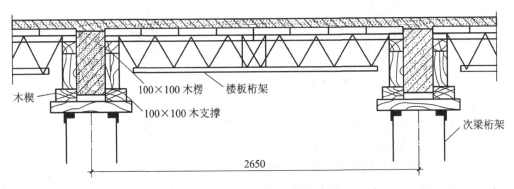

图 4.2.6-23 梁和楼板桁架支模

楼梯段模板组装情况,见图 4.2.6-24。

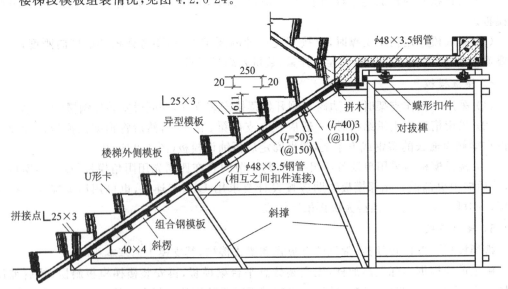

图 4.2.6-24 楼梯模板支设示意

4.2.7 其他形式的模板

1. 大模板

1) 适用范围

大模板是指单块模板的高度相当于楼层的层高,宽度约等于房间的宽度或进深的大块定型模板,适用于全现浇高层或多层剪力墙结构、框剪结构,是进行现浇剪力墙结构施工的一种工具式模板,一般一幅墙面使用一两块大模板,由于重量重,一般需起重吊装机械配合进行安装拆除施工。其优点是模板安装和拆除工序简单、墙面平整;缺点是一次投资大、通用性较差。

2) 大模板构造

大模板由面板、加劲肋、竖楞、支撑系统、稳定机构和操作平台以及附件组成。

(1) 面板。面板是直接与混凝土接触的部分,要求表面平整,加工精密,有一定刚度,能多次重复使用。大模板常用的面板材料有钢板、木(竹)胶合板。

① 整块钢面板一般用 4~6 mm(以 6 mm 为宜)钢板拼焊而成。这种面板具有良好的强度和刚度,能承受较大的混凝土侧压力及其他施工荷载,重复利用率高,一般周转次数在 200 次以上。另外,由于钢板表面平整光洁,耐磨性好,易于清理,有利于提高混凝土表面的质量。缺点是耗钢量大、单块模板质量大、易生锈、不保温、损坏后不易修复。

② 组合式钢模板组拼成面板主要采用组合型钢模板组拼,虽然亦具有一定的强度和刚度,耐磨及自重较整块钢板面要轻,拆卸后仍可用于其他构件,但拼缝较多,整体性差,周转使用次数不如整块钢板面多,在墙面质量要求不严的情况下可以采用。采用中型组合钢模板拼制而成的大模板,拼缝较少。

③ 胶合板面板采用经过表面处理的大幅木(竹)胶合板组拼,具有质量轻、表面平整、刚度大、拼缝严密、拆卸后仍可用于其他构件等优点。

(2) 加劲肋。加劲肋又叫横肋,直接承受面板传来的荷载,作用是固定面板并把侧压力传递到竖楞上。一般采用 6 号或 8 号槽钢,间距一般为 300~500 mm。

(3) 竖楞。竖楞是与加劲肋相连的竖向部件,作用是加强面板刚度,保证面板几何形状,并作为穿墙螺栓的固定支点,承受由面板传来的荷载,一般采用 6 号或 8 号槽钢,间距一般为 1~1.2 m。

(4) 支撑系统。支撑系统由支撑架和地脚螺栓组成,其作用是承受风荷载和水平力,以防止模板倾覆,保持模板堆放和安装时的稳定。

支撑架一般用型钢制成。每块大模板设 2~4 个支撑架,支撑架上端与大模板竖向龙骨用螺栓连接,下部横杆槽钢端部设有地脚螺栓,用以调节模板的垂直度。模板自稳角的大小与地脚螺栓的可调高度及下部横杆长度有关。

(5) 操作平台。操作平台由脚手板和三角架构成,附有铁爬梯及护身栏,护身栏用钢管做成,上下可以活动,外挂安全网。每块大模板设置铁爬梯一个,供操作人员上下使用。

图 4.2.7-1 所示为整体式大模板构造图,这种大模板又称平模,是将大模板的面板、加

劲肋、竖楞、支撑系统、操作平台拼焊成一体的模板。

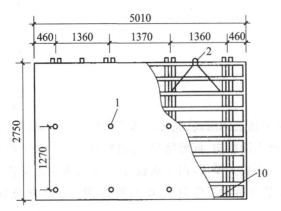 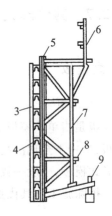

图 4.2.7-1　钢制平模构造示意图

1—穿墙螺栓孔；2—吊环；3—面板；4—横肋；5—竖肋套管；6—护身栏杆；
7—支撑立杆；8—支撑横杆；9—32丝杆；10—丝杆

3）大模板施工要点

(1) 在拟建工程附近、起重吊装工作半径范围内，留出一定面积的堆放区，以便直接吊运就位。

(2) 大模板吊装前，针对大模板及工程特点，组织全体施工人员熟悉图纸、流水段划分及大模板拼装位置，做好施工技术和安全交底。

(3) 内外墙体钢筋绑扎完毕后，立即进行门窗洞口模板、水电预留安装，办理隐检验收手续，并在大模板下部抹好找平砂浆，以便模板就位及防止漏浆。

(4) 大模板吊装顺序：先吊装内墙横纵模板，再吊装外墙模板。根据墙位线放置模板，通过调整大模板斜支撑使其垂直，然后用靠尺检查两侧模板垂直度，待校正合格后，立即拧紧穿墙螺栓。

2. 滑升模板

1）适用范围

滑升模板是一种工具式模板，特别适用于现场浇筑钢筋混凝土烟囱筒体、钢筋混凝土水塔支承筒体、钢筋混凝土筒仓等中空竖向圆形或矩形钢筋混凝土构筑物。

2）滑升模板构造

滑升模板主要由模板系统、操作平台系统和液压提升系统三部分组成，见图4.2.7-2。

(1) 模板系统。模板系统主要包括模板、围檩、收分变径装置等，是用来成型结构混凝土的一套装置。

滑模围檩主要用于固定模板位置，保证模板所构成的几何形状不变，承受由模板传来的水平力和垂直力，有时还要承受操作平台的荷载，将模板和提升架连接起来构成滑模模板系统。围檩应有一定的强度和刚度，一般可采用70～80号角钢，8～12号槽钢或10号工字钢制作。上围檩距模板上口距离不宜大于250 mm，见图4.2.7-3。

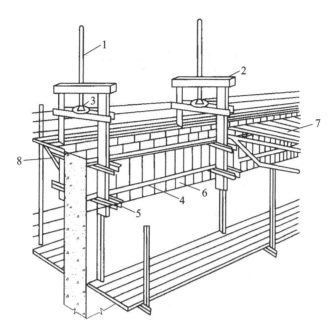

图 4.2.7-2 液压滑升模板组成示意图
1—支承杆；2—提升架；3—液压千斤顶；4—围圈；5—围圈支托；6—模板；7—操作平台；8—平台桁架

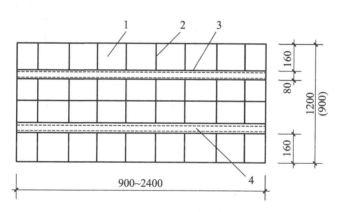

图 4.2.7-3 围檩组合大模板
1—钢板；2—肋板；3—8号槽钢上围檩；4—8号槽钢下围檩

收分变径装置主要用来调整内外模板间距和倾斜度的装置，由固定围檩、活动围檩及固定围檩调整装置和活动围檩调整装置组成，通过该装置与收分模板、固定模板共同工作来实现收分变径工作。

（2）操作平台系统。操作平台系统主要包括操作平台、上辅助平台和内、外吊架等，是供运输混凝土、堆放材料、工具、设备和施工人员进行滑升模板施工的操作场所，见图4.2.7-4。

（3）液压提升系统。液压提升系统主要包括支承杆、千斤顶和提升架、油路、液压提升操纵装置等，是滑升的动力。

支承杆主要用以承受滑升模板质量和全部施工荷载（含滑升模板与现浇混凝土的摩阻力）的支承圆钢或钢管，又是千斤顶向上滑升的轨道。支承杆的连接方式常用的有三种，见图4.2.7-5。

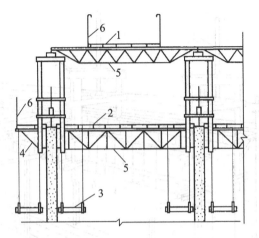

图 4.2.7-4 操作平台剖面示意图
1—上辅助平台；2—主操作平台；3—吊脚手架；4—三角挑架；5—承重桁架；6—防护栏杆

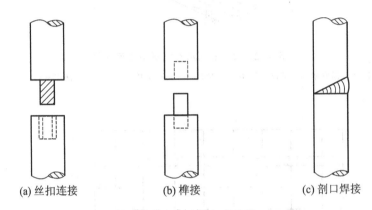

(a) 丝扣连接　　(b) 榫接　　(c) 剖口焊接

图 4.2.7-5 支撑杆的连接

3）滑升模板施工

滑升模板施工是在建筑物或构筑物底部，按照建筑物平面或构筑物平面，沿其墙、柱等构件周边一次装设 1 m 多高的模板和操作平台等相关系统，随之在模板内不断分层浇筑混凝土和绑扎钢筋，利用提升设备将模板不断向上提升，逐步完成建筑物或构筑物结构的混凝土浇筑工作。

3. 爬升模板

1）适用范围

爬升模板是综合大模板与滑动模板工艺和特点的一种模板，具有大模板和滑动模板共同的优点，是一种适用于现浇钢筋混凝土竖直或倾斜结构施工的模板工艺，如墙体、桥梁、塔柱等。它与滑动模板一样，在结构施工阶段依附在建筑竖向结构上，随着结构施工而逐层上升，这样模板可以不占用施工场地，也不用其他垂直运输设备。另外，它装有操作脚手架，施工时有可靠的安全围护，故可不需搭设外脚手架，特别适用于在较狭小的场地上建造多层或高层建筑，尤其适用于超高层建筑施工。

2) 爬升模板构造

爬升模板由大模板、爬升支架和爬升设备三部分组成(图4.2.7-6)。

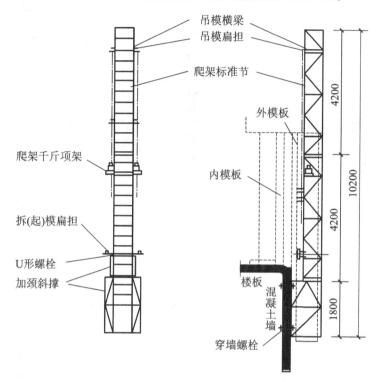

图 4.2.7-6　液压爬升模板组装图

(1) 大模板。大模板主要包含以下内容。

① 面板一般用薄钢板或组合式钢模板组拼,也可用木(竹)胶合板。横肋用6.3♯槽钢。竖向大肋用8♯或10♯槽钢。横、竖肋的间距按计算确定。

② 模板的高度一般为建筑标准层层高加100～300 mm(模板与下层已浇筑墙体的搭接高度,用于模板下端的定位和固定)。模板下端需加橡胶衬垫,以防止漏浆。

③ 模板的宽度可根据墙的宽度和施工段的划分确定,其分块要与爬升设备能力相适应。

④ 模板的吊点,根据爬升模板的工艺要求,应设置两套吊点。一套吊点(一般为两个吊环)用于制作和吊运,在制作时焊在横肋或竖肋上;另一套吊点用于模板爬升,设在每个爬架位置,要求与爬架吊点位置相对应,一般在模板拼装时进行安装和焊接。

⑤ 模板上的附属装置。模板上的附属装置包括以下几种。

a. 爬升装置:是用于安装模板和固定爬升设备的。常用的爬升设备为倒链和单作用液压千斤顶。采用倒链时,模板上的爬升装置为吊环,其中用于模板爬升的吊环,设在模板中部的重心附近,为向上的吊环;用于爬架爬升的吊环设在模板上端,由支架挑出,位置与爬架重心相符,为向下的吊环。采用单作用液压千斤顶时,模板爬升装置分别为千斤顶座(用于模板爬升)和爬杆支座架(用于爬架爬升),见图4.2.7-7。模板背面安装千斤顶的装置尺寸应与千斤顶底座尺寸相对应。模板爬升装置为了安装千斤顶的铁板,其位置在模板的重心附近。用于爬架爬升的装置是爬杆的固定支架,安装在模板的顶端。因此,要注意模板的爬升装置与爬架爬升设备的装置,要处在同一条竖直线上。

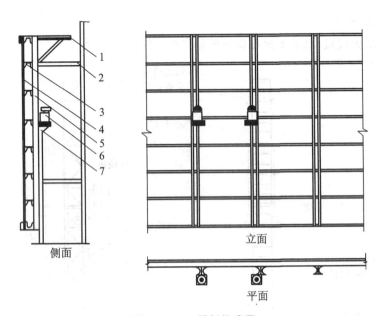

图 4.2.7-7 模板构造图
1—爬架千斤顶爬杆的支承架;2—脚手架;3—横肋;4—面板;
5—竖向大肋;6—爬模用千斤顶;7—千斤顶底座

b. 外附脚手和悬挂脚手:外附脚手和悬挂脚手设在模板外侧(图 4.2.7-7),供模板的拆模、爬升、安装就位和校正固定,穿墙螺栓安装和拆除,墙面清理和嵌塞穿墙螺栓等操作使用。脚手的宽度为 600~900 mm,每步高度约为 1800 mm。脚手架上下要有垂直登高设施,并应配备存放小型工具和螺栓的工具箱。在大模板固定后,要用连接杆件将大模板与脚手架连成整体。

c. 校正螺栓支撑:是一个可拆卸的校正、固定模板的工具。爬升时拆卸,模板就位时安装。在每个爬架上有两组,模板的上、下端各一对。它用左右旋转螺纹的螺杆组成,一般可用花篮螺丝两端焊上卡具做成。旋转螺母套,即可将模板的上、下端进行校正、固定。

⑥ 当大模板采用多块模板拼接时,为了防止在模板爬升过程中模板拼接处产生弯曲和剪切应力,应在拼接节点处采用规格相同的短型钢跨越拼接缝,以保证竖向和水平方向传递内力的连接性。

(2)爬升支架。爬升支架包括以下内容。

① 爬升支架由支承架、附墙架(底座)以及吊模扁担、爬升爬架的千斤顶架(或吊环)等组成(图 4.2.7-8)。

② 爬升支架是承重结构,主要依靠附墙架(底座)固定在下层已有一定强度的钢筋混凝土墙体上,并随着施工层的上升而升高,起到悬挂模板、爬升模板和固定模板的作用,因此,要具有一定的强度、刚度和稳定性。

③ 爬升支架的构造,应满足以下要求。

a. 爬升支架顶端高度,一般要超出上一层楼层高度 0.8~1.0 m,以保证模板能爬升到待施工层位置的高度。

b. 爬升支架的总高度(包括附墙架),一般应为 3~3.5 个楼层高度,其中附墙架应设置在待拆模板层的下一层。

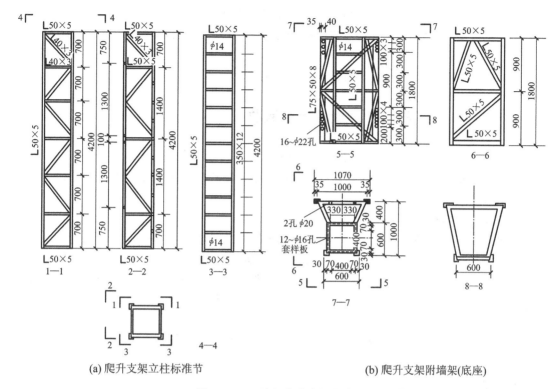

(a) 爬升支架立柱标准节　　　　　　(b) 爬升支架附墙架(底座)

图 4.2.7-8　液压爬升支架构造图

c. 为了便于运输和装拆，爬升支架应采取分段(标准节)组合，用法兰盘连接为宜。为了便于操作人员在支承架内上下，支承架的尺寸不应小于 650 mm×650 mm，且附墙架(底座)底部应设有操作平台，周围应设置防护设施。

d. 附墙架(底座)与墙体的连接应采用不少于 4 只附墙连接螺栓，螺栓的间距和位置尽可能与模板的穿墙螺栓孔相符，以便于该孔作为附墙架的固定连接孔。附墙架的位置如果在窗口处，亦可利用窗台作支承。

e. 为了确保模板紧贴墙面，爬升支架的支承部分要离开墙面 0.4～0.5 m，使模板在拆模、爬升和安装时有一定的活动余地。

f. 吊模扁担、千斤顶架(或吊环)的位置，要与模板上的相应装置处在同一竖线上，以提高模板的安装精度，使模板或爬升支架能竖直向上爬升。

(3) 爬升设备。爬升设备是爬升模板的动力，可以因地制宜地选用。常用的爬升设备有电动葫芦、倒链、单作用液压千斤顶等，其起重能力一般要求为计算值的两倍以上。

3) 爬升模板施工

(1) 爬升模板施工一般从标准层开始。如果首层(或地下室)墙体尺寸与标准层相同，则首层(或地下室)先按一般大模板施工方法施工，待墙体混凝土达到要求强度后，再安装爬升支架，从第二层(或首层)开始进行爬升模板施工。

(2) 爬升模板的安装顺序是：底座→立柱→爬升设备→大模板。

(3) 底座安装时，先临时固定部分穿墙螺栓，待校正标高后，方可固定全部穿墙螺栓。

(4) 立柱宜采取在地面组装成整体，在校正垂直度后再固定全部与底座相连接的螺栓。

(5) 模板安装时，先加以临时固定，待就位校正后，方可正式固定。

(6) 安装模板的起重设备,可使用工程施工的起重设备。

(7) 模板安装完毕后,应对所有连接螺栓和穿墙螺栓进行紧固检查,并经试爬升验收合格后,方可投入使用。

(8) 所有穿墙螺栓均应由外向内穿入,在内侧紧固。

4.2.8 模板工程施工质量的检查验收

在浇筑混凝土之前,应对模板工程进行验收。

模板工程应根据事先制定的模板设计文件和施工技术方案、《混凝土结构工程施工及验收规范》(GB 50204—2002)及相关规范进行验收。

模板工程检查验收标准如下。

模板工程的施工质量检验分为主控项目和一般项目,按规定的检验方法进行检验。

检验批合格质量应符合下列规定:主控项目的质量经抽样检验合格;一般项目的质量经抽样检验合格;当采用计数检验时,除有专门要求外,一般项目的合格点率应达到80%及以上,且不得有严重缺陷;具有完整的施工操作依据和质量验收记录。

1) 主控项目

(1) 安装现浇结构的上层模板及其支架时,下层楼板应具有承受上层荷载的承载能力,或加设支架;上、下层支架的立柱应对准,并铺设垫板。

检查数量:全数检查。

检验方法:对照模板设计文件和施工技术方案观察。

(2) 在涂刷模板隔离剂时,不得沾污钢筋和混凝土接槎处。

检查数量:全数检查。

检验方法:观察。

2) 一般项目

(1) 模板安装应满足下列要求。

① 模板的接缝不应漏浆;在浇筑混凝土前,木模板应浇水湿润,但模板内不应有积水。

② 模板与混凝土的接触面应清理干净并涂刷隔离剂;但不得采用影响结构性能或妨碍装饰工程施工的隔离剂。

③ 浇筑混凝土前,模板内的杂物应清理干净。

④ 对清水混凝土工程及装饰混凝土工程,应使用能达到设计效果的模板。

检查数量:全数检查。

检验方法:观察。

(2) 用作模板的地坪、胎膜等应平整光洁,不得产生影响构件质量的下沉、裂缝、起砂或起鼓。

检查数量:全数检查。

检验方法:观察。

(3) 对跨度不小于4m的现浇钢筋混凝土梁、板,其模板应按要求起拱;当设计无具体要求时,起拱高度宜为跨度的1/1000~3/1000。

检查数量:按规范要求的检验批,在同一检验批内,对梁,应抽查构件数量的10%,且不应少于3件;对板,应按有代表性的自然间抽查10%,且不得小于3间;对大空间结构,板可按纵横轴线划分检查面,抽查10%,且不少于3面。

检验方法:水准仪或拉线、钢尺检查。

(4) 固定在模板上的预埋件、预留孔洞均不得遗漏,且应安装牢固,其偏差应符合表4.2.8-1的规定。

表 4.2.8-1　预埋件和预留孔洞的允许偏差

项目		允许偏差/mm
预埋钢板中心线位置		3
预埋管、预留孔中心线位置		3
插筋	中心线位置	5
	外露长度	+10,0
预埋螺栓	中心线位置	2
	外露长度	+10,0
预留洞	中心线位置	10
	尺寸	+10,0

检查数量:按规范要求的检验批,对梁、柱和独立基础,应抽查构件数量的10%,且不应少于3件;对墙和板,应按有代表性的自然间抽查10%,且不得少于3间;对大空间结构,墙可按相邻轴线间高度5m左右划分检查面,板可按纵横轴线划分检查面,抽查10%,且均不少于3面。

检验方法:钢尺检查(检查中心线位置时,应沿纵、横两个方向量测,并取其中的较大值)。

(5) 现浇结构模板安装的偏差应符合表4.2.8-2的规定。

表 4.2.8-2　现浇结构模板安装的允许偏差及检验方法

项　目		允许偏差/mm	检验方法
轴线位置	柱、墙、梁	5	钢尺检查
底模上表面标高		±5	水准仪或拉线、钢尺检查
截面模内尺寸	基　础	±10	钢尺检查
	柱、墙、梁	+4,-5	
层高垂直度	≥5 m	6	经纬仪或吊线、钢尺检查
	>5 m	8	经纬仪或吊线、钢尺检查
相邻两板表面高低差		2	钢尺检查
表面平整度		5	2 m靠尺和塞尺检查

检查数量:按规范要求的检验批,对梁、柱和独立基础,应抽查构件数量的10%,且不应少于3件;对墙和板,应按有代表性的自然间抽查10%,且不得少于3间;对大空间结构,墙可按相邻轴线间高度5m左右划分检查面,板可按纵横轴线划分检查面,抽查10%,且均不少于3面。

检验方法:水准仪、经纬仪或钢尺检查(检查轴线位置时,应沿纵、横两个方向量测,并取其中的较大值)。

4.2.9 模板拆除及安全文明施工

1. 模板拆除的规定

混凝土浇筑施工后,模板的拆除时间取决于混凝土的强度、模板的用途、结构的性质。及时拆模,可提高模板的周转率,也可以为其他工作创造条件,但过早拆模,混凝土会因强度不足以承担本身自重或受到外力作用而变形甚至断裂,造成重大的质量事故,因此,《混凝土结构工程施工及验收规范》(GB 50204—2002)对模板拆除也给出明确的检验标准。

1) 主控项目

(1) 底模及其支架拆除时的混凝土强度应符合设计要求;当设计无具体要求时,混凝土强度应符合表 4.2.9-1 的规定。

表 4.2.9-1 底模拆除时的混凝土强度要求

结构类型	结构跨度/m	按设计砼强度标准值百分率/(%)
板	≤2	50
	>2,≤8	75
	>8	100
梁,拱,壳	≤8	75
	>8	100
悬臂构件	—	100

检查数量:全数检查。

检查方法:检查同条件养护试件强度实验报告。

(2) 对后张法预应力混凝土结构构件,侧模宜在预应力张拉前拆除;底模支架的拆除应按施工技术方案执行,当无具体要求时,不应在结构构件建立预应力前拆除。

检查数量:全数检查。

检验方法:观察。

(3) 后浇带模板的拆除和支顶应按施工技术方案执行。

检查数量:全数检查。

检验方法:观察。

2) 一般项目

(1) 侧模拆除时的混凝土强度应能保证其表面及棱角不受损伤。

检查数量:全数检查。

检验方法:观察。

(2) 模板拆除时,不应对楼层形成冲击荷载。拆除的模板和支架宜分散堆放并及时清运。

检查数量:全数检查。

检验方法:观察。

2. 模板拆除的要求

(1) 拆模程序一般按先支后拆、后支先拆的顺序进行,先拆除非承重模板(如侧模)、后拆除承重模板(底模),并应从上而下进行拆除。重大复杂模板的拆除,事先应制定拆模方案。

肋形楼板的拆模顺序为:柱模板→楼板底模板→梁侧模板→梁底模板。

拆除较大跨度梁的下支柱时,应先从跨中开始,分别向梁两端拆。

(2) 拆模时不要用力过猛,不得抛扔,尽量避免混凝土表面或模板受到损坏。拆完后,应及时将模板运走、清理、按类别及尺寸分别堆放,以便下次使用。对钢模板,如果背面油漆脱落,应补刷防锈漆。

(3) 多层楼板模板的支柱拆除,上层楼板正在浇筑混凝土时,下一层楼板的支柱不得拆除,再下一层楼板的支柱,仅可部分拆除。跨度≥4 m 的梁下均应保留支柱,其间距不得大于 3 m。

(4) 在拆除模板过程中,如发现混凝土有影响结构安全的质量问题时,应暂停拆除,先将问题处理后再拆模。

(5) 已拆除模板及其支架结构的混凝土,应在其强度达到设计强度标准值后,才允许承受全部使用荷载。当承受施工荷载产生的效应比使用荷载更为不利时,必须经过核算,加设临时支撑。

3. 模板安装施工的安全文明措施

1) 安全措施

模板工程施工时,应采取各种措施,切实做好安全工作。

(1) 高耸建筑施工时,应有防雷击措施。

(2) 装拆模板时,必须采用稳固的登高工具,支模前必须搭好相关脚手架,模板安装作业高度超过 2m 时,必须搭设脚手架或操作平台,悬空作业处应有牢靠的立足作业面,不得站在拉杆、支撑杆上操作及在梁底模板上行走操作。

(3) 登高作业时,各种配件应放在工具箱或工具袋中,严禁放在模板或脚手架上;各种工具应系挂在操作人员身上或放在工具袋内,不得掉落。

(4) 高空作业人员严禁攀登模板、斜撑杆、拉条、绳索或脚手架等上下,也不得在高空的墙顶、独立梁及其模板等上面行走;装拆施工时,除操作人员外,下面不得站人;高处作业时,操作人员应挂上安全带。

(5) 在电梯间进行模板施工作业时,必须层层搭设安全防护平台;模板的预留孔洞、电梯井口等处,应加盖或设置防护栏,必要时应在洞口处设置安全网。

(6) 模板上架设的电线和使用的电动工具,应采用 36 V 的低压电源或采取其他有效的安全措施。

(7) 木工机械必须严格使用倒顺开关和专用开关箱,一次线不得超过 3 m,外壳接保护零线,且绝缘良好。电锯和电刨必须接用漏电保护器,锯片不得有裂纹(使用前检查,使用中随时检查);且电锯必须具备皮带防护罩、锯片防护罩、分料器和护手装置。使用木工多用机械时严禁电锯和电刨同时使用;使用木工机械严禁戴手套;长度小于 50 cm 或厚度大于锯片半径的木料严禁使用电锯;两人操作时相互配合,不得硬拉硬拽;机械停用时断电加锁。

(8)装拆模板时,上下应有人接应,随装拆随运转,并应把活动部件固定牢靠,严禁堆放在脚手板上和抛掷。

(9)安装墙、柱模板时,应随时支撑固定,防止倾覆。

(10)预拼装模板的安装,应边就位、边校正、边安设连接件,并加设临时支撑稳固。

(11)预拼装模板垂直吊运时,应采取两个以上的吊点;水平吊运时应采取四个吊点。吊点应作受力计算,合理布置。

(12)浇筑混凝土前必须检查支撑是否可靠、扣件是否松动。浇筑混凝土时必须由模板支设班组设专人看模,随时检查支撑是否变形、松动,并组织及时恢复。经常检查支设模板吊钩、斜支撑及平台连接处螺栓是否松动,发现问题及时组织处理。

(13)在拆墙模前不准将脚手架拆除,用塔吊拆时与起重工配合;拆除顶板模板前划定安全区域和安全通道,将非安全通道用钢管、安全网封闭,挂"禁止通行"安全标志,操作人员不得在此区域,必须在铺好跳板的操作架上操作。

(14)拆模时操作人员必须挂好、系好安全带。

(15)预拼装模板应整体拆除。拆除时,先挂好吊索,然后拆除支撑及拼接两片模板的配件,待模板离开结构表面后再起吊。

(16)拆除承重模板时,必要时应先设立临时支撑,防止模板突然整块坍落。

(17)支模过程中如遇中途停歇,应将已就位模板和支架连接稳固,不得浮搁或悬空,并将已松扣或已拆松的模板、支架等拆下运走,防止构件坠落或作业人员扶空坠落伤人。

(18)拆模时,注意避免模板整块下落伤人;拆下来的模板,有钉子时,要使钉尖朝下,以免扎脚。

(19)模板运输时装车高度不宜超过车栏杆,如少量高出,必须拴牢;零配件宜分类装袋(或装箱)运输,不得散运;装车时,应轻搬轻放;卸车时,严禁从车上推下或抛掷。

(20)模板堆放时,宜放平放稳,严禁放于倾斜或不稳的支撑上。

2)文明施工

(1)夜间现场停止模板加工和其他模板作业。

(2)现场模板加工垃圾及时清理,并存放进指定地点,做到工完场清。

(3)整个模板堆放场地与施工现场要达到整齐有序、干净无污染、低噪声、低扬尘、低能耗的整体效果。

4.3 混凝土工程施工

混凝土工程施工是形成钢筋混凝土整体结构的最后一个施工环节,混凝土结构的强度、耐久性、抗渗性等质量指标均与混凝土工程施工中的每一个工作过程直接相关。混凝土工程施工包括原材料的进场存放与检验、配合比的试配与最后确定、施工方案的制定与审批、混凝土的拌合与输送、新拌混凝土的浇筑与振捣密实、混凝土构件的养护与质量验收、混凝土结构的成品保护和缺陷修补等工作过程。

4.3.1 混凝土配料

混凝土是以水泥为主要胶凝材料,并配以砂、石等细、粗骨料和水按适当比例配合,经过均匀拌制、密实成型及养护硬化而形成的人造石材。有时为加强和改善混凝土的某项性能，如：膨胀性、抗渗性等，可适量掺入外加剂和矿物掺合料。

在混凝土中，砂、石起骨架作用，称为骨料，砂为细骨料、石为粗骨料；水泥与水形成水泥浆，水泥浆包裹在骨料表面并填充其空隙。在硬化前，水泥浆能起到润滑作用，故拌合物具有一定的和易性，便于施工；水泥浆硬化后，则将骨料胶结成一个坚实的整体。混凝土强度等级是以标准养护 28 d 的立方体抗压强度标准值划分，目前，我国普通混凝土强度等级划分为 14 级，分别为：C15、C20、C25、C30、C35、C40、C45、C50、C55、C60、C65、C70、C75 和 C80。

1. 混凝土原材料

1）水泥

水泥是一种无机水硬性胶凝材料。它与水拌合而成的浆体既能在空气中硬化，又能在水中硬化，将骨料牢固地粘聚在一起，形成整体，产生强度，因此水泥是混凝土的重要组成部分。

（1）常用水泥的种类。水泥的种类很多，在混凝土工程中常用的水泥有：硅酸盐水泥、普通硅酸盐水泥、矿渣硅酸盐水泥、火山灰质硅酸盐水泥、粉煤灰硅酸盐水泥和复合硅酸盐水泥。

（2）水泥的验收与保管。

① 验收。由于水泥是混凝土的重要组成部分，水泥进场时应进行质量验收，对水泥的品种、级别、包装或散装仓号、出厂日期等进行检查，并应对其强度、安定性及其他必要的性能指标进行复验，其质量必须符合现行国家标准《硅酸盐水泥、普通硅酸盐水泥》(GB 175)等的规定。

检查数量：按同一生产厂家、同一等级、同一品种、同一批号且连续进场的水泥，袋装不超过 200 t 为一批，散装不超过 500 t 为一批，每批抽样不少于一次。

检验方法：检查产品合格证、出厂检验报告和进场复验报告。为能及时得知水泥强度，可按《水泥强度快速检验方法》(ZBQll 004)预测水泥 28 d 强度。

钢筋混凝土结构、预应力混凝土结构中，严禁使用含氯化物的水泥。

② 保管。在水泥的储存过程中，一定要注意防潮、防水。因为水泥受潮后会发生水化作用，凝结成块，降低强度，影响使用，故水泥储存时间不宜过长。常用水泥在正常环境中存放三个月，强度将降低 10%～20%；存放六个月，强度将降低 15%～30%；存放一年，强度将可能降低 40% 以上。因此，水泥存放时间按出厂日期起算，超过三个月应视为过期水泥，使用时必须重新检验确定其强度等级，并按复验结果使用。

入库的水泥应按品种、强度等级、出厂日期分别堆放，做好标志，按照先入库的先用、后入库的后用原则进行使用，并防止混掺使用。为了防止水泥受潮，现场仓库应尽量密闭。包装水泥存放时，应垫起离地约 30 cm，离墙亦应在 30 cm 以上，堆放高度一般不要超过 10 包。临时露天暂存水泥也应用防雨篷布盖严，底板要垫高，并采取防潮措施。

水泥不得和石灰石、石膏、白垩等粉状物料混放在一起。

2）砂

（1）砂的一般分类。砂按其产源可分天然砂、人工砂。

天然砂：由自然条件作用而形成的、粒径在 5 mm 以下的岩石颗粒，称为天然砂。天然砂又可分为河砂、湖砂、海砂和山砂。河砂颗粒圆滑，用它拌制混凝土有较好的和易性；山砂表面粗糙,有棱角,与水泥黏结力较好,但用它拌制的混凝土和易性较差,且不如河砂洁净;海砂虽颗粒圆润,但大多夹有贝壳碎片及可溶性盐类,影响混凝土强度。因此,建筑工程首选河砂作为细骨料。

人工砂为经除土处理的机制砂、混合砂的统称。机制砂是由机械破碎、筛分制成的、粒径小于4.75 mm的岩石颗粒,但不包括软质岩、风化岩石的颗粒。机制砂颗粒尖锐,有棱角,较洁净,但片状颗粒及细粉含量较多,且成本较高。混合砂是由机制砂和天然砂混合制成的砂。一般在当地缺乏天然砂源时,采用人工砂。

砂按的粒径大小可分为粗砂、中砂和细砂,泵送混凝土宜选用中砂。

(2) 砂的质量要求。配制混凝土的砂要求清洁不含杂质,以保证混凝土的质量。而砂中常含有一些有害杂质,如云母、黏土、淤泥、粉砂等,粘附在砂的表面,妨碍水泥与砂的粘结,降低混凝土强度;同时还增加混凝土的用水量,从而加大混凝土的收缩,降低混凝土的抗冻性和抗渗性。还有一些有机杂质、硫化物及硫酸盐,它们都对水泥有腐蚀作用。故用来配制混凝土的砂质量应符合表4.3.1-1中规定。

表 4.3.1-1 砂的质量要求

质量	项目		质量指标	
含泥量 (按质量计%)	混凝土 强度等级	≥C30	≤3.0	
		<C30	≤5.0	
泥块含量 (按质量计%)		≥C30	≤1.0	
		<C30	≤2.0	
有害物质限量	云母含量(按质量计%)		≤2.0	
	轻物质含量(按质量计%)		≤1.0	
	硫化物及硫酸盐含量(折算成SO_3按质量计%)		≤1.0	
	有机物含量(用比色法试验)		颜色不应深于标准色,如深于标准色,则应按水泥胶砂强度试验方法,进行强度对比试验,抗压强度比不应低于0.95	
坚固性	混凝土所处的环境条件	在严寒及寒冷地区室外使用并经常处于潮湿或干湿交替状态下的混凝土	循环后质量损失/(%)	≤8
		其他条件下使用的混凝土		≤10

(3) 砂的验收、运输和堆放。

① 验收。砂的生产单位应按批对产品进行质量检验。在正常情况下,机械化集中生产的天然砂,以400 m³或600 t为一批。人工分散生产的,以200 m³或300 t为一检验批,不足上述规定者也以一批检验。每批至少应进行颗粒级配和含泥量检验,如为海砂,还应检验其氯盐含量。在发现砂的质量有明显变化时,应按其变化情况,随时进行取样检验。当砂产量比较大,而产品质量比较稳定时,可进行定期的检验。

砂的使用单位在进货时也应按上述批次划分进行抽检,抽检的质量检测报告内容应包括:委托单位、样品编号、工程名称、样品产地和名称、代表数量、检测条件、检测依据、检测项目、检测结果、结论等。

② 运输和堆放。砂在运输、装卸和堆放过程中,应防止离析和混入杂质,并应按产地、种类和规格分别堆放。

3) 石子

普通混凝土所用的石子可分为碎石和卵石。由天然岩石或卵石经破碎、筛分而得的粒径大于 5 mm 的岩石颗粒,称为碎石;由自然条件作用而形成的粒径大于 5 mm 的岩石颗粒,称为卵石。

(1) 石子的质量要求。石子是混凝土的重要组成部分,在混凝土中的占比超过一半。石子的质量要求包括:针、片状颗粒含量、含泥量、有害物质限量、压碎指标值、坚固性等多项指标,详见表 4.3.1-2 中规定。

表 4.3.1-2 石子的质量要求

质量项目				质量指标
针、片状颗粒含量按质量计/(%)	混凝土强度等级	≥C30		≤15
		<C30		≤25
含泥量按质量计/(%)		≥C30		≤1.0
		<C30		≤2.0
泥块含量按质量计/(%)		≥C30		≤0.5
		<C30		≤0.7
碎石压碎指标值/(%)	混凝土强度等级	水成岩	C55~C40	≤10
			≤C35	≤16
		变质岩或深层的火成岩	C55~C40	≤12
			≤C35	≤20
		火成岩	C55~C40	≤13
			≤C35	≤30
卵石压碎指标值/(%)	混凝土强度等级		C55~C40	≤12
			≤C35	≤16
坚固性	混凝土所处的环境条件	在严寒及寒冷地区室外使用,并经常处于潮湿或干湿交替状态下的混凝土	循环后质量损失/(%)	≤8
		在其他条件下使用的混凝土		≤12
有害物质限量	硫化物及硫酸盐含量(折算成 SO_3 按质量计%)			≤1.0
	卵石中有机质含量(用比色法试验)			颜色应不深于标准色。如深于标准色,则应配制成混凝土进行强度对比试验,抗压强度比应不低于 0.95

(2) 石子的验收、运输和堆放。

① 验收。生产厂家和供货单位应提供产品合格证及质量检验报告。

使用单位在收货时应按同产地同规格分批验收。用大型工具(如火车、货船或汽车)运输的,以 400 m^3 或 600 t 为一验收批,用小型工具(如小型货车、拖拉机等)运输的以 200 m^3 或 300 t 为一验收批,量少于上述者按一验收批验收。

每一验收批至少应进行颗粒级配、含泥量、泥块含量及针、片状颗粒含量检验。对重要工程或特殊工程应根据工程要求增加检测项目。对其他指标的合格性有怀疑时应予检验。当质量比较稳定、进料量又较大时,可定期检验。石子的使用单位的质量检测报告内容应包括:委托单位、样品编号、工程名称、样品产地、类别、代表数量、检测依据、检测条件、检测项目、检测结果、结论等。

② 运输和堆放。碎石或卵石在运输、装卸和堆放过程中,应防止颗粒离析和混入杂质,并应按产地、种类和规格分别堆放。堆料高度不宜超过 5 m,但对单粒级或最大粒径不超过 20 mm 的连续粒级,堆料高度可以增加到 10 m。

4) 水

用于拌合混凝土的拌合用水所含物质对混凝土、钢筋混凝土和预应力混凝土不应产生以下有害作用:影响混凝土的和易性和凝结、有损于混凝土的强度发展、降低混凝土的耐久性、加快钢筋腐蚀及导致预应力钢筋脆断、污染混凝土表面。

一般符合国家标准的生活饮用水,可直接用于拌制各种混凝土。地表水和地下水首次使用前,应按有关标准进行检验后方可使用。海水可用于拌制素混凝土,但不得用于拌制钢筋混凝土和预应力混凝土。有饰面要求的混凝土也不应用海水拌制。

5) 矿物掺合料和混凝土外加剂

(1) 矿物掺合料。矿物掺合料是指以氧化硅、氧化铝为主要成分,在混凝土中可以代替部分水泥,改善混凝土性能,且掺量不小于 5% 水泥用量的具有火山灰活性的粉体材料。

目前,常用的矿物掺合料能有效改善传统混凝土性能,如:在高性能混凝土中加入较大量的磨细矿物掺合料,可以起到降低温升、改善工作性、增进后期强度、改善混凝土内部结构、提高耐久性等作用。近年来,绿色高性能混凝土得到很大的发展,绿色高性能混凝土大量利用工业废渣,减少自然资源和能源的消耗,有利于环境保护,符合混凝土可持续发展的方向。尤其是近年来复合矿物掺合料等新材料、新技术的研究和应用,促进了高性能混凝土的发展。

不同的矿物掺合料对改善混凝土的物理、力学性能与耐久性具有不同的效果,可根据混凝土的设计要求与结构的工作环境加以选择。

常用的矿物掺合料有粉煤灰、磨细矿渣、沸石粉、硅粉、复合矿物掺合料等种类。各种矿物掺合料的计量应按质量计,每盘计量允许偏差不应超过±2%。掺矿物掺合料混凝土搅拌时宜采用二次投料法,即先投入粗细骨料和 1/3 的水搅拌 10 s 后,再投入水泥、矿物掺合料、剩余 2/3 的水及外加剂。掺矿物掺合料混凝土搅拌时间宜适当延长,以确保混凝土搅拌均匀。

(2) 混凝土外加剂。混凝土外加剂是在混凝土拌合过程中掺入的,并能按要求改善混凝土性能的材料。选择何种外加剂品种,应根据使用外加剂的主要目的,通过技术经济比较确定。外加剂的掺量,应按其品种并根据使用要求、施工条件、混凝土原材料等因素通过试验确定。外加剂的掺量,应以水泥质量的百分率表示,称量误差不应超过规定计量的±2%。

矿物掺合料和外加剂的根本区别是矿物掺合料在混凝土中可以代替部分水泥,而外加剂不能代替水泥。常用的混凝土外加剂有减水剂、引气剂、缓凝剂、早强剂、防冻剂、泵送剂、膨胀剂、速凝剂等种类。

普通减水剂是在混凝土坍落度基本相同的条件下,能减少拌合用水量的外加剂。在混凝土坍落度基本相同的条件下,能大幅度减少拌合水量的外加剂称为高效减水剂。

引气剂是在混凝土搅拌过程中,能引入大量分布均匀的微小气泡,以减少混凝土拌合物泌水离析,改善和易性,并能显著提高硬化混凝土抗冻融耐久性的外加剂。兼有引气和减水作用的外加剂称为引气减水剂。

缓凝剂是一种能延缓混凝土凝结时间,并对混凝土后期强度发展没有不利影响的外加剂。兼有缓凝和减水作用的外加剂,称为缓凝减水剂。

早强剂是能够提高混凝土早期强度,但对后期强度没有明显影响的外加剂。兼有早强和减水作用的外加剂,称为早强减水剂。

防冻剂是在规定温度下,能显著降低混凝土的冰点,使混凝土的液相不冻结或仅部分冻结,以保证水泥的水化作用,并在一定的时间内获得预期强度的外加剂。

泵送剂是能改善混凝土拌合物泵送性能的外加剂。泵送性,就是混凝土拌合物顺利通过输送管道,不阻塞、不离析、黏塑性良好的性能。

膨胀剂是能够使混凝土产生一定程度膨胀的外加剂。例如:掺有适量膨胀剂的混凝土可作补偿收缩混凝土主要用于地下、水中、海水中环境的构筑物、大体积混凝土(除大坝外)、以及配筋路面、屋面与厕浴间防水、构件补强、渗漏修补、预应力钢筋混凝土等;也可作填充用膨胀混凝土用于结构后浇缝、隧洞堵头、钢管与隧道之间的填充等。

速凝剂是能使混凝土或砂浆迅速凝结硬化的外加剂。速凝剂主要用于喷射混凝土、砂浆及堵漏抢险工程。

2. 混凝土的施工配料

不同要求的混凝土应单独进行混凝土配合比设计。混凝土配合比设计,是根据混凝土强度等级及施工所要求的混凝土拌合物坍落度指标在实验室试配完成的,故又称为混凝土实验室配合比。如果混凝土还有其他技术性能要求,除在计算和试配过程中予以考虑外,尚应增添相应的试验项目,进行试验确认。

混凝土配合比设计应满足设计需要的强度和耐久性指标。

1) 普通混凝土实验室配合比设计

(1) 普通混凝土实验室配合比设计步骤。普通混凝土实验室配合比计算步骤如下:

① 计算出要求的试配强度 $f_{cu,0}$,并测算出所要求的水灰比值;

② 选取合理的 $1 m^3$ 混凝土的用水量,并由此计算出 $1 m^3$ 混凝土的水泥用量;

③ 选取合理的砂率值,计算出粗、细骨料的用量,提出供试配用的配合比。

(2) 普通混凝土试配强度确定。混凝土的试配强度 $f_{cu,0}$ 按下式确定:

$$f_{cu,0} \geqslant f_{cu,k} + 1.645\sigma \qquad (4.3.1\text{-}1)$$

式中 $f_{cu,0}$——混凝土的施工配制强度(MPa);

$f_{cu,k}$——设计的混凝土立方体抗压强度标准值(MPa);

σ——施工单位的混凝土强度标准差(MPa)。

σ 的取值,如施工单位具有近期混凝土强度的统计资料时,可按下式求得:

$$\sigma = \sqrt{\frac{\sum_{i=1}^{N} f_{cu,i}^2 - N\mu_{fcu}^2}{N-1}} \qquad (4.3.1-2)$$

式中 $f_{cu,i}$——统计周期内同一品种混凝土第 i 组试件强度值(MPa);

μ_{fcu}——统计周期内同一品种混凝土 N 组试件强度的平均值(MPa);

N——统计周期内同一品种混凝土试件总组数,$N \geq 250$。

当混凝土强度等级为 C20 或 C25 时,如计算得到的 $\sigma < 2.5$ MPa,取 $\sigma = 2.5$ MPa;当混凝土强度等级等于或高于 C30 时,如计算得到的 $\sigma < 3.0$ MPa,取 $\sigma = 3.0$ MPa。

对预拌混凝土厂和预制混凝土构件厂,其统计周期可取为一个月;对现场拌制混凝土的施工单位,其统计周期可根据实际情况确定,但不宜超过三个月。

施工单位如无近期混凝土强度统计资料时,可按表 4.3.1-1 取值。

表 4.3.1-1 σ 取值表

混凝土强度等级	<C15	C20~C35	>C35
σ/(N/mm²)	4	5	6

2) 混凝土施工配合比换算

经过试配和调整以后,便可按照所得的结果确定混凝土的实验室配合比。混凝土的实验室配合比所用的砂、石经过了干燥处理,是不含水分的,而施工现场砂、石都有一定的含水率,且砂、石的含水率随天气条件不断变化。为保证混凝土的质量,施工中应按砂、石的实际含水率对实验室配合比进行换算。根据现场砂、石的实际含水率换算调整后的配合比称为施工配合比。

施工配料时影响混凝土质量的因素主要有两方面:一是称量不准;二是未按砂、石骨料实际含水率的变化进行施工配合比的换算。

(1) 施工配合比换算。

① 施工时应及时测定砂、石骨料的含水率,并将混凝土配合比换算成在实际含水率情况下的施工配合比。

② 设混凝土实验室配合比为:水泥:砂子:石子=1:x:y,测得砂子的含水率为 W_x,石子的含水率为 W_y,则施工配合比应为:1:$x(1+W_x)$:$y(1+W_y)$。

【例 4-3】 已知 C30 混凝土的试验室配合比为:1:2.32:4.33,水灰比为 0.60,经测定砂的含水率为 3%,石子的含水率为 1%,1 m³ 混凝土的水泥用量 310 kg,求 1 m³ 混凝土的施工配合比及砂、石、水的用量。

【解】

(1) 1 m³ 混凝土的施工配合比为:

1:2.32(1+3%):4.33(1+1%)=1:2.39:4.37

(2) 已知 1 m³ 混凝土的水泥用量 310 kg,则 1 m³ 混凝土所需的砂、石、水用量为:

砂子:310×2.39=740.9(kg)

石子:310×4.37=1354.7(kg)

水:310×0.60-310×2.32×3%-310×4.33×1%=151(kg)

(2) 现场施工配料。现场施工时往往以一袋或两袋水泥为下料单位,每搅拌一次叫做一盘。因此,求出 1 m³ 混凝土材料用量后,还必须根据工地现有搅拌机出料容量确定每次需用几袋水泥,然后按水泥用量算出砂、石子、水的每盘用量。

【例 4-4】 已知条件同例 1,若采用 JZ350 型搅拌机,出料容量为 0.35 m³,求每搅拌一盘应加入的水泥、砂、石、水质量。

【解】 每搅拌一盘应加入的水泥、砂、石、水质量为:

水泥:$310 \times 0.35 = 108.5$(kg) (取两袋水泥,即 100kg)

砂子:$100 \times 2.39 = 239$(kg)

石子:$100 \times 4.37 = 437$(kg)

水:$(100 \times 0.60) - (100 \times 2.32 \times 3\%) - (100 \times 4.33 \times 1\%) = 48.7$(kg)

3) 抗渗混凝土、高强混凝土和泵送混凝土的配料要求

(1) 抗渗混凝土的配料要求。混凝土的抗渗性用抗渗等级(P)或渗透系数来表示,我国的现行国家标准采用抗渗等级。抗渗等级是以 28 d 龄期的标准试件,按标准试验方法进行试验时所能承受的最大水压力来确定。《混凝土质量控制标准》(GB 50164)根据混凝土试件在抗渗试验时所能承受的最大水压力,把混凝土的抗渗等级划分为 P4、P6、P8、P10、P12 五个等级,相应表示混凝土抗渗试验时一组 6 个试件中 4 个试件未出现渗水时不同的最大水压力。

试配要求的抗渗水压值应比设计提高 0.2 MPa。抗渗混凝土所用原材料和配合比应符合下列规定:

① 粗骨料宜采用连续级配,其最大粒径不宜大于 40 mm,含泥量不得大于 1.0%,泥块含量不得大于 0.5%;

② 细骨料的含泥量不得大于 3.0%,泥块含量不得大于 1.0%;

③ 外加剂宜采用防水剂、膨胀剂、引气剂、减水剂或引气减水剂;

④ 抗渗混凝土宜掺用矿物掺合料;

⑤ 1 m³ 混凝土中的水泥和矿物掺合料总量不宜小于 320 kg;

⑥ 砂率宜为 35%~45%;

⑦ 供试配用的最大水灰比应符合表 4.3.1-2 的规定。

表 4.3.1-2 抗渗混凝土最大水灰比

抗渗等级	最大水灰比	
	C20~C30	C30 以上
P6	0.60	0.55
P8~P12	0.55	0.50
P12 以上	0.50	0.45

(2) 高强混凝土的配料要求。一般把强度等级为 C60 及以上的混凝土称为高强混凝土。它是用水泥、砂、石原材料外加减水剂或同时外加粉煤灰、F 矿粉、矿渣、硅粉等混合料,经常规工艺生产而获得高强的混凝土。高强混凝土作为一种新的建筑材料,以其抗压强度高、抗变形能力强、密度大、孔隙率低的优越性,在高层建筑结构、大跨度桥梁结构以及某些

特殊结构中得到广泛的应用。高强混凝土最大的特点是抗压强度高,一般为普通强度混凝土的4~6倍,故可减小构件的截面尺寸,减轻自重,因而可获得较大的经济效益,因此最适宜用于高层建筑。

配制高强混凝土所用原材料和配合比应符合下列规定。

① 应选用质量稳定、强度等级不低于42.5级的硅酸盐水泥或普通硅酸盐水泥。

② 对强度等级为C60级的混凝土,其粗骨料的最大粒径不应大于31.5 mm,对强度等级高于C60级的混凝土,其粗骨料的最大粒径不应大于25 mm;针片状颗粒含量不宜大于5.0%,含泥量不应大于0.5%,泥块含量不宜大于0.2%;其他质量指标应符合现行行业标准《普通混凝土用碎石或卵石质量标准及检验方法》(JGJ 53)的规定。

③ 细骨料的细度模数宜大于2.6,含泥量不应大于2.0%,泥块含量不应大于0.5%。其他质量指标应符合现行行业标准《普通混凝土用砂质量标准及检验方法》(JGJ 52)的规定。

④ 配制高强混凝土时应掺用高效减水剂或缓凝高效减水剂;并应掺用活性较好的矿物掺合料,且宜复合使用矿物掺合料。

⑤ 高强混凝土的水泥用量不应大于550 kg/m³;水泥和矿物掺合料的总量不应大于600 kg/m³。

(3) 泵送混凝土的配料要求。泵送混凝土配合比设计应根据混凝土原材料、混凝土运输距离、混凝土泵、混凝土输送管径、泵送距离、气温等具体施工条件试配。必要时,应通过试泵送确定泵送混凝土的配合比。泵送混凝土要求流动性好,骨料粒径一般不大于管径的1/4,需加入防止混凝土拌合物在泵送管道中离析和堵塞的泵送剂,减水剂、塑化剂、加气剂以及增稠剂等均可用作泵送剂。此外,加入适量的混合材料(如粉煤灰等),可避免混凝土施工中拌和料分层离析、泌水和堵塞输送管道。泵送混凝土的原材料和配合比应符合下列规定。

① 水泥。配制泵送混凝土应采用硅酸盐水泥、普通硅酸盐水泥、矿渣硅酸盐水泥和粉煤灰硅酸盐水泥,不宜采用火山灰质硅酸盐水泥。

矿渣水泥保水性稍差,泌水性较大,但由于其水化热较低,多用于配制泵送的大体积混凝土,但宜适当降低坍落度、掺入适量粉煤灰和适当提高砂率。

② 粗骨料。粗骨料的粒径、级配和形状对混凝土拌合物的可泵性有着十分重要的影响。

粗骨料的最大粒径与输送管的管径之比有直接的关系,应符合表4.3.1-3的规定。

表 4.3.1-3 粗骨料的最大粒径与输送管径之比

石子品种	泵送高度/m	粗骨料的最大粒径与输送管径之比
碎石	<50	≤1:3.0
	50~100	≤1:4.0
	>100	≤1:5.0
卵石	<50	≤1:2.5
	50~100	≤1:3.0
	>100	≤1:4.0

粗骨料应符合国家现行标准《普通混凝土用碎石或卵石质量标准及检验方法》(JGJ 53—1992)的规定。粗骨料应采用连续级配,针片状颗粒含量不宜大于 10%。

③ 细骨料。细骨料对混凝土拌合物的可泵性也有很大影响。混凝土拌合物之所以能在输送管中顺利流动,主要是由于粗骨料被包裹在砂浆中,由砂浆直接与管壁接触起到润滑作用。为保证混凝土的流动性、粘聚性和保水性,以便于运输、泵送和浇筑,泵送混凝土的砂率要比普通流动性混凝土增大 6% 以上,为 35%～45%。对细骨料,除应符合国家现行标准《普通混凝土用砂质量标准及检验方法》(JGJ 52—1992)外,一般有下列要求:

a. 宜采用中砂,细度模数为 2.5～3.2;

b. 通过 0.315 mm 筛孔的砂不少于 15%;

c. 应有良好的级配。

④ 掺合料和外加剂。泵送混凝土中常用的掺合料为粉煤灰,掺入混凝土拌合物中,能使泵送混凝土的流动性显著增加,且能减少混凝土拌合物的泌水和干缩,大大改善混凝土的泵送性能。当泵送混凝土中水泥用量较少或细骨料中通过 0.315 mm 筛孔的颗粒小于 15% 时,掺加粉煤灰是很适宜的。对于大体积混凝土结构,掺加一定数量的粉煤灰还可以降低水泥的水化热,有利于控制温度裂缝的产生。

泵送混凝土中的外加剂,主要有泵送剂、减水剂和引气剂,对于大体积混凝土结构,为防止产生收缩裂缝,还可掺入适宜的膨胀剂。

4.3.2 混凝土的搅拌与运输

混凝土的搅拌,就是将水和水泥、粗细骨料等各种组成材料进行均匀拌合及混合的过程。通过搅拌使配制的混凝土散料形成质地均匀、颜色一致、具备一定流动性的混凝土拌合物。混凝土搅拌得是否均匀,与混凝土的质量密切相关,所以混凝土搅拌是混凝土施工工艺中很重要的一道工序。混凝土搅拌可分为人工搅拌和机械搅拌两种。

1. 人工搅拌混凝土

当混凝土的用量不大而现场又缺乏搅拌机械设备,或对混凝土强度要求不高时可采用人工搅拌。

人工搅拌一般使用铁板或包有薄钢板的木板作为拌板,若使用木制的拌板则应刨光、拼严,不漏浆。人工搅拌一般采用"三干三湿"法,即先将砂倒在拌板上,稍加摊平,再把水泥倒在砂上干拌两遍,然后摊平加入石子再翻拌一遍,之后逐渐洒入定量的水,湿拌三遍,直至颜色一致,石子与水泥浆无分离现象为止。

人工搅拌混凝土的劳动强度大,要求的坍落度也较大,否则很难搅拌均匀。当水灰比不变时,人工搅拌要比机械搅拌多耗费 10%～15% 的水泥用量。

2. 机械搅拌混凝土

1) 搅拌机分类

常用的混凝土搅拌机按其搅拌原理主要分为自落式搅拌机和强制式搅拌机两类。

(1) 自落式搅拌机。这种搅拌机的搅拌鼓筒是垂直放置的。随着鼓筒的转动,混凝土拌合料在鼓筒内做自由落体式翻转搅拌,从而达到搅拌的目的。自落式搅拌机多用以搅拌塑性混凝土和低流动性混凝土。筒体和叶片磨损较小,易于清理,但动力消耗大,效率低。搅拌时间一般为 90~120 秒/盘,其构造见图 4.3.2-1、图 4.3.2-2。

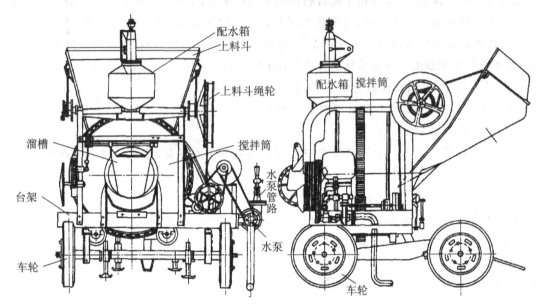

图 4.3.2-1 自落式搅拌机

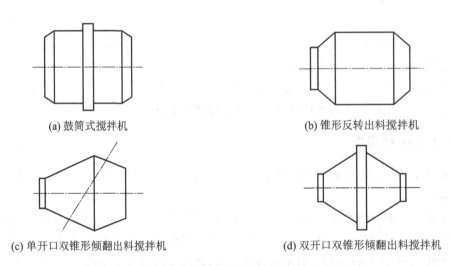

图 4.3.2-2 自落式混凝土搅拌机搅拌筒的几种形式

由于此类搅拌机效率低,现已逐步被强制式搅拌机所取代。

(2) 强制式搅拌机。强制式搅拌机的鼓筒是水平放置的,其本身不转动,筒内有若干组叶片,搅拌时叶片绕竖轴或卧轴旋转,将材料强行搅拌,直至搅拌均匀为止。这种搅拌机的搅拌作用强烈,适宜于搅拌干硬性混凝土和轻骨料混凝土,也可搅拌流动性混凝土,具有搅拌质量好、搅拌速度快、生产效率高、操作简便及安全等优点。但机件磨损严重,一般需用高强合金钢或其他耐磨材料做内衬,多用于集中搅拌站点。外形参见图 4.3.2-3,构造见图 4.3.2-4。

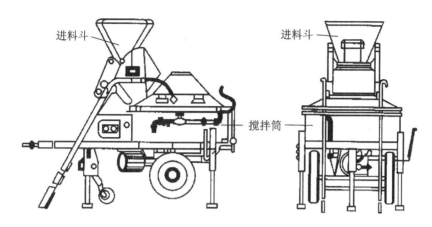

图 4.3.2-3 涡桨式强制搅拌机

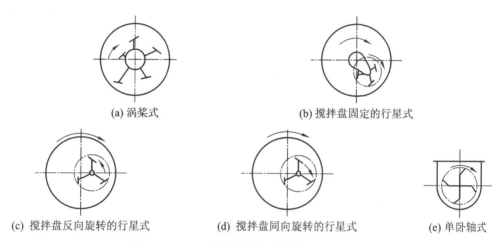

图 4.2.3-4 强制式混凝土搅拌机的几种形式

(3) 搅拌机的型号。我国的混凝土搅拌机是以其出料容量(m³)×1000L 来标定规格的,现行混凝土搅拌机的系列为 50 L、150 L、250 L、350 L、500 L、750 L、1000 L、1500 L 和 3000 L,施工现场拌制混凝土常用的混凝土搅拌机型号一般为 150 L、250 L、350 L 等。

选择何种型号的混凝土搅拌机要根据工程量大小、混凝土的坍落度和骨料的粒径大小等因素确定,既要满足技术上的要求,也要考虑经济效果和节约能源。

2) 搅拌机使用注意事项

(1) 安装:搅拌机应设置在平坦的位置,用方木垫起前后轮轴,使轮胎搁高架空,以免在开动时发生走动。固定式搅拌机要装在固定的机座或底架上。

(2) 检查:电源接通后,必须仔细检查,经 2~3 min 空车试转认为合格后,方可使用。试运转时应校验拌筒转速是否合适,一般情况下,空车速度比重车(装料后)稍快 2~3 转,如相差较多,应调整动轮与传动轮的比例。

拌筒的旋转方向应符合箭头指示方向,如不符时,应更正电机接线。

检查传动离合器和制动器是否灵活可靠,钢丝绳有无损坏,轨道滑轮是否良好,周围有无障碍及各部位的润滑情况等。

(3) 保护:电动机应装设外壳或采用其他保护措施,防止水分和潮气浸入而损坏。电动机必须安装启动开关,速度由缓变快。

开机后,经常注意搅拌机各部件的运转是否正常。停机时,经常检查搅拌机叶片是否打弯,螺丝是否有打落或松动的现象。

(4) 当混凝土搅拌完毕或预计停歇 1 h 以上时,除将余料出净外,应用石子和清水倒入拌筒内,开机转动 5~10 min,把粘在料筒上的砂浆冲洗干净后全部卸出。

料筒内不得有积水,以免料筒和叶片生锈,同时还应清理搅拌筒外积灰,使机械保持清洁完好。

(5) 停机不用时,应妥善进行安全管制,以防有人误用造成安全事故。

3) 混凝土搅拌站

混凝土在搅拌站集中拌制,可以做到自动上料、自动称量、自动出料和计算机操作控制,机械化、自动化程度大大提高,混凝土的拌合质量得到进一步的控制。施工现场也可根据工程任务大小、施工现场具体条件、机具设备等情况,因地制宜地搭建混凝土集中搅拌站(图4.3.2-5),一般宜采用流动性组合方式,所有机械设备采取装配连接结构,有利于建筑工地转移。

图 4.3.2-5 混凝土搅拌站

混凝土搅拌站生产工艺流程,见图 4.3.2-6。

3. 混凝土搅拌质量控制

1) 准备工作

严格按照混凝土施工配合比来控制各种原材料的投料量。将混凝土施工配合比,以及

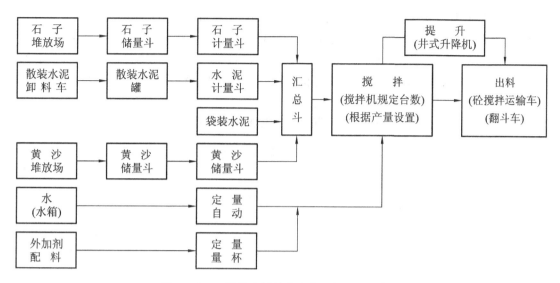

图 4.3.2-6 混凝土搅拌站生产工艺流程示意图

搅拌每盘的各种原材料的投料量在搅拌机旁挂牌公布,便于检查。每盘装料数量不得超过搅拌筒标准容量的10%。混凝土原材料按质量计的允许偏差,不得超过下列规定:水泥、外加掺合料±2%;粗细骨料±3%;水、外加剂溶液±2%。各种衡器应定时校验,并经常保持准确。骨料含水率应经常测定,雨天施工时,应增加测定次数。

机械搅拌混凝土前,先加水空转数分钟,将积水倒净,使拌筒充分润湿。每次用搅拌机拌合第一盘混凝土前,应先开动搅拌机空车运转,运转正常后,再加料搅拌。拌第一盘混凝土时,应按配合比多加入10%的水泥、水、细骨料的用量;或减少10%的粗骨料用量,因为一部分砂浆会黏附在搅拌机鼓筒内壁及搅拌叶片上,以防止第一盘混凝土拌合物中的砂浆偏少。

2) 投料顺序

投料顺序应从提高混凝土搅拌质量,减少叶片、衬板的磨损,减少拌合物与搅拌筒的黏结,减少水泥飞扬改善工作条件等方面综合考虑确定。常用的方法有以下两种。

一次投料法:向搅拌机加料时应先装砂子(或石子),然后装入水泥,最后装入石子(或砂子),这种上料顺序使水泥不直接与料斗接触,避免水泥粘附在料斗上,同时亦可避免料斗进料时水泥飞扬。提起料斗将全部材料倒入拌桶中进行搅拌,同时开启水阀,使定量的水均匀洒布于拌合料中。

二次投料法:混凝土搅拌的二次投料法,也称先拌水泥浆法,或水泥裹砂法。即制备混凝土时将水泥和水先进行充分搅拌制成水泥净浆(或将水泥、砂、水先搅拌,制成水泥砂浆),搅拌1 min,然后投入石子,再进行搅拌1 min,这种方法称为二次投料法。二次投料法搅拌出的混凝土比一次投料法搅拌出的混凝土强度可提高10%~15%。

3) 搅拌时间

搅拌时间是影响混凝土质量及搅拌机生产率的重要因素之一,时间过短,拌合不均匀,则混凝土质量与和易性达不到设计要求;时间过长,既降低了搅拌机生产率,又增加了搅拌筒及叶片的磨损,同时可能会因拌碎的粗骨料过多而影响混凝土质量。

搅拌时间:从原料全部投入搅拌机筒开始搅拌时起,至混凝土拌合料结束搅拌开始卸出时止,所经历的时间称为搅拌时间。通过充分搅拌,应使混凝土的各种组成材料混合均匀,颜色一致。搅拌时间随搅拌机的类型及混凝土拌合料和易性的不同而异,搅拌时间的长短直接影响混凝土的质量,一般自落式搅拌机搅拌时间不少于90 s,强制式搅拌机搅拌时间不少于60 s。在生产中,应根据混凝土拌合料要求的均匀性、混凝土强度增长的效果及生产效率几种因素,规定合适的搅拌时间。但混凝土搅拌的最短时间,应符合表4.3.2-1规定。

表 4.3.2-1 混凝土搅拌的最短时间(s)

混凝土坍落度/mm	搅拌机类型	搅拌机容积/L		
		小于250	250~500	大于500
小于及等于30	自落式	90	120	150
	强制式	60	90	120
大于30	自落式	90	90	120
	强制式	60	60	90

注:掺有外加剂时,搅拌时间应适当延长。

4) 搅拌应注意的事项

(1) 进行混凝土和易性测试与调整。每次用搅拌机开拌混凝土,应注意监视与检测开拌初始的前二、三盘混凝土拌合物的和易性,如不符合要求时,应立即分析情况并处理,直至混凝土拌合物的和易性符合要求,方可持续生产。在正常生产过程中也要按规定随机抽检混凝土和易性。当开始按新的配合比进行拌制或原材料有变化时,也应注意开拌鉴定与检测工作。

(2) 控制混凝土拌合物的均匀性。检查混凝土均匀性时,应在搅拌机卸料过程中,从卸料流出的1/4~3/4之间部位采取试样,每一混凝土的搅拌工作班次至少应抽查两次。检测结果应符合下列规定:

① 混凝土中砂浆密度,两次测值的相对误差不应大于0.8%;

② 单位体积混凝土中粗骨料含量,两次测值的相对误差不应大于5%。

(3) 搅拌好的混凝土要做到基本卸尽。在全部混凝土卸出之前不得再投入拌合料,更不得采取边出料边进料的方法。严格控制水灰比和坍落度,未经试验人员同意不得随意加减用水量。

(4) 在拌合掺有掺合料(如粉煤灰等)的混凝土时,宜先以部分水、水泥及掺合料在机内拌合后,再加入砂、石及剩余水,并适当延长拌合时间。

(5) 使用外加剂时,应注意检查核对外加剂品名、生产厂名、牌号等。使用时,一般宜先将外加剂制成外加剂溶液,并预加入拌用水中,当采用粉状外加剂时,也可采用定量小包装外加剂另加溶液载体的掺用方式。当用外加剂溶液时,应经常检查外加剂溶液的浓度,并应经常搅拌外加剂溶液,使溶液浓度均匀一致,防止沉淀。溶液中的水量,应包括在拌合用水量内。

(6) 泵送混凝土应采用混凝土搅拌站供应的预拌混凝土,必要时可在现场设置搅拌站、供应泵送混凝土;不得采用人工搅拌的混凝土进行泵送。

(7) 雨期施工期间要经常测粗细骨料的含水量,随时调整用水量和粗细骨料的用量。

夏期施工时砂石材料尽可能加以遮盖,至少在使用前不受烈日曝晒,必要时可采用冷水淋洒,使其蒸发散热。冬期施工要防止砂石材料表面冻结,并应清除冰块。

4. 混凝土运输设备

1) 水平运输设备

(1) 手推车。手推车是施工工地上普遍使用的水平运输工具,手推车具有小巧、轻便等特点,不但适用于一般的地面水平运输,还能在脚手架、施工栈道上使用;也可与塔吊、井、架等配合使用,进行垂直运输。

(2) 机动翻斗车。机动翻斗车是用柴油机装配而成的翻斗车,功率 7355 W,最大行驶速度达 35 km/h,车前装有容量为 400 L、载重 1000 kg 的翻斗,具有轻便灵活、结构简单、转弯半径小、速度快、能自动卸料、操作维护简便等特点。适用于短距离水平运输混凝土以及砂、石等散装材料,见图 4.3.2-7。

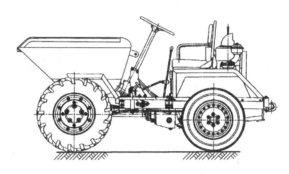

图 4.3.2-7 机动翻斗车

(3) 混凝土搅拌输送车。混凝土搅拌输送车是一种用于长距离输送混凝土的高效能机械,它是将运送混凝土的搅拌筒安装在汽车底盘上,而以混凝土搅拌站生产的混凝土拌合物灌装入搅拌筒内,直接运至施工现场,供浇筑作业需要。在运输途中,混凝土搅拌筒始终在不停地慢速转动,从而使筒内的混凝土拌合物可连续得到搅动,以保证混凝土通过长途运输后,仍不致产生离析现象。混凝土搅拌输送车到达浇筑地点后,应随机从搅拌输送车运卸的混凝土中,分别取 1/4 和 3/4 处试样进行坍落度试验,两个试样的坍落度值之差不得超过 300 mm,每个班次至少抽查一次。混凝土搅拌输送车在运送混凝土时,通常的搅动转速为 2~4 r/min,整个输送过程中拌筒的总转数应控制在 300 转以内。

目前常用的混凝土搅拌车见图 4.3.2-8、图 4.3.2-9。

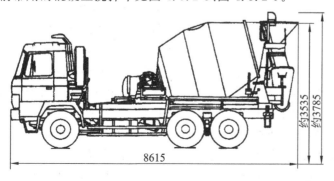

图 4.3.2-8 MR45-T 型混凝土搅拌输送车

图 4.3.2-9 混凝土搅拌输送车

2) 泵送设备及管道

(1) 混凝土泵构造原理。混凝土泵有活塞泵、气压泵和挤压泵等几种不同的构造和输送形式,目前,应用较多的是活塞泵。活塞泵按其构造原理的不同,又可以分为机械式和液压式两种。

① 机械式混凝土泵的工作原理,见图 4.3.2-10,进入料斗的混凝土,经拌合器搅拌可避免分层。喂料器可帮助混凝土拌合料由料斗迅速通过吸入阀进入工作室。吸入时,活塞左移,吸入阀开,压出阀闭,混凝土吸入工作室;压出时,活塞右移,吸入阀闭,压出阀开,工作室内的混凝土拌合料受活塞挤出,进入导管。

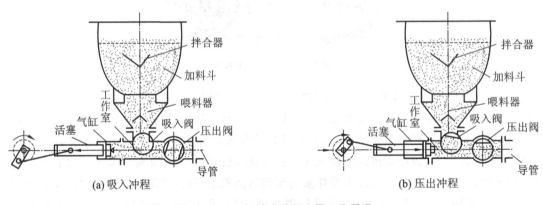

图 4.3.2-10 机械式混凝土泵工作原理

② 液压活塞泵,是一种较为先进的混凝土泵,其工作原理见图 4.3.2-11。当混凝土泵工作时,搅拌好的混凝土拌合料装入料斗,吸入端片阀移开,排出端片阀关闭,活塞在液压作用下,带动活塞左移,混凝土混合料在自重及真空吸力作用下,进入混凝土缸内。然后,液压系统中压力油的进出方向相反,活塞右移,同时吸入端片阀关闭,压出端片阀移开,混凝土被压入管道,输送到浇筑地点。由于混凝土泵的出料是一种脉冲式的,所以一般混凝土泵都有两套缸体左右并列,交替出料,通过 Y 形导管,送入同一管道,使出料稳定。

(2) 混凝土汽车泵或移动泵车。将液压活塞式混凝土泵固定安装在汽车底盘上,使用时开至需要施工的地点,进行混凝土泵送作业,称为混凝土汽车泵或移动泵车。一般情况下,此种泵车都附带装有全回转三段折叠臂架式的布料杆。整个泵车主要由混凝土推送机构、分配闸阀机构、料斗搅拌装置、悬臂布料装置、操作系统、清洗系统、传动系统、汽车底盘等部分组成,见图 4.3.2-12。这种泵车使用方便,适用范围广,它既可以利用在工地配置装

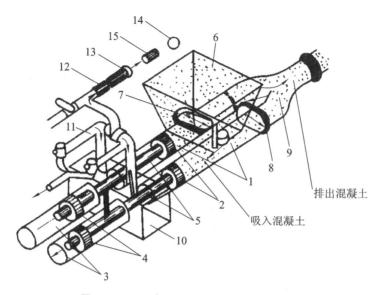

图 4.3.2-11 液压活塞式混凝土泵工作原理

1—混凝土缸;2—推压混凝土的活塞;3—液压缸;4—液压活塞;5—活塞杆;
6—料斗;7—吸入阀门;8—排出阀门;9—Y形管;10—水箱;11—水洗装置换向阀;
12—水洗用高压软管;13—水洗用法兰;14—海绵球;15—清洗活塞

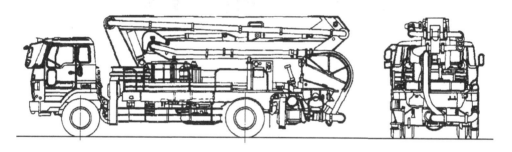

图 4.3.2-12 混凝土汽车泵

接的管道输送到较远、较高的混凝土浇筑部位,也可以发挥随车附带的布料杆的作用,把混凝土直接输送到需要浇筑的地点。

混凝土泵车布料杆,是在混凝土泵车上附装的既可伸缩也可曲折的混凝土布料装置。混凝土输送管道就设在布料杆内侧,末端是一段软管,用于混凝土浇筑时的布料工作。图4.3.2-13所示是一种三叠式布料杆混凝土浇筑范围示意图,这种装置的布料范围广,在一般情况下不需再行配管。

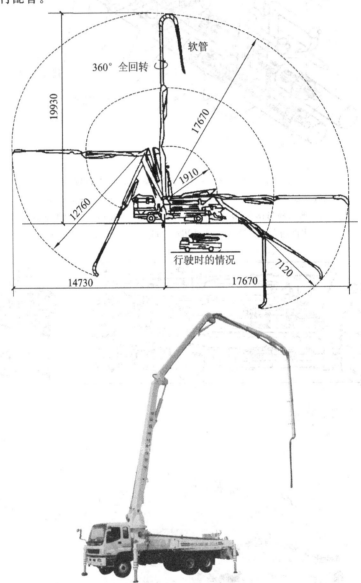

图 4.3.2-13 三折叠式布料杆浇筑范围

施工时,现场规划要合理布置混凝土泵车的安放位置。一般混凝土泵应尽量靠近浇筑地点,并要满足两台混凝土搅拌输送车能同时就位,使混凝土泵能不间断地得到混凝土供应,进行连续压送,以充分发挥混凝土泵的有效能力。

混凝土泵车的输送能力一般为 80 m^3/h;在水平输送距离为 520 m 和垂直输送高度为 110 m 时,输送能力为 30 m^3/h。

(3)固定式混凝土泵。固定式混凝土泵使用时,需用汽车将它拖运至施工地点,与工地的输送管网连接,然后进行混凝土输送。这种形式的混凝土泵主要由混凝土推送机构、分配阀机构、料斗搅拌装置、操作系统、清洗系统等组成。它具有输送能力大、输送高度高等特点,一般水平输送距离为 250～600 m,最大垂直输送高度超过 150 m,输送能力为 60 m³/h 左右,适用于高层建筑的混凝土输送,见图 4.3.2-14。

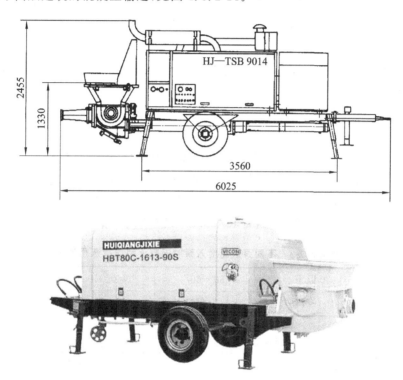

图 4.3.2-14 固定式混凝土泵

5. 混凝土输送质量控制

在混凝土运输的过程中,应控制混凝土运至浇筑地点后,不离析、不分层、组成成分不发生变化,并能保证施工所必须的和易性。运送混凝土的容器和管道,应不吸水、不漏浆,并保证卸料及输送通畅。容器和管道在冬、夏期都要有保温或隔热措施。

1) 输送控制

(1)输送时间。混凝土应以最少的转载次数和最短的时间,从搅拌地点运至浇筑地点。混凝土从搅拌机中卸出后到浇筑完毕的延续时间应符合表 4.3.2-2 的要求。

表 4.3.2-2 混凝土从搅拌机中卸出到浇筑完毕的延续时间

气温	延续时间/min			
	采用搅拌车		其他运输设备	
	≤C30	>C30	≤C30	>C30
≤25 ℃	120	90	90	75
>25 ℃	90	60	60	45

注:掺有外加剂或采用快硬水泥时延续时间应通过试验确定。

（2）输送道路。场内输送道路应牢固和尽量平坦，以减少运输时的振荡，避免造成混凝土分层离析，同时还应考虑布置环形回路，施工高峰时应设专人管理指挥，以免车辆互相拥挤阻塞。

（3）季节施工。在风雨或暴热天气输送混凝土，容器上应加遮盖，以防进水或水分蒸发。冬期施工应加以保温。夏季最高气温超过40℃时，应有隔热措施。混凝土拌合物运至浇筑地点时的温度，最高不宜超过35℃；最低不宜低于5℃。

2）质量控制

（1）混凝土运送至浇筑地点，如混凝土拌合物出现离析或分层现象，应对混凝土拌合物进行二次搅拌。

（2）混凝土运至浇筑地点时，应检测其和易性，所测稠度值应符合设计和施工要求。其允许偏差值应符合有关标准的规定。

（3）泵送混凝土的交货检验，应在交货地点按国家现行《预拌混凝土》(GB 14902)的有关规定进行交货检验；泵送混凝土的坍落度，可按国家现行标准《混凝土泵送施工技术规程》(JGJ/T 10)的规定选用。对不同泵送高度，入泵时混凝土的坍落度，可按表4.3.2-3选用。混凝土入泵时的坍落度允许误差应符合表4.3.2-4的规定。

表 4.3.2-3　不同泵送高度入泵时混凝土坍落度选用值

泵送高度/m	30 以下	30～60	60～100	100 以上
坍落度/mm	100～140	140～160	160～180	180～200

表 4.3.2-4　混凝土坍落度允许误差

所需坍落度/mm	坍落度允许误差/mm
≤100	±20
>100	±30

在寒冷地区冬期拌制泵送混凝土时，除应满足《混凝土泵送施工技术规程》(JGJ/T 10)的规定外，尚应制定冬期施工措施。

（4）混凝土搅拌运输车给混凝土泵喂料时，应符合下列要求：

① 喂料前，应用中、高速旋转拌筒，使混凝土拌合均匀，避免出料的混凝土分层离析；

② 喂料时，反转卸料应配合泵送均匀进行，且应使混凝土保持在集料斗内高度标志线以上；

③ 暂时中断泵送作业时，应使拌筒低转速搅拌混凝土；

④ 混凝土泵进料斗上应安置网筛并设专人监视喂料，以防粒径过大的骨料或异物进入混凝土泵造成堵塞。

使用混凝土泵输送混凝土时，严禁将质量不符合泵送要求的混凝土入泵。混凝土搅拌运输车喂料完毕后，应及时清洗拌筒并排尽积水。

4.3.3 混凝土浇筑与振捣

1. 混凝土浇筑前的准备工作

混凝土浇筑是混凝土结构工程施工的一项关键工序，由于混凝土凝结硬化的不可逆性，所以混凝土开始浇筑之前的各项准备工作显得格外重要，准备工作是否做好、做到位将直接影响混凝土结构工程的质量。混凝土浇筑前应做好以下准备工作。

1）制订施工方案

混凝土浇筑前应根据工程对象、结构特点，结合具体条件，制定混凝土浇筑的施工方案。

2）准备及检查施工机具

搅拌机、运输车、料斗、串筒、振动器等机具设备按需要准备充足，并考虑发生故障时的修理时间。重要工程应有备用的搅拌机和振动器。采用泵送混凝土，要求配有备用泵。所用的机具均应在浇筑前进行检查和试运转，同时配有专职技工，随时检修。

3）保证水电及原材料的供应

在混凝土浇筑期间，要保证水、电、照明不中断。为了防备临时停水停电，事先应在浇筑地点贮备一定数量的原材料（如砂、石、水泥、水等）和人工拌合捣固用的工具，以防出现意外的施工停歇缝。浇筑前，还必须核实一次浇筑完毕或浇筑至某施工缝前的工程材料，以免停工待料。

4）掌握天气季节变化情况

在混凝土施工阶段应掌握天气的变化情况，避免在台风、寒流等异常天气时进行混凝土施工，以保证混凝土连续浇筑的顺利进行，确保混凝土质量。应根据工程需要和季节施工特点，准备好在浇筑过程中所必须的抽水设备和防雨、防暑、防寒等物资。

5）检查模板、支架、钢筋和预埋件

在浇筑混凝土之前，应检查和控制模板、钢筋、保护层和预埋件等的尺寸、规格、数量和位置，其偏差值应符合现行国家标准《混凝土结构工程施工质量验收规范》(GB 50204)的规定。此外，还应检查模板支撑的稳定性以及模板接缝的密合情况。

模板和隐蔽工程项目应分别进行预检和隐蔽验收。符合要求后，方可进行浇筑。检查时应注意以下几点。

(1) 模板的标高、位置与构件的截面尺寸是否与设计符合；构件的预留拱度是否正确。

(2) 所安装的支架是否稳定；支柱的支撑和模板的固定是否可靠。

(3) 模板的紧密程度。

(4) 钢筋与预埋件的规格、数量、安装位置及构件接点连接焊缝是否与设计符合。

6）其他方面的准备工作

在浇筑混凝土前，模板内的垃圾、木片、刨花、锯屑、泥土和钢筋上的油污、鳞落的铁皮等杂物，应清除干净。

木模板应浇水加以润湿，但不允许留有积水。湿润后，木模板中尚未胀密的缝隙应贴严，以防漏浆。

金属模板中的缝隙和孔洞也应予以封闭。

检查安全设施、劳动配备是否妥当,能否满足浇筑速度的要求。

2. 混凝土浇筑的工艺要求

1) 混凝土浇筑的基本要求

(1) 在浇筑工序中,应控制混凝土的均匀性和密实性。混凝土拌合物运至浇筑地点后,应立即浇筑入模。在浇筑过程中,如发现混凝土拌合物的均匀性和稠度发生较大的变化,应及时处理。

(2) 浇筑混凝土时,应注意防止混凝土的分层离析。混凝土由料斗、漏斗内卸出进行浇筑时,其自由倾落高度一般不宜超过 2 m,在竖向结构中浇筑混凝土的高度不得超过 3 m,否则应采用串筒、斜槽、溜管等下料。

(3) 浇筑竖向结构混凝土前,底部应先填以 50～100 mm 厚与混凝土成分相同的水泥砂浆。

(4) 浇筑混凝土时,应经常观察模板、支架、钢筋、预埋件和预留孔洞的情况,当发现有变形、移位时,应立即停止浇筑,并应在已浇筑的混凝土凝结前修整完好。

(5) 混凝土在浇筑及静置过程中,应采取措施防止产生裂缝。混凝土因沉降及干缩产生的非结构性的表面裂缝,应在混凝土终凝前予以修整。在浇筑与柱和墙连成整体的梁和板时,应在柱和墙浇筑完毕后停歇 1～1.5 h,使混凝土获得初步沉实后,再继续浇筑,以防止接缝处出现裂缝。

(6) 梁和板应同时浇筑混凝土。较大尺寸的梁(梁的高度大于 1 m)、拱和类似的结构,可单独浇筑,但施工缝的设置应符合有关规定。

2) 浇筑厚度、间歇时间控制

(1) 浇筑层厚度控制。混凝土浇筑层的厚度应与所采用的振捣设备、振捣方法相适应,以确保混凝土浇筑后能及时振捣密实。混凝土浇筑层的厚度,应符合表 4.3.3-1 的规定。

表 4.3.3-1 混凝土浇筑层厚度(mm)

浇筑方法	捣实混凝土的方法	浇筑层的厚度
机械振捣	插入振动棒振捣	振捣器作用部分长度的1.25倍
	表面振动器振捣	200
人工振捣	在基础、无筋混凝土或配筋稀疏的结构中	250
	在梁、墙板、柱结构中	200
	在配筋密列的结构中	150
轻骨料混凝土	插入振动棒振捣	300
	表面振动器振捣(振动时需加荷)	200

(2) 浇筑间歇时间控制。浇筑混凝土应连续进行,但在实际施工不可避免会出现一定的施工停顿,如果产生了停顿间歇,则应将间歇时间尽量控制短一些,并应在前一层混凝土凝结之前,将后一层混凝土浇筑完毕。混凝土运输、浇筑及间歇的全部时间不得超过表 4.3.3-2 的规定,当超过规定时间,则必须设置施工缝,按照留设施工缝的要求和方法进行处理。

表 4.3.3-2　混凝土运输、浇筑和间歇的时间

混凝土强度等级	气温/℃ 混凝土运输、浇筑和间歇的时间/min	
	≤25	>25
≤C30	210	180
>C30	180	150

注：当混凝土中掺有促凝或缓凝型外加剂时，其允许时间应通过试验确定。

3) 泵送混凝土浇筑的施工方法

(1) 混凝土的泵送技术。混凝土泵的操作是一项专业技术工作，应严格执行使用说明书和其他有关规定，同时应根据使用说明书制定专门操作要点。操作人员必须经过专门培训合格后，方可上岗独立操作。

在安置混凝土泵时，应根据要求将其支腿完全伸出，并插好安全销，在场地软弱时应采取措施在支腿下垫枕木等，以防混凝土泵的移动或倾翻。

混凝土泵与输送管连通后，应按所用混凝土泵使用说明书的规定进行全面检查，符合要求后方能开机进行空运转。混凝土泵启动后，应先泵送适量的水，以湿润混凝土泵的料斗、活塞及输送管的内壁等直接与混凝土接触的部位。经泵送水检查，确认混凝土泵和输送管中没有异物后，可以采用与将要泵送的混凝土内除粗骨料外的其他成分相同配合比的水泥砂浆，也可以采用纯水泥浆或 1:2 水泥浆来润滑管道。润滑用的水泥浆或水泥砂浆应分散布料，不得集中浇筑在同一处。

开始泵送时，混凝土泵应处于慢速、匀速并随时可能反泵的状态。泵送的速度应先慢后快，逐步加速。同时，应观察混凝土泵的压力和各系统的工作情况，待各系统运转顺利后，再按正常速度进行泵送。混凝土泵送应连续进行，如必须中断时，其中断时间不得超过混凝土从搅拌至浇筑完毕所允许的延续时间。

当混凝土泵出现压力升高且不稳定、油温升高、输送管有明显振动等现象而泵送困难时，不得强行泵送，并应立即查明原因，采取措施排除。一般可先用木棒敲击输送管弯管、锥形管等部位，并进行慢速泵送或反泵，防止堵塞。当输送管被堵塞时，应采取下列方法排除。

① 反复进行反泵和正泵，逐步将混凝土吸出至料斗中，重新搅拌后再进行泵送。

② 可用木锤敲击等方法，查明堵塞部位，若确实查明了堵管部位，可在管外击松混凝土后，重复进行反泵和正泵，排除堵塞。

③ 当上述两种方法无效时，应在混凝土卸压后，拆除堵塞部位的输送管，排出混凝土堵塞物后，再接通管道。重新泵送前，应先排除管内空气，拧紧接头。

(2) 泵送混凝土的浇筑顺序。泵送混凝土的浇筑应根据工程结构特点、平面形状和几何尺寸、混凝土供应和泵送设备能力、劳动力和管理能力，以及周围场地大小等条件，预先划分好混凝土浇筑区域。泵送混凝土的浇筑顺序如下：

① 当采用混凝土输送管输送混凝土时，应由远及近浇筑；

② 在同一区域的混凝土，应按先竖向结构后水平结构的顺序，分层连续浇筑；

③ 当不允许留施工缝时，区域之间、上下层之间的混凝土浇筑间歇时间，不得超过混凝土初凝时间；

④ 当下层混凝土初凝后，浇筑上层混凝土时，应先按留施工缝的规定处理。

（3）泵送混凝土的布料方法。由于泵送混凝土的流动性大和施工的冲击力大，因此在设计模板时，必须根据泵送混凝土对模板侧压力大的特点，确保模板和支撑有足够的强度、刚度和稳定性。浇筑混凝土时，应注意保护钢筋，一旦钢筋骨架发生变形或位移，应及时纠正。板面水平钢筋应设置足够的钢筋撑脚或钢支架，重要结构节点的钢筋骨架应采取加固措施。手动布料杆应设钢支架架空，不得直接支承在钢筋骨架上。布料的一般要求：

① 在浇筑竖向结构混凝土时，布料设备的出口离模板内侧面不应小于 50 mm，并且不向模板内侧面直冲布料，也不得直冲钢筋骨架；

② 浇筑水平结构混凝土时，不得在同一处连续布料，应在 2～3 m 范围内水平移动布料，且宜垂直于模板。

当多台混凝土泵同时泵送施工或与其他输送方法组合输送混凝土时，应预先规定各自的输送能力、浇筑区域和浇筑顺序，并应分工明确、互相配合、统一指挥。在排除堵物，重新泵送或清洗混凝土泵时，布料设备的出口应朝安全方向，以防堵塞物或废浆高速飞出伤人。

（4）泵送混凝土的施工间歇与施工终止。在混凝土泵送过程中，若需要有计划地中断泵送时，应预先确定中断浇筑的部位，并且中断时间不要超过 1 h。同时，为防止混凝土堵管，应采取措施将管中混凝土泵送回料斗中，进行慢速间歇循环泵送；慢速间歇泵送时，应每隔 4～5 min 进行四个行程的正、反泵。

混凝土泵送即将结束前，应正确计算尚需用的混凝土数量，并应及时通知混凝土搅拌站点。泵送过程中被废弃的和泵送终止时多余的混凝土，应按预先确定的处理方法和场所及时进行妥善处理。泵送完毕后，应将混凝土泵和输送管清洗干净。

3. 混凝土施工缝的设置与处理

1）施工缝的设置

由于施工技术和施工组织上的原因，不能连续将结构整体浇筑完成，并且间歇的时间预计将超出表 4.3.3-2 规定的时间时，应预先选定适当的部位设置施工缝。

施工缝应严格按照相关规定设置。如果位置不当或处理不好，会引起混凝土结构质量问题，轻则开裂渗漏，影响使用；重则危及结构安全，影响结构寿命。因此，应给予高度重视。

施工缝的位置应设置在结构受剪力较小且便于施工的部位，留缝应符合下列规定。

（1）柱子的施工缝留置在基础的顶面、梁或吊车梁牛腿的下面、吊车梁的上面、无梁楼板柱帽的下面（图 4.3.3-1）。

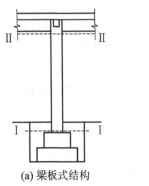
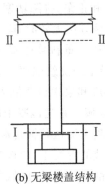

(a) 梁板式结构　　　　　　(b) 无梁楼盖结构

图 4.3.3-1　浇筑柱的施工缝位置图

Ⅰ—Ⅰ、Ⅱ—Ⅱ 表示施工缝位置

(2) 和板连成整体的大截面梁,施工缝留置在板底面以下 20～30 mm 处。当板下有梁托时,留在梁托下部。

(3) 单向板的施工缝留置在平行于板的短边的任何位置。

(4) 有主次梁的楼板宜顺着次梁方向浇筑,施工缝应留置在次梁跨度的中间 1/3 范围内(图 4.3.3-2)。

(5) 墙的施工缝留置在门洞口过梁跨中 1/3 范围内,也可留在纵横墙的交接处。

(6) 双向受力楼板、大体积混凝土结构、拱、弯拱、薄壳、蓄水池、斗仓、多层刚架及其他结构复杂的工程,施工缝的位置应按设计要求留置。

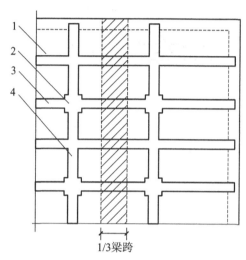

图 4.3.3-2　浇筑有主、次梁楼板的施工缝位置图
1—楼板;2—柱;3—次梁;4—主梁

2) 施工缝的处理

在施工缝处继续浇筑混凝土时,已浇筑的混凝土抗压强度不应小于 1.2 N/mm²。同时,必须对施工缝进行以下必要的处理。

(1) 在已硬化的混凝土表面上继续浇筑混凝土前,应清除垃圾、水泥薄膜、表面上松动砂石和软弱混凝土层,同时还应加以凿毛,用水冲洗干净并充分湿润,一般不宜少于 24 h,残留在混凝土表面的积水应予清除。

(2) 处理施工缝接口处钢筋时,应避免使周围的混凝土松动和损坏。钢筋上的油污、水泥砂浆及浮锈等杂物也应清除。

(3) 浇筑前,应在结合面先抹刷一道水泥浆,或铺上一层 10～15 mm 厚的水泥砂浆,其配合比与混凝土内的砂浆成分相同。

(4) 从施工缝处开始继续浇筑时,要注意避免直接靠近缝边浇筑混凝土,宜向施工缝处逐渐推进,应加强对施工缝接缝的捣实工作,使其紧密结合。

3) 后浇带的设置与处理

后浇带是在现浇钢筋混凝土结构施工过程中,为克服由于温度、收缩可能产生的有害裂缝而设置的临时施工缝。该缝需根据设计要求保留一段时间后再浇筑,将整个结构连成整体。

后浇带的设置部位和间距,应由设计确定。如果没有其他特殊要求,当混凝土置于室内和土中时,后浇带的间距一般不应超过 30 m;当混凝土置于露天环境时,后浇带的间距一般不应超过 20 m。

后浇带的保留时间应根据设计确定,若设计无要求时,至少保留 28 d 以上,通常为 3～6 个月;兼有沉降缝作用的后浇带,其保留时间应满足建筑沉降的要求。后浇带的宽度应考虑施工简便,其宽度一般为 700～1000 mm。后浇带内的钢筋应妥善保护,在浇筑混凝土前要进行除锈处理,后浇带的构造见图 4.3.3-3。

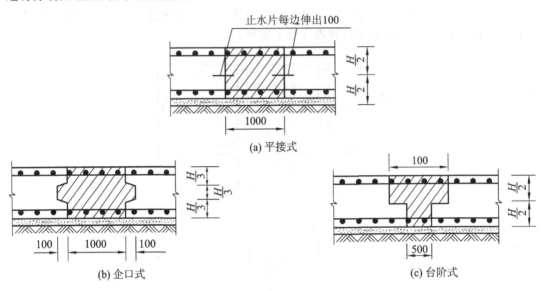

图 4.3.3-3　后浇带构造图

浇筑后浇带部位的混凝土前,必须将后浇带两侧整个混凝土表面按照施工缝的要求进行处理。填筑后浇带的混凝土可采用微膨胀或无收缩水泥,也可采用普通水泥加入相应量的膨胀剂拌制,填筑后浇带的混凝土强度等级应比原结构强度提高一级,要求振捣密实、养护不少于 14 d。

4. 混凝土的振捣

混凝土浇入模板以后必须及时进行振捣密实,因为此时混凝土里面存在着许多孔隙与气泡,同时混凝土也没有充满、填实整个模板。而混凝土结构的强度、抗冻性、抗渗性以及耐久性等都与混凝土的密实程度直接紧密相关,所以及时将浇入模板的混凝土振捣密实是确保混凝土工程质量的一项关键工序。混凝土的振捣方式分为人工振捣和机械振捣两种。

人工振捣是利用捣锤或插钎等工具的冲击力来使混凝土密实成型,其效率低、效果差,一般只在缺乏机械、工程量不大或机械不便工作时采用。

机械振捣是将振动器的振动力传给混凝土,使之发生强迫振动而密实成型,其效率高、质量好。振动机械的振动一般是由电动机、内燃机或压缩空气马达带动偏心块转动而产生的简谐振动。产生振动的机械将振动能量通过某种方式传递给混凝土拌合物使其受到强迫振动。在振动力作用下混凝土内部的粘着力和内摩擦力显著减少,使骨料犹如悬浮在液体中,在其自重作用下向新的位置沉落,紧密排列,水泥砂浆均匀分布填充空隙,气泡被排出,游离水被挤压上升,混凝土填满了模板的各个角落并形成密实体积。机械振实混凝土可以大大减轻工人的劳动强度,减少蜂窝麻面的发生,提高混凝土的强度和密实性。当混凝土的配合比、骨料的粒径、水泥浆的稠度以及钢筋的疏密程度等因素确定之后,混凝土结构的质量取决于"振捣质量"。"振捣质量"与振捣方式,振点布置,振动器的振动频率、振幅和振动时间等因素直接相关。

混凝土振动机械按其工作方式分为内部振动器、表面振动器和振动台等,如图 4.3.3-4 所示。这些振动机械的构造原理主要是利用偏心轴或偏心块的高速旋转,使振动器因离心力的作用而振动。

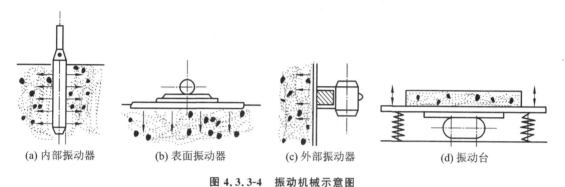

(a) 内部振动器　　(b) 表面振动器　　(c) 外部振动器　　(d) 振动台

图 4.3.3-4　振动机械示意图

1) 内部振动器

(1) 内部振动器又称插入式振动器,其构造如图 4.3.3-5 所示,工作部分是一棒状空心圆柱体,内部装有偏心振子,在电动机带动下高速转动而产生高频微幅的振动,振动频率可达 12 000～15 000 次/分钟,振捣效果好,构造简单,使用寿命长。内部振动器是建筑工程应用最多的一种振动器,适用于振捣梁、柱、墙等构件和大体积混凝土。

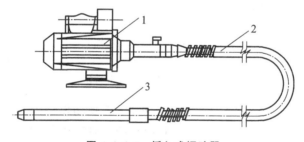

图 4.3.3-5　插入式振动器

1—电动机;2—软轴;3—振动棒

(2) 插入式振动器操作有以下几个要点。

① 插入式振动器的振捣方法有两种:一种是垂直振捣,即振动棒与混凝土表面垂直;一种是斜向振捣,即振动棒与混凝土表面成约为 40°～45°。

② 振捣器的操作要做到快插慢拔,插点要均匀,逐点移动,循序进行,不得遗漏,达到均匀振实。振动棒的移动,可采用行列式或交错式,如图 4.3.3-6 所示。采用插入式振动器捣实普通混凝土的移动间距不宜大于作用半径的 1.5 倍,捣实轻骨料混凝土的间距不宜大于作用半径的 1 倍。

③ 混凝土分层浇筑时,应将振动棒上下来回抽动 50～100 mm;同时,还应将振动棒深入下层混凝土中 50 mm 左右,以促使上下层混凝土结合成整体。如图 4.3.3-7 所示。

④ 每一振点的振捣延续时间,应以该振点混凝土振捣密实为度,不得少振也不能过振,

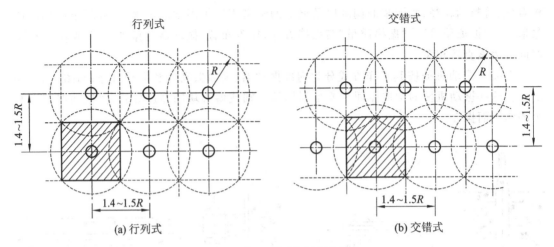

图 4.3.3-6　振动机械示意图

R—振动棒有效作用半径

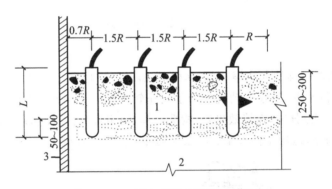

图 4.3.3-7　插入式振动器的插入深度

1—新浇筑的混凝土；2—下层已经振捣但尚未初凝的混凝土；3—模板
R—振动棒有效作用半径；L—振捣棒长度

少振则混凝土不密实，过振则混凝土易产生离析，施工现场以该处混凝土表面开始呈现浮浆、混凝土不再沉落为控制依据。一般每一振捣点的振捣时间为 20～30 s。

⑤ 使用振动器时，不应碰撞钢筋、更不允许将结构钢筋振散和振移位。

2）表面振动器、外部振动器、振动台

（1）表面振动器。表面振动器又称平板振动器，是将电动机轴上装有左右两个偏心块的振动器固定在一块平板上而成。其振动作用可直接传递于混凝土面层上。这种振动器适用于振捣楼板、空心板、地面和薄壳等薄壁结构。

在无筋或单层钢筋结构中，其有效振捣厚度不大于 250 mm；在双层钢筋结构中，其有效振捣厚度不大于 120 mm；表面振动器的移动间距，应保证振动器的平板覆盖已振实部分的边缘，以该处混凝土振实泛浆为准，宜采用两遍振实，第一遍与第二遍的方向相互垂直，第一遍振捣主要使混凝土密实，第二遍振捣则使混凝土表面平整。

（2）外部振动器。外部振动器又称附着式振动器，它通过用螺栓、夹钳等措施直接安装固定在模板外侧的横档或竖档上进行振捣，利用偏心块旋转时产生的振动力通过模板传给混凝土，达到振实的目的。主要适用于薄型剪力墙结构，也可用于振捣断面较小或钢筋较密的柱子和梁、板等构件。

对于钢筋较密集的小面积竖向结构构件，由于插入式振动器的振动棒很难插入，可采用附着式振动器振捣，其有效振捣深度可达 250 mm 左右，但模板应有足够的刚度。当墙体截面尺寸较厚时，也可在两侧悬挂附着式振动器振捣。附着式振动器振捣的设置间距应通过试验确定，在一般情况下，可每隔 1~1.5 m 设置一个。

(3) 振动台。振动台是混凝土预制厂中的固定设备，一般在预制厂用于振实干硬性混凝土和轻骨料混凝土。

5. 现浇整体结构混凝土施工

1) 基础混凝土施工

基础承受上部建筑传来的全部荷载，在基础混凝土浇筑前，应已完成对地基的质量验收，并做好混凝土垫层；还应按设计标高、轴线位置和基础形状对基础模板进行再次校正和加固，并应清除淤泥和杂物；同时还应做好防、排水工作，以防冲刷新浇筑的混凝土。浇筑柱、剪力墙基础时，要特别注意竖向钢筋的位置，防止移位和倾斜，发现偏差时及时纠正。

(1) 柱下独立基础。柱下独立基础分为以下几种施工方式。

① 台阶式基础施工时，见图 4.3.3-8，应按台阶分层、连续整体浇捣完毕，不允许留设施工缝。每层混凝土要一次卸足，顺序是先边角后中间，务必使混凝土充满模板。为防止垂直交角处可能出现吊脚，即上层台阶与下层混凝土脱空现象，可采取如下措施。

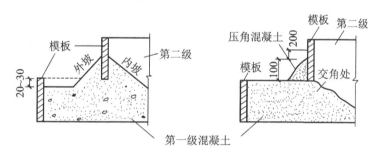

图 4.3.3-8 台阶式柱基础交角处混凝土浇筑方法示意图

a. 在第一级混凝土捣固下沉 2~3 cm 后暂不填平，继续浇筑第二级，先用铁锹沿第二级模板底圈做成内外坡，然后再分层浇筑，外圈边坡的混凝土于第二级振捣过程中自动摊平，待第二级混凝土浇筑后，再将第一级混凝土齐模板顶边拍实抹平。

b. 捣完第一级后拍平表面，在第二级模板外先压以 20 cm×10 cm 的压角混凝土并加以捣实后，再继续浇筑第二级。待压角混凝土接近初凝时，将其铲平重新搅拌利用。

c. 如条件许可，宜采用柱基流水作业方式，即顺序先浇一排柱基第一级混凝土，再回转依次浇第二级。这样对已浇好的第一级将有一个下沉的时间，但必须保证每个柱基混凝土在初凝之前连续施工。

② 杯形基础浇筑时，为保证杯形基础杯口底标高的准确性，宜先将杯口底混凝土振实并稍停片刻，再浇筑振捣杯口模四周的混凝土，振动时间可适当缩短，并应两侧对称浇捣，以免杯口模挤向一侧或混凝土泛起使杯口模上升。

③ 锥式基础浇筑时，应注意斜坡部位混凝土的捣固质量，在振捣器振捣完毕后，用人工将斜坡表面拍平，使其符合设计要求。

(2) 条形基础。浇筑前,应根据混凝土基础顶面的标高在两侧木模上弹出标高线;如采用原槽土模时,应在基槽两侧的土壁上交错打入长 10 cm 左右的木钎,并露出 2～3 cm,木钎面与基础顶面标高平,木钎之间距离在 3 m 左右。根据基础深度宜分段分层连续浇筑混凝土,不留施工缝。各段层间应相互衔接,每段浇筑长度控制在 2～3 m 距离,做到逐段逐层呈阶梯形向前推进。

(3) 大体积片筏基础。大体积片筏混凝土基础的整体性要求高,一般要求混凝土连续浇筑,不留施工缝。施工工艺上应做到分层浇筑、分层捣实,但又必须保证上下层混凝土在初凝之前结合好,不致形成施工缝。浇筑方案应根据整体性要求、结构大小、钢筋疏密、混凝土供应等具体情况由现场工程技术人员设定,通常有三种方式可选用,分别是全面分层、分段分层、斜面分层,见图 4.3.3-9。

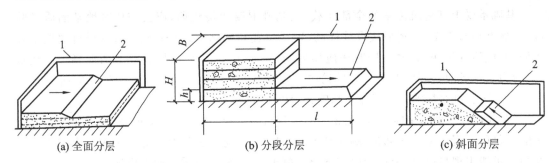

图 4.3.3-9 大体积基础浇筑方案
1—模板;2—新浇筑的混凝土

① 全面分层 在整个基础内全面分层浇筑混凝土,要做到第一层全面浇筑完毕回来浇筑第二层时,第一层浇筑的混凝土还未初凝,如此逐层进行,直至浇筑好。若结构平面面积为 $A(m^2)$,浇筑分层厚为 $h(m)$,每小时浇筑量为 $Q(m^3/h)$,混凝土从开始浇筑至初凝的延续时间为 T h(一般等于混凝土初凝时间减去混凝土运输时间),为保证结构的整体性,采用全面分层时,结构平面面积应满足式(4.3.3-1)的条件:

$$A \cdot h \leqslant Q \cdot T$$

故 $$A \leqslant Q \cdot T/h \quad (4.3.3-1)$$

这种方案适用于结构的平面尺寸不太大,施工时从短边开始,沿长边进行较适宜。必要时亦可分为两段,从中间向两端或从两端向中间同时进行。

② 分段分层 当结构平面面积较大时,全面分层已不适应,这时可采用分段分层浇筑方案。即将结构分为若干段,每段又分为若干层,先浇筑第一段各层,然后浇筑第二段各层,如此逐段逐层连续浇筑,直至结束。为保证结构的整体性,要求次段混凝土应在前段混凝土初凝前浇筑并与之捣实成整体。若结构的厚度为 $H(m)$,宽度为 $B(m)$,分段长度为 $L(m)$,为保证结构的整体性,则应满足式(4.3.3-2)的条件。

$$L \leqslant Q \cdot T/(H-h) \quad (4.3.3-2)$$

③ 斜面分层 当结构的长度超过厚度的三倍时,可采用斜面分层的浇筑方案。施工时从短边开始,沿长边进行,振捣工作应从浇筑层斜面下端开始,逐渐上移,且振动器应与斜面垂直,以保证混凝土的振捣质量。

混凝土分层的厚度取决于振动器的棒长和振动力的大小,也要考虑混凝土的供应量大小和可能浇筑量的多少,一般为 20～30 cm。浇筑大体积基础混凝土时,由于凝结过程中水泥会散发出大量的水化热,使混凝土内部和表面出现较大的内外温差,易使混凝土产生裂缝。因此,在浇筑大体积混凝土时,应采取以下预防措施:选用水化热较低的水泥,如矿渣水泥、火山灰质或粉煤灰水泥,或在混凝土中掺入缓凝剂或缓凝型减水剂;选择级配良好的骨料,尽量减少水泥用量,使水化热相对降低;避免在高温天气浇筑混凝土,降低混凝土的入模温度;在混凝土内部预埋冷却水管,用循环水降低混凝土的温度等。

雨期施工时,事先应做好防雨工作,可采取搭设雨篷或分段搭雨篷的办法进行浇筑。

2) 主体结构层混凝土施工

混凝土主体结构应分层分段施工。水平方向一般以结构平面的变形缝进行分段,垂直方向按结构层次分层。具体的分层分段部位均应得到设计人员的同意方可列入施工方案,并按此方案进行相应的各项施工准备。在结构层的每一个浇筑区段,柱子、剪力墙、梁、板等结构构件应一并浇筑,尽可能不留施工缝;具体的浇筑顺序是先浇筑柱子、剪力墙的混凝土,再浇筑梁、板混凝土。柱子、剪力墙浇筑后,应间隔 1～1.5 h,让新浇混凝土在自重作用下沉实,然后再继续浇筑梁、板混凝土。

当柱子、剪力墙的混凝土强度等级与梁、板混凝土强度等级不一致时,应采用两套系统分别输送和浇筑不同强度标号的混凝土。禁止出现较低强度等级的混凝土混入柱子、剪力墙等设计采用较高强度等级混凝土的结构构件中。柱子、剪力墙与梁、板交接的节点区域混凝土采用柱子、剪力墙混凝土,浇筑时为确保节点区域混凝土质量,应溢量浇筑,即高强度等级混凝土浇入节点的量要大于节点体积,一般不得少于 1.2 倍的节点体积。

当浇筑柱、梁节点和主次梁交叉处的混凝土时,一般钢筋较密集,因此,要防止混凝土下料困难。必要时,这一部分可改用细石混凝土进行浇筑,与此同时,振捣棒可改用较小直径并辅以人工捣固配合。

混凝土浇捣过程中,要保证混凝土保护层厚度及钢筋位置的正确性。不得踩踏钢筋,不可随意挪动钢筋,不得移动预埋件和预留孔洞的原来位置,如发现偏差和位移,应及时校正。

要求周密安排好结构层混凝土的浇筑工作。浇筑柱、剪力墙时应避免向一个方向进行,可适当变换浇筑方向,以免因累计偏差使柱、剪力墙产生倾斜。浇筑混凝土应连续进行,间歇时间不得超过表 4.3.3-2 规定的时间。

(1) 柱子混凝土施工。柱子混凝土应分层浇筑分层捣实,浇筑混凝土的高度不得超过 3 m,否则应采用串筒、斜槽、溜管等下料。浇筑混凝土时,柱底部应先填以一层 5～10 cm 厚水泥砂浆,其成分与浇筑混凝土内砂浆成分相同,以免底部产生蜂窝现象。

(2) 剪力墙混凝土施工。剪力墙浇筑应采取长条流水作业,分段浇筑,均匀上升。墙体浇筑混凝土前或新浇混凝土与下层混凝土结合处,应在底面上均匀浇筑 5～10 cm 厚与墙体混凝土成分相同的水泥砂浆。混凝土应分层浇筑振捣,每层浇筑厚度控制在 60 cm 左右。浇筑墙体混凝土应连续进行,如必须间歇,其间歇时间应尽量缩短,并应在前层混凝土初凝前将次层混凝土浇筑完毕。墙体混凝土的施工缝一般宜设在门窗洞口上,接槎处混凝土应加强振捣,保证接槎严密。

洞口浇筑混凝土时,应使洞口两侧混凝土高度大体一致。振捣时,振捣棒应距洞边 30 cm 以上,从两侧同时振捣,以防止洞口变形,大洞口下部模板应开口并补充振捣。内外墙交接处混凝土应同时浇筑,振捣要密实。采用插入式振捣器捣实时,振捣器的移动间距不宜大于作用半径的 1.5 倍;采用附着式振捣器捣实时,振捣器的安放位置距离模板不应大于振捣器作用半径的 1/2。

(3) 肋形楼板的梁板混凝土施工。肋形楼板的梁板应同时浇筑,浇筑方法应先将梁根据高度分层浇捣成阶梯形,当达到板底位置时即与板的混凝土一起浇捣,随着阶梯形的不断延长,则可连续向前推进,如图4.3.3-10。倾倒混凝土的方向应与浇筑方向相反,如图4.3.3-11。

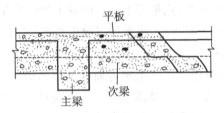

图4.3.3-10 梁、板同时浇筑方法示意图

图4.3.3-11 混凝土倾倒方向

当梁的高度大于1 m时,允许单独浇筑,施工缝可留在距板底面以下2~3 cm处。浇筑无梁楼盖时,在离柱帽下5 cm处暂停,待混凝土获得初步沉实,然后分层浇筑柱帽,下料必须倒在柱帽中心,待混凝土接近楼板底面时,即可连同楼板一起浇筑。

(4) 楼梯的混凝土施工。楼梯工作面小,操作位置不断变化,运输上料较难。施工时,休息平台以下的踏步可由底层进料,休息平台和平台以上的踏步可由上一层楼面进料。钢筋混凝土楼梯宜自下而上一次浇捣完毕,上层钢筋混凝土楼面未浇捣时,可留施工缝,施工缝宜留在楼梯长度中间1/3范围内。如楼梯有钢筋混凝土栏板时,应与踏步同时浇筑。楼梯浇捣完毕,应自上而下将其表面抹平。

4.3.4 混凝土养护

混凝土浇筑捣实后,逐渐凝固硬化,这个过程主要由水泥的水化作用来实现,而水化作用又必须在适当的温度和湿度环境下才能完成。因此,为了保证混凝土有适宜的硬化环境,使其强度不断增长,必须对混凝土进行合理养护。

混凝土浇筑后,如果此时气候炎热、空气干燥,不及时进行养护,混凝土中的水分就会蒸发过快出现脱水现象,使已形成凝胶体的水泥颗粒不能充分水化,不能转化为稳定的结晶,不能形成足够的黏结力,从而会在混凝土表面出现片状或粉状剥落,影响混凝土的强度。此外,在混凝土尚未具备足够的强度时,水分过早地蒸发,还会产生较大的变形,出现干缩裂缝,影响混凝土的整体性和耐久性。因此,混凝土养护绝不是一件可有可无的事,而是影响混凝土成型质量的一个重要环节,应按照要求,精心进行。

混凝土养护方法分自然养护和人工养护两种。

1. 自然养护

自然养护是指利用平均气温高于 5 ℃ 的自然条件,用麻袋、草帘、锯末或砂进行覆盖适当浇水,使混凝土在一定的时间内在湿润状态下硬化。对于一般塑性混凝土应在浇筑后 10～12 h 内开始养护(炎夏时可缩短至 2～3 h),对高强混凝土应在浇筑后 1～2 h 内开始养护,以保持混凝土具有足够润湿状态。混凝土的养护用水宜与拌制水相同。混凝土浇水养护的持续时间可参照表 4.3.4-1。

表 4.3.4-1 混凝土浇水养护的持续时间参考表

	分 类	浇水养护时间/d
拌制混凝土的水泥品种	硅酸盐水泥、普通硅酸盐水泥、矿渣硅酸盐水泥	不小于 7
	火山灰质硅酸盐水泥、粉煤灰硅酸盐水泥	不小于 14
	抗渗混凝土、混凝土中掺缓凝型外加剂	不小于 14

注:1. 如平均气温低于 5 ℃ 时,不得浇水。
2. 采用其他品种水泥时,混凝土的养护应根据水泥技术性能确定。

混凝土在养护过程中,如发现遮盖不好、浇水不足,以致表面泛白或出现干缩细小裂缝时,要立即仔细加以遮盖,加强养护工作,充分浇水,并延长浇水日期,加以补救。

在已浇筑的混凝土强度达到 1.2 N/mm^2 以后,始准在其上来往行人和安装模板及支架等。

除上述用麻袋、草帘、锯末或砂进行覆盖并适当浇水养护外,还可以采用蓄水养护、薄膜布养护、薄膜养生液养护等方法进行自然养护。

蓄水养护:大面积结构如地坪、楼板、屋面等可采用蓄水养护。贮水池一类工程可于拆除内模混凝土达到一定强度后注水养护。

薄膜布养护:在有条件的情况下,可采用不透水、气的薄膜布(如塑料薄膜布)养护。用薄膜布把混凝土表面敞露的部分全部严密地覆盖起来,尽可能地减少水分挥发,保证混凝土在不失水的情况下得到充足的养护。这种养护方法的优点是不必经常浇水,操作方便,但必须经常观察,以防由于覆盖不严出现失水现象,若已出现失水则应及时补水,要求保持薄膜布内有凝结水。

薄膜养生液养护:它是将可成膜的溶液(例如过氯乙烯树脂塑料溶液)喷洒或涂刷在混凝土表面上,溶液挥发后在混凝土表面形成一层塑料薄膜,使混凝土与空气隔绝,防止混凝土内部水分蒸发的方法进行养护。封闭后的混凝土中水分不再被蒸发,而供水泥完成水化作用。这种养护方法适用于高耸构筑物、高大柱子和大面积坡屋面等不易洒水养护的混凝土结构,但应注意薄膜的保护。

2. 人工养护

人工养护就是人为调节混凝土的养护温度和湿度,使混凝土强度加快增长。据试验,养护温度达 65 ℃ 时,构件混凝土强度可在 1.5～3d 内达到设计强度的 70%,可缩短养护周期 40% 以上。人工养护包括蒸汽养护、热水养护、太阳能养护、保温层覆盖养护等方法,主要用来养护预制构件,现浇构件大多用自然养护。下面简单介绍蒸汽养护。

蒸汽养护是缩短养护时间的方法之一,一般宜用 65 ℃ 左右的温度蒸养。现浇预制构件一般可采用临时性地面或地下的养护坑,上盖养护罩或用简易的帆布、油布覆盖。蒸汽养护分以下四个阶段。

静停阶段:是指混凝土浇筑完毕至升温前在室温下先放置一段时间。这主要是为了增强混凝土对升温阶段结构破坏作用的抵抗能力。一般需 2～6 h。

升温阶段:是指混凝土原始温度上升到恒温阶段。温度急速上升,会使混凝土表面因体积膨胀太快而产生裂缝,因而必须控制升温速度,一般为 10～25 ℃/h。

恒温阶段:是混凝土强度增长最快的阶段。恒温的温度应随水泥品种不同而异,普通水泥的养护温度不得超过 80 ℃,矿渣水泥、火山灰水泥可提高到 85～90 ℃。恒温加热阶段应保持 90%～100% 的相对湿度。

降温阶段:在降温阶段内,混凝土已经硬化,如降温过快,混凝土会产生表面裂缝,因此降温速度应加控制。一般情况下,构件厚度在 10 cm 左右时,降温速度不大于 20～30 ℃/h。

为了避免由于蒸汽温度骤然升降而引起混凝土构件产生裂缝变形,必须严格控制升温和降温的速度。出槽的构件温度与室外温度相差不得大于 40 ℃,当室外为负温度时,不得大于 20 ℃。

4.3.5 混凝土施工质量验收

1. 混凝土分项工程质量检验

1) 主控项目

(1) 水泥进场时应对其品种、级别、包装或散装仓号、出厂日期等进行检查,并应对其强度、安定性及其他必要的性能指标进行复验,其质量必须符合现行国家标准《硅酸盐水泥、普通硅酸盐水泥》(GB 175)。

当在使用中对水泥质量有怀疑或水泥出厂超过三个月(快硬硅酸盐水泥超过一个月)时,应进行复验,并按复验结果使用。

钢筋混凝土结构、预应力混凝土结构中,严禁使用含氯化物的水泥。

检查数量:按同一生产厂家、同一等级、同一品种、同一批号且连续进场的水泥,袋装不超过 200 t 为一批,散装不超过 500 t 为一批,每批抽样不少于一次。

检验方法:检查产品合格证、出厂检验报告和进场复验报告。

说明:水泥进场时,应根据产品合格证检查其品种、级别等,并有序存放,以免造成混料错批。强度、安定性等是水泥的重要性能指标,进场时应做复验,其质量应符合现行国家标准。水泥是混凝土的重要组成成分,若其中含有氯化物,可能引起混凝土结构中钢筋的锈蚀,故应严格控制。

(2) 混凝土中掺用外加剂的质量及应用技术应符合现行国家标准《混凝土外加剂》(GB 8076)、《混凝土外加剂应用技术规范》(GB 50119)等和有关环境保护的规定。

预应力混凝土结构中,严禁使用含氯化物的外加剂。钢筋混凝土结构中,当使用含氯化物的外加剂时,混凝土中氯化物的总含量应符合现行国家标准《混凝土质量控制标准》(GB 50164)的规定。

检查数量:按进场的批次和产品的抽样检验方案确定。

检验方法:检查产品合格证、出厂检验报告和进场复验报告。

说明:混凝土外加剂种类较多,且均有相应的质量标准,使用时其质量及应用技术应符合国家现行标准。外加剂的检验项目、方法和批量应符合相应标准的规定。若外加剂中含有氯化物,同样可能引起混凝土结构中钢筋的锈蚀,故应严格控制。

(3) 混凝土中氯化物和碱的总含量应符合现行国家标准《混凝土结构设计规范》(GB 50010)和设计的要求。

检验方法:检查原材料试验报告和氯化物、碱的总含量计算书。

说明:混凝土中氯化物、碱的总含量过高,可能引起钢筋锈蚀和碱骨料反应,严重影响结构构件受力性能和耐久性。

(4) 混凝土应按国家现行标准《普通混凝土配合比设计规程》(JGJ 55)的有关规定,根据混凝土强度等级、耐久性和工作性等要求进行配合比设计。

对有特殊要求的混凝土,其配合比设计尚应符合国家现行有关标准的专门规定。

检验方法:检查配合比设计资料。

说明:混凝土应根据实际采用的原材料进行配合比设计并按普通混凝土拌合物性能试验方法等标准进行试验、试配,以满足混凝土强度、耐久性和工作性(坍落度等)的要求,不得采用经验配合比。同时,应符合经济、合理的原则。

(5) 结构混凝土的强度等级必须符合设计要求。用于检查结构构件混凝土强度的试件,应在混凝土的浇筑地点随机抽取。取样与试件留置应符合下列规定:

① 每拌制 100 盘且不超过 $100 m^3$ 的同配合比的混凝土,取样不得少于一次;

② 每一工作班拌制的同一配合比的混凝土不足 100 盘时,取样不得少于一次;

③ 当一次连续浇筑超过 $100 m^3$ 时,同一配合比的混凝土每 $200 m^3$ 取样不得少于一次;

④ 每一楼层、同一配合比的混凝土,取样不得少于一次;

⑤ 每次取样应至少留置一组标准养护试件,同条件养护试件的留置组数应根据实际需要确定。

检验方法:检查施工记录及试件强度试验报告。

说明:本条针对不同的混凝土生产量,规定了用于检查结构构件混凝土强度试件的取样与留置要求。

(6) 对有抗渗要求的混凝土结构,其混凝土试件应在浇筑地点随机取样。同一工程、同一配合比的混凝土,取样不应少于一次,留置组数可根据实际需要确定。

检验方法:检查试件抗渗试验报告。

说明:由于相同配合比的抗渗混凝土因施工造成的差异不大,故规定了对有抗渗要求的混凝土结构应按同一工程、同一配合比取样,取样不少于一次。由于影响试验结果的因素较多,需要时可多留置几组试件。

(7) 混凝土原材料每盘称量的偏差应符合表 4.3.5-1 的规定。

表 4.3.5-1 原材料每盘称量的允许偏差

材料名称	允许偏差
水泥、掺合料	±2%
粗、细骨料	±3%
水、外加剂	±2%

注:1. 各种衡器应定期校验,每次使用前应进行零点校核,保持计量准确;

2. 当遇雨天含水率有显著变化时,应增加含水率检测次数,并及时调整水和骨料的用量。

检查数量:每工作班抽查不应少于一次。

检验方法:复称。

说明:本条提出了对混凝土原材料计量偏差的要求。各种衡器应定期校验,以保持计量准确。生产过程中应定期测定骨料的含水率,当遇雨天施工或其他原因致使含水率发生显著变化时,应增加测定次数,以便及时调整用水量和骨料用量,使其符合设计配合比的要求。

(8)混凝土运输、浇筑及间歇的全部时间不应超过混凝土的初凝时间。同一施工段的混凝土应连续浇筑,并应在底层混凝土初凝之前将上一层混凝土浇筑完毕。

当底层混凝土初凝后浇筑上一层混凝土时,应按施工技术方案中对施工缝的要求进行处理。

检查数量:全数检查。

检验方法:观察,检查施工记录。

说明:混凝土的初凝时间与水泥品种、凝结条件、掺用外加剂的品种和数量等因素有关,应由试验确定。当施工环境气温较高时,还应考虑气温对混凝土初凝时间的影响。混凝土应连续浇筑并在底层初凝之前将上一层浇筑完毕,主要是为了防止扰动已初凝的混凝土而出现质量缺陷。当因停电等意外原因造成底层混凝土已初凝时,则应在继续浇筑混凝土之前,按照施工技术方案对混凝土接槎的要求进行处理,使新旧混凝土结合紧密,保证混凝土结构的整体性。

2)一般项目

(1)混凝土中掺用矿物掺合料的质量应符合现行国家标准《用于水泥和混凝土中的粉煤灰》(GB 1596)的规定,矿物掺合料的掺量应通过试验确定。

检查数量:按进场的批次和产品的抽样检验方案确定。

检验方法:检查出厂合格证和进场复验报告。

(2)普通混凝土所用的粗、细骨料的质量应符合国家现行标准《普通混凝土用碎石或卵石质量标准及检验方法》(JGJ 53)、《普通混凝土用砂质量标准及检验方法》(JGJ 52)的规定,粗骨料的粒径还应满足以下要求:

① 混凝土用的粗骨料,其最大颗粒粒径不得超过构件截面最小尺寸的1/4,且不得超过钢筋最小净间距的3/4;

② 对混凝土实心板,骨料的最大粒径不宜超过板厚的1/3,且不得超过40 mm。

检查数量:按进场的批次和产品的抽样检验方案确定。

检验方法:检查进场复验报告。

(3)拌制混凝土宜采用饮用水;当采用其他水源时,水质应符合国家现行标准《混凝土拌合用水标准》(JGJ 63)的规定。

检查数量:同一水源检查不应少于一次。

检验方法:检查水质试验报告。

(4)首次使用的混凝土配合比应进行开盘鉴定,其工作性能应满足设计配合比的要求。开始生产时应至少留置一组标准养护试件,作为验证配合比的依据。

检验方法:检查开盘鉴定资料和试件强度试验报告。

(5)混凝土拌制前,应测定砂、石的含水率,并根据测试结果调整材料用量,提出施工配合比。

检查数量:每工作班检查一次。

检验方法:检查含水率测试结果和施工配合比通知单。

(6) 施工缝的位置应在混凝土浇筑前按设计要求和施工技术方案确定,施工缝的处理应按施工技术方案执行。

检查数量:全数检查。

检验方法:观察,检查施工记录。

(7) 后浇带的留置位置应按设计要求和施工技术方案确定,后浇带混凝土浇筑应按施工技术方案进行。

检查数量:全数检查。

检验方法:观察,检查施工记录。

(8) 混凝土浇筑完毕后,应按施工技术方案及时采取有效的养护措施,并应符合下列规定:

① 应在浇筑完毕后的 12 h 以内对混凝土加以覆盖并保湿养护;

② 混凝土浇水养护的时间:对采用硅酸盐水泥、普通硅酸盐水泥或矿渣硅酸盐水泥拌制的混凝土,不得少于 7 d;对掺用缓凝型外加剂或有抗渗要求的混凝土,不得少于 14 d;当采用其他品种水泥时,混凝土的养护时间应根据所采用水泥的技术性能确定;

③ 浇水次数应能保持混凝土处于湿润状态;混凝土养护用水应与拌制用水相同;当日平均气温低于 5 ℃时,不得浇水;

④ 采用塑料布覆盖养护的混凝土,其敞露的全部表面应覆盖严密,并应保持塑料面布内有凝结水;

⑤ 混凝土强度达到 1.2 N/mm² 前,不得在其上踩踏或安装模板及支架。

检查数量:全数检查。

检查方法:观察,检查施工记录。

2. 现浇混凝土结构分项工程质量验收

现浇结构分项工程以模板、钢筋、预应力、混凝土四个分项工程为依托,是拆除模板后的混凝土结构实物外观质量、几何尺寸检验等一系列技术工作的总称。现浇结构分项工程可按楼层、结构缝或施工段划分检验批。

现浇结构拆模后,施工单位应及时会同监理(建设)单位对混凝土外观质量和尺寸偏差进行检查,并作出记录。不论何种缺陷都应及时进行处理,并重新检查验收。

1) 现浇结构外观质量验收

对现浇结构外观质量的验收,采用检查缺陷,并对缺陷的性质和数量加以限制的方法进行。表 4.3.5-2 给出了确定现浇结构外观质量严重缺陷、一般缺陷的标准,各种缺陷的数量限制可由各地根据实际情况作出具体规定。当外观质量缺陷的严重程度超过本条规定的一般缺陷时,可按严重缺陷处理。在具体实施过程中,外观质量缺陷对混凝土结构性能和使用功能等的影响程度应由设计单位、监理(建设)单位、施工单位等各方共同确定。对于具有重要装饰效果的清水混凝土,考虑到其装饰效果属于主要使用功能,故将其表面外形缺陷、外表缺陷确定为严重缺陷。

表 4.3.5-2　现浇结构外观质量缺陷

名称	现象	严重缺陷	一般缺陷
露筋	构件内钢筋未被混凝土包裹而外露	纵向受力钢筋有露筋	其他钢筋有少量露筋
蜂窝	混凝土表面缺少水泥砂浆而形成石子外露	构件主要受力部位有蜂窝	其他部位有少量蜂窝
孔洞	混凝土中孔穴深度和长度均超过保护层厚度	构件主要受力部位有孔洞	其他部位有少量孔洞
夹渣	混凝土中夹有杂物且深度超过保护层厚度	构件主要受力部位有夹渣	其他部位有少量夹渣
疏松	混凝土中局部不密实	构件主要受力部位有疏松	其他部位有少量疏松
裂缝	缝隙从混凝土表面延伸至混凝土内部	构件主要受力部位有影响结构性能或使用功能的裂缝	其他部位有少量不影响结构性能或使用功能的裂缝
连接部位缺陷	构件连接处混凝土缺陷及连接钢筋、连接件松动	连接部位有影响结构传力性能的缺陷	连接部位有基本不影响结构传力性能的缺陷
外形缺陷	缺棱掉角、棱角不直、翘曲不平、飞边凸肋等	清水混凝土构件有影响使用功能或装饰效果的外形缺陷	其他混凝土构件有不影响使用功能的外形缺陷
外表缺陷	构件表面麻面、掉皮、起砂、沾污等	具有重要装饰效果的清水混凝土构件有外表缺陷	其他混凝土构件有不影响使用功能的外表缺陷

2) 对现浇结构尺寸偏差验收

对现浇结构尺寸偏差的验收,采用实测实量的检验方法。检查坐标、中心线位置时,应沿纵、横两个方向量测,并取其中的较大值。表 4.3.5-3、表 4.3.5-4 给出了现浇结构和设备基础尺寸的允许偏差及检验方法。在实际应用时,尺寸偏差除应符合本条规定外,还应满足设计或设备安装提出的要求。

表 4.3.5-3　现浇结构尺寸允许偏差和检验方法

项目			允许偏差/mm	检验方法
轴线位置		基础	15	钢尺检查
		独立基础	10	
		墙、柱、梁	8	
		剪力墙	5	
垂直度	层高	≤5 m	8	经纬仪或吊线、钢尺检查
		>5 m	10	经纬仪或吊线、钢尺检查
	全高(H)		$H/1000$ 且≤30	经纬仪、钢尺检查
标高	层高		±10	水准仪或拉线、钢尺检查
	全高		±30	

续表

项　　目		允许偏差/mm	检验方法
电梯井	截面尺寸	+8，-5	钢尺检查
	井筒长、宽对定位中心线	+25	钢尺检查
	井筒全高（H）垂直度	H/1000且≤30	经纬仪、钢尺检查
表面平整度		8	2m靠尺和塞尺检查
预埋设施中心线位置	预埋件	10	钢尺检查
	预埋螺栓	5	
	预埋管	5	
预留洞中心线位置		15	钢尺检查

表 4.3.5-4　混凝土设备基础尺寸允许偏差和检验方法

项　　目		允许偏差/mm	检验方法
坐标位置		20	钢尺检查
不同平面的标高		0，-20	水准确仪或拉线、钢尺检查
平面外形尺寸		±20	钢尺检查
凸台上平面外形尺寸		0，-20	钢尺检查
凹穴尺寸		+20，0	钢尺检查
平面水平度	每米	5	水平尺、塞尺检查
	全长	10	水准仪或拉线、钢尺检查
垂直度	每米	5	经纬仪或吊线、钢尺检查
	全高	10	
预埋地脚螺栓	标高（顶部）	+20，0	水准仪或拉线、钢尺检查
	中心距	±2	钢尺检查
预埋地脚螺栓孔	中心线位置	10	钢尺检查
	深度	+20，0	钢尺检查
	孔垂直度	10	吊线、钢尺检查
预埋活动地脚螺栓锚板	标高	+20，0	水准仪或拉线、钢尺检查
	中心线位置	5	钢尺检查
	带槽锚板平整度	5	钢尺、塞尺检查
	带螺纹孔锚板平整度	2	钢尺、塞尺检查

3）主控项目

（1）现浇结构的外观质量不应有严重缺陷。对已经出现的严重缺陷，应由施工单位提出技术处理方案，并经设计、监理（建设）单位认可后进行处理。对经处理的部位，应重新检查验收。

检查数量:全数检查。

检验方法:观察,检查技术处理方案。

说明:外观质量的严重缺陷通常会影响到结构构件的结构性能、使用功能或耐久性。

(2) 现浇结构不应有影响结构性能和使用功能的尺寸偏差,混凝土设备基础不应有影响结构性能和设备安装的尺寸偏差。

对超过尺寸允许偏差且影响结构性能和安装、使用功能的部位,应由施工单位提出技术处理方案,并经设计、监理(建设)单位认可后进行处理。对经处理的部位,应重新检查验收。

检查数量:全数检查。

检验方法:量测,检查技术处理方案。

说明:过大的尺寸偏差可能影响结构构件的受力性能、使用功能,也可能影响设备在基础上的安装、使用。

4)一般项目

(1) 现浇结构的外观质量不宜有一般缺陷。对已经出现的一般缺陷,应由施工单位按技术处理方案进行处理,并重新检查验收。

检查数量:全数检查。

检验方法:观察,检查技术处理方案。

(2) 现浇结构和混凝土设备基础拆模后的尺寸偏差应符合表 4.3.5-3、表 4.3.5-4 的规定。

检查数量:按楼层、结构缝或施工段划分检验批。在同一检验批内,对梁、柱和独立基础,应抽查构件数量的 10%,且均不少于 3 件;对墙和板,应按有代表性的自然间抽查 10%,且均不少于 3 间;对大空间结构,墙可按相邻轴线高度 5 m 左右划分检查面,板可按纵、横轴线划分检查面,抽查 10%,且均不少于 3 面;对电梯井,应全数检查。对设备基础,应全数检查。

3. 混凝土强度检测

1)混凝土试件制作和强度检测

检查混凝土质量应做抗压强度试验。当有特殊要求时,还需做混凝土的抗冻性、抗渗性等试验。试件应用钢模制作。

(1) 试件强度试验的方法应符合现行国家标准《普通混凝土力学性能试验方法》(GBJ 81—85)的规定。

(2) 每组 3 个试件应在同盘混凝土中取样制作,并按下列规定确定该组试件的混凝土强度的代表值:取 3 个试件强度的算术平均值;当 3 个试件强度中的最大值或最小值与中间值之差超过中间值的 15% 时,取中间值;当 3 个试件强度中的最大值和最小值与中间值之差均超过 15% 时,该组试件不应作为强度评定的依据。

应认真做好工地试件的管理工作,从试模选择、试件取样、成型、编号到养护等,要指定专人负责,以提高试件的代表性,正确地反映混凝土结构和构件的强度。

2)混凝土结构同条件养护试件强度检测

(1) 同条件养护试件的留置方式和取样数量,应符合下列要求:

① 同条件养护试件所对应的结构构件或结构部位,应由设计、监理(建设)、施工等各方根据其重要性共同选定;

② 对混凝土结构工程中的各混凝土强度等级,均应留置同条件养护试件;

③ 同一强度等级的同条件养护试件,其留置的数量应根据混凝土工程量和重要性确定,不宜少于 10 组,且不应少于 3 组;

④ 同条件养护试件拆模后,应放置在靠近相应结构构件或结构部位的适当位置,并应采取相同的养护方法。

(2) 同条件养护试件应在达到等效养护龄期时进行强度试验。等效养护龄期应根据同条件养护试件强度与在标准养护条件下 28 d 龄期试件强度相等的原则确定。

(3) 冬期施工、人工加热养护的结构构件,其同条件养护试件的等效养护龄期可按结构构件的实际养护条件,由设计、监理(建设)、施工等各方根据相关规定共同确定。

3) 混凝土强度评定

混凝土强度应分批进行验收。同一验收批的混凝土应由强度等级相同、龄期相同以及生产工艺和配合比基本相同且不超过三个月的混凝土组成,并按单位工程的验收项目划分验收批,每个验收项目应按《混凝土强度检验评定标准》(GBJ 107)确定。同一验收批的混凝土强度,应以同批内全部标准试件的强度代表值来评定。

① 当混凝土的生产条件在较长时间内能保持一致,且同一品种混凝土的强度变异性能保持稳定时,应由连续的 3 组试件组成一个验收批,其强度应同时满足下列要求:

$$m_{f_{cu}} \geqslant f_{cu,k} + 0.7\sigma_0 \quad (4.3.5\text{-}1)$$

$$f_{cu,min} \geqslant f_{cu,k} - 0.7\sigma_0 \quad (4.3.5\text{-}2)$$

当混凝土强度等级不高于 C20 时,其强度的最小值尚应满足下式要求:

$$f_{cu,min} \geqslant 0.85 f_{cu,k} \quad (4.3.5\text{-}3)$$

当混凝土强度等级高于 C20 时,其强度的最小值尚应满足下式要求:

$$f_{cu,min} \geqslant 0.90 f_{cu,k} \quad (4.3.5\text{-}4)$$

式中 $m_{f_{cu}}$——同一验收批混凝土立方体抗压强度的平均值(N/mm^2);

$f_{cu,k}$——混凝土立方体抗压强度标准值(N/mm^2);

σ_0——验收批混凝土立方体抗压强度的标准差(N/mm^2);

$f_{cu,min}$——同一验收批混凝土立方体抗压强度的最小值(N/mm^2)。

② 验收批混凝土立方体抗压强度的标准差,应根据前一个检验期间同一品种混凝土试件的强度数据,按下式确定:

$$\sigma_0 = \frac{0.59}{m}\sum_{i=1}^{m}\Delta_{f_{cu,i}} \quad (4.3.5\text{-}5)$$

式中 $\Delta_{f_{cu,k}}$——第 i 批试件立方体抗压强度中最大值和最小值之差;

m——用以确定该验收批混凝土立方体抗压强度标准差的数据总批数。

注:上述检验期不应超过三个月,且在该期间内强度数据的总批数不得少于 15。

③ 当混凝土的生产条件不能满足第①条的规定,或在前一个检验期内的同一品种混凝土没有足够的数据用以确定验收批混凝土立方体抗压强度标准差时,应由不少于 10 组的试件代表一个验收批,其强度应同时满足下列要求:

$$m_{F_{cu}} - \lambda_1 S_{F_{cu}} \geqslant 0.9 f_{cu,k} \quad (4.3.5\text{-}6)$$

$$f_{cu,min} \geqslant \lambda_2 f_{cu,k} \quad (4.3.5\text{-}7)$$

式中 $S_{F_{cu}}$——同一验收批混凝土立方体抗压强度的标准差(N/mm^2)。当 $S_{F_{cu}}$ 的计算值小于 $0.06 f_{cu,k}$ 时,取 $S_{F_{cu}} = 0.06 f_{cu,k}$;

λ_1、λ_2——合格判定系数,按表 4.3.5-5 取用。

表 4.3.5-5 混凝土强度的合格判定系数

试件组数	10～14	15～24	≥25
λ_1	1.70	1.65	1.60
λ_2	0.90	0.85	

混凝土立方体抗压强度的标准差 $S_{F_{cu}}$ 可按下列公式计算：

$$S_{F_{cu}} = \sqrt{\frac{\sum_{i=1}^{m} f_{cu,i}^2 - nm^2 f_{cu}}{n-1}} \qquad (4.3.5-8)$$

式中　$f_{cu,i}$——第 i 组混凝土试件的立方体抗压强度值（N/mm²）；

　　　n——一个验收批混凝土试件的组数。

对零星生产的构件的混凝土或现场搅拌的批量不大的混凝土，可采用非统计方法评定。此时，验收批混凝土的强度必须同时满足下列要求：

$$m_{f_{cu}} \geqslant 1.15 f_{cu,k} \qquad (4.3.5-9)$$
$$f_{cu,\min} \geqslant 0.95 f_{cu,k} \qquad (4.3.5-10)$$

4.3.6　混凝土施工质量通病的防治与处理

1. 施工质量通病分类、产生原因及防治方法

混凝土施工质量通病是指在混凝土施工中经常出现的影响建筑工程正常使用、但尚未构成结构质量事故的混凝土质量缺陷。混凝土施工质量通病主要有：麻面、蜂窝、露筋、孔洞、缝隙、夹层、缺棱、掉角等。对构成结构质量事故的混凝土质量缺陷，若无法通过加固补强来进行补救、则必须拆除返工。下面介绍混凝土施工质量通病产生的原因及防治方法。

1) 麻面

麻面是指结构构件表面呈现出许多小凹坑形成粗糙面，但钢筋尚未外露的现象。

产生原因：模板表面粗糙，或粘附的水泥浆渣等杂物未清理干净；模板未浇水湿润或湿润不够，构件表面混凝土的水分被吸去，使混凝土失水过多出现麻面；模板拼缝不严密，局部漏浆；模板隔离剂涂刷不匀，或局部漏刷或失效，混凝土表面与模板粘结造成麻面；振捣混凝土时，气泡未完全排出停留在模板内表面，导致拆模后混凝土表面形成麻点。

防治方法：模板表面应清理干净，不得粘有干硬水泥砂浆等杂物；浇筑混凝土前，模板应浇水充分湿润，模板缝隙应堵严；模板隔离剂应涂刷均匀、不得漏刷；混凝土应分层均匀浇捣密实，对可能出现麻面的部位用木锤敲打模板外侧使气泡排出。

2) 蜂窝

蜂窝是指混凝土结构局部出现酥松，砂浆少、石子多，石子之间形成类似于蜂窝状的窟窿。

产生原因：混凝土配合比不当，砂浆少、石子多；或搅拌不匀、浇筑方法不当、振捣不合理，造成砂浆与石子分离；混凝土下料距离过高，未设溜槽或串筒使石子集中，造成石子、砂浆离析；模板拼缝不严密，局部漏浆较严重。

防治方法：严格按混凝土设计配合比下料，并准确计量进料；混凝土要拌合均匀，坍落度满足要求；混凝土下料距离过高时应设串筒或溜槽浇筑，分层下料、分层振捣，防止漏振；模板应拼装严密。

3）露筋

露筋是指钢筋没有被混凝土包裹而露出于结构构件之外。

产生原因：浇筑混凝土时钢筋保护层垫块移位，致使钢筋紧贴模板造成露筋；钢筋过密，石子卡在钢筋上，水泥砂浆不能充满钢筋周围造成露筋；模板严重漏浆导致露筋；脱模过早，拆模时缺棱、掉角等原因导致露筋。

防治方法：浇筑混凝土时，应保证钢筋位置和保护层厚度正确，并加强检查，及时处理；钢筋密集时，应选用粒径适当的石子；模板应拼装严密；正确掌握脱模时间，防止过早拆模，碰坏棱角。

4）孔洞

孔洞是指混凝土结构内部有尺寸较大的空隙、局部没有混凝土或蜂窝特别大。

产生原因：骨料粒径过大、钢筋配置过密导致混凝土下料中被钢筋挡住；混凝土离析，砂浆分离、石子成堆、严重跑浆；模板中混入块状异物、混凝土被隔挡等原因所致。

防治方法：浇筑混凝土时，认真分层振捣密实；在钢筋密集处及复杂部位，如柱的节点处，可改用细石混凝土浇筑；预留洞口应两侧同时下料，预留洞口过长时侧模应加开浇筑口，防止混凝土漏浇漏振；应及时清除掉入模板内的木板、工具等杂物。

5）缝隙、夹层

缝隙、夹层是指混凝土施工缝处有缝隙或夹有杂物。

产生原因：因施工缝处理不当以及混凝土中含有杂物所致。

防治方法：浇筑混凝土前，应清除施工缝表面的垃圾、水泥薄膜、表面上松动砂石和软弱混凝土层，同时还应加以凿毛，用水冲洗干净并充分湿润；继续浇筑前，应在施工缝结合面先抹刷一道水泥浆，或铺上一层 10～15 mm 厚的水泥砂浆，其配合比与混凝土内的砂浆成分相同。

6）缺棱、掉角

缺棱、掉角是指梁、柱、板、墙以及洞口的阳角处混凝土局部残损掉落。

产生原因：混凝土养护不良，表面水分挥发过快，棱角处混凝土强度达不到设计要求，导致拆模时棱角损坏；另外，拆模过早、拆模方式粗暴或拆模后保护不善，都会造成棱角损坏。

防治方法：混凝土浇筑后应进行充分的养护，确保棱角处混凝土强度满足拆模要求；拆模不宜过早，拆模时也不应生拉硬拽、粗暴进行；还应加强混凝土成品保护。

2. 混凝土表面缺陷的修补

1）表面抹浆修补

对数量不多的小蜂窝、麻面、露筋、露石的混凝土表面，先用钢丝刷或加压水洗刷基层，再用 1:2～1:2.5 的水泥砂浆抹面修正，抹浆初凝后要加强养护。

当表面裂缝较细，数量不多时，可将裂缝用水冲洗并用水泥浆抹补；对宽度和深度较大的裂缝，应将裂缝附近的混凝土表面凿毛或沿裂缝方向凿成深为 15～20 mm、宽为 100～200 mm 的 V 形凹槽，扫净并洒水润湿，先刷一道水泥浆，然后用 1:2～1:2.5 的水泥砂浆涂抹 2～3 层，总厚度控制在 10～20 mm 左右，并压实抹光。

2）细石混凝土填补

当蜂窝比较严重或露筋较深时，应凿去薄弱的混凝土和个别突出的骨料颗粒，然后用钢丝刷或加压水洗刷表面,再用比原混凝土强度等级高一级的细石混凝土填补并仔细捣实。

对于孔洞的处理,可在孔洞处混凝土表面采用施工缝的处理方法:将孔洞处不密实的混凝土和突出的石子剔除,并将洞边凿成斜面,以避免死角,然后用水冲洗或用钢丝刷刷清,充分润湿 72 h 后,用比原混凝土强度等级高一级的细石混凝土浇筑并振捣。细石混凝土的水灰比宜在 0.5 以内,并应掺入适量的膨胀剂,用小振捣棒分层捣实,然后按要求进行养护。

对于影响结构防水、防渗性能的裂缝,可用水泥灌浆或化学注浆的方式进行修补。裂缝宽度在 0.5 mm 以上时,可采用水泥灌浆修补;裂缝宽度小于 0.5 mm 时,应采用化学注浆修补。

当裂缝宽度在 0.1 mm 以上时,可用环氧树脂注浆修补。修补时先用钢丝刷清除混凝土表面的灰尘、浮渣及松散层,使裂缝处保持干净,然后用环氧砂浆把裂缝表面密封,形成一个密闭空腔,留出注浆口及排气口,借助压缩空气把浆液压入缝隙,使之填实整个裂缝。压注的浆液应与混凝土有良好的粘结性能,能确保修补处达到原设计要求的强度、密实性和耐久性。对 0.05 mm 以上的细微裂缝,可用甲凝修补。

作为防渗堵漏用的注浆材料,常用的还有丙凝(能压注入 0.01 mm 以上的裂缝)和聚氨脂(能压注入 0.015 mm 以上的裂缝)等。

参 考 文 献

[1] 中国建筑工业出版社.建筑施工手册(第四版)[M].北京:中国建筑工业出版社,2003.
[2] 陈刚.混凝土结构工程施工(第二版)[M].北京:化学工业出版社,2015.
[3] 广西建设工程质量安全监督站.建筑施工模板及作业平台钢管支架构造安全技术规范(DB45/T 618—2009)[S].广西:广西科学技术出版社,2010.
[4] 中国建筑科学研究院.建筑施工扣件式钢管脚手架安全技术规范(JGJ 130—2011)[S].北京:中国建筑工业出版社,2011.
[5] 中国建筑工业出版社.建筑施工模板安全技术规范(JGJ 162—2008)[S].北京:中国建筑工业出版社,2008.
[6] 中国建筑科学研究院.混凝土结构工程施工质量验收规范(GB 50204—2015)[S].北京:中国建筑工业出版社,2015.
[7] 中华人民共和国住房和城乡建设部.钢框胶合板模板技术规程(JGJ 96—2011)[S].北京:中国建筑工业出版社,2011.
[8] 中国林业科学研究院.混凝土模板用胶合板(GBT17656—2008)[S].北京:中国标准出版社,2008.